# Carnivores in Japan

## 日本の食肉類

生態系の頂点に立つ哺乳類

増田隆一──編

Mammals at the Top of the Ecosystem

東京大学出版会

Carnivores in Japan:
Mammals at the Top of the Ecosystem
Ryuichi MASUDA, Editor
University of Tokyo Press, 2018
ISBN 978-4-13-060237-2

# はじめに

　みなさんは，「食肉類」と聞いてどんな動物を思い浮かべるだろうか．百獣の王といわれるライオンやトラを思い浮かべるであろうか．または，身近なイヌやネコをイメージするかもしれない．これらの動物は確かに食肉類に含まれるが，動物園で見ることができる外国の動物または伴侶動物である．しかし，本書のタイトル『日本の食肉類』に表されているように，日本列島には野生の食肉類が生息し，本書ではその全種に関する最新の研究成果を紹介する．

　いったい，日本にはどんな食肉類が生息しているであろうか．日本に生息している哺乳類は116種におよび，そのうちの13種（約11%）が食肉類である．この13種には絶滅種や外来種は含まれない．民話にも出てきて親しみのあるタヌキやキツネは食肉類であり，そのなかのイヌ科に属している．その他にも日本には，クマ科（2種），イタチ科（8種），ネコ科（1種）という食肉類が分布している．

　本書では，これら13種について，以下のように日本列島における分布様式にもとづき第Ⅰ部から第Ⅳ部に分けて，各動物種の生物学的特徴とその研究の最前線を紹介していく．

　第Ⅰ部では，北海道に生息する食肉類として，第1章でクロテン，第2章でヒグマを対象とする．かれらはブラキストン線（津軽海峡）より北に分布し，シベリア大陸との共通種である．

　第Ⅱ部では，北海道と本州以南に生息する食肉類として，第3章でキツネ，第4章でタヌキ，第5章でイイズナとオコジョを紹介する．これらの種はブラキストン線をまたいで分布するとともに，大陸にも生息する．

　第Ⅲ部では，本州・四国・九州のみに生息する食肉類として，第6章でニホンイタチ，第7章でニホンテン，第8章でニホンアナグマ，第9章でツキノワグマを対象とする．これらのなかで，第6章から第8章までのイタチ科3種はすべて日本固有種である．ツキノワグマは東アジアに固有の動物で

ある.

　第 IV 部では，日本列島周辺の島嶼に生息する食肉類として，第 10 章で対馬のシベリアイタチ，第 11 章で西表島と対馬にそれぞれ分布するイリオモテヤマネコとツシマヤマネコ，第 12 章で北海道東部の海岸にやってくるラッコを紹介する.

　2008 年に出版された高槻成紀・山極寿一（編）『日本の哺乳類学②中大型哺乳類・霊長類』（東京大学出版会）では，日本哺乳類学会のメンバーが中心となり，在来の食肉類のうち，タヌキ，キツネ，イリオモテヤマネコ，ヒグマの研究成果が紹介されている. その後 10 年間に研究が脈々と継続され，新しい成果が蓄積されてきた. 一方，クマ科を除いて，日本の食肉類を対象とした総説的な学術書は出版されていない. よって，ここで再度，日本在来の食肉類に着目した研究を振り返り，今後の研究の方向性を考えてみたいと思う. また，本書で扱うクロテン，オコジョ，イイズナ，ニホンイタチ，ニホンテン，ラッコなどのイタチ科については，これまでに東京大学出版会から刊行された哺乳類関連の書籍にも取り上げられたことがなく，本書で初めて紹介する動物たちである.

　本書は，食肉類各種の魅力や興味深い特徴に加え，各執筆者がこれまでに得た最新の研究成果を盛り込んでいる. したがって，現在，食肉類の研究に取り組んでいる研究者，これから食肉類研究に取り組みたいと考えている学生や若手研究者にとって，本書は日本の食肉類研究の最前線を知るパイオニア的な学術書になるだろう. さらに，哺乳類に興味を持っておられる一般の方々にも，食肉類の魅力を十分理解し楽しんでいただけるように，各執筆者はできる限り平易な用語と表現で語っている.

　最後に，つねに哺乳類学の進展を見守ってくださり，本書の出版の機会を与えていただいた東京大学出版会編集部の光明義文氏に心より深く御礼申し上げる.

増田隆一

# 目　次

はじめに　i……………………………………………………………増田隆一

序　章　食肉類のなかの哺乳類学　1………………………………増田隆一
　　1　食肉類とはなにか　1
　　2　日本における在来の食肉類　8
　　3　絶滅した日本の食肉類　10
　　4　外来種の食肉類　12
　　5　食肉類の調査研究法の発展　14
　　6　食肉類研究に関する従来の学術書　16
　　7　食肉類研究の哺乳類学への貢献　18

# 第I部　北海道

第1章　クロテン——人々を魅了してきた毛皮獣　23………………村上隆広
　　1.1　クロテンという動物　23
　　1.2　北海道のクロテンはどこからきたのか　27
　　1.3　クロテンの食卓　31
　　1.4　クロテンはどのように暮らしているのか　33
　　1.5　よくわかっていないクロテンの繁殖生態　36
　　1.6　クロテンとニホンテンは競合しているのか　38

第2章　ヒグマ——日本最大の食肉類　43………………………………増田　泰
　　2.1　ヒグマという動物　44
　　2.2　ヒグマとヒト　52
　　2.3　被害を防ぐために　58
　　2.4　ヒグマの将来　61

# 第 II 部　北海道・本州以南

第 3 章　キツネ——広域分布種　67 ·································浦口宏二

3.1　キツネとは　67

3.2　キツネの生活史　69

3.3　キツネの行動　71

3.4　キツネの巣穴　73

3.5　キツネの食性　75

3.6　人獣共通感染症　76

3.7　キツネの個体群動態　78

3.8　都市ギツネ　82

第 4 章　タヌキ——東京都心部にも進出したイヌ科動物　89
·································斎藤昌幸・金子弥生

4.1　地理的分布　89

4.2　個体群の地理的変異　91

4.3　生態　92

4.4　タヌキをめぐる生物間関係と生態系機能　98

4.5　都市に生息するタヌキ　100

4.6　タヌキと人間の関係　105

第 5 章　イイズナとオコジョ——北方の小型食肉類　112
·································アレクセイ アブラモフ・増田隆一

5.1　イイズナ　112

5.2　オコジョ　122

5.3　オコジョ・イイズナの同所的分布と今後の研究課題　129

# 第 III 部　本州・四国・九州

第 6 章　ニホンイタチ——在来種と国内外来種　135 ···············鈴木 聡

6.1　分類　135

6.2　形態　137

6.3　進化　139

目　次　　　　　　v

　　　6.4　分布　142

　　　6.5　生態　143

　　　6.6　生活史　145

　　　6.7　ヒトとイタチ　146

　　　6.8　今後の課題　150

第7章　ニホンテン──日本固有種　154……………………………大河原陽子

　　　7.1　ニホンテンとは　154

　　　7.2　社会性　160

　　　7.3　食性　163

　　　7.4　環境利用　167

　　　7.5　生態系のなかのニホンテン　170

第8章　ニホンアナグマ──群れ生活も行うイタチ科大型種　175

　　　……………………………………………………………金子弥生

　　　8.1　アナグマはどういう動物か　175

　　　8.2　ニホンアナグマの社会構造　183

　　　8.3　アナグマと人間の共存　193

第9章　ツキノワグマ──温帯アジアのメガファウナ　200………小池伸介

　　　9.1　ツキノワグマとは　200

　　　9.2　生態　206

　　　9.3　生理　215

# 第IV部　島嶼

第10章　シベリアイタチ──対馬の在来種と西日本の外来種　225

　　　……………………………………………………………佐々木　浩

　　　10.1　シベリアイタチとは　225

　　　10.2　外来種としてのシベリアイタチ　237

第11章　イリオモテヤマネコとツシマヤマネコ──島嶼個体群　246

　　　…………………………………………………伊澤雅子・中西　希

　　　11.1　日本のヤマネコ　246

11.2 イリオモテヤマネコの生態——水の島のヤマネコ　251

11.3 ツシマヤマネコの生態——里山のヤマネコ　257

11.4 イリオモテヤマネコとツシマヤマネコの比較　260

第12章　ラッコ——北方の海生種　266 …………………………………… 服部　薫

12.1 ラッコとは　266

12.2 ラッコがたどった歴史　273

12.3 漁業との競合　279

12.4 日本のラッコをめぐるこれからの課題　283

終　章　これからの食肉類研究　289 …………………………………… 増田隆一

1 日本の固有性を生かす　289

2 特徴的な行動・生態を探る　289

3 新しい研究法を導入する　291

4 学際的研究を推進する　292

5 海外との共同研究を推進する　292

6 世界へ情報発進する　292


おわりに　295 ………………………………………………………… 増田隆一

事項索引　297

生物名索引　301

執筆者一覧　304

# 序章
# 食肉類のなかの哺乳類学

増田隆一

## 1 食肉類とはなにか

### （1） 分類学的位置

　私たちが直接知っている動物だけでなく，図鑑に記載されている動物には
すべて，分類学上の学名がつけられている．本書で対象とする食肉類の分類
学上の正式名は食肉目である．食肉目の分類学的階層での位置は，上位から
見ていくと，動物界（Animalia），脊索動物門（Chordata），哺乳綱（Mam-
malia），食肉目（Carnivora）である．さらに，その下位には，科，属，種
がある．

　最近では，食肉目をネコ目ということもある．一般的に，食肉目は裂脚亜
目（ネコ亜目 Fissipedia）と鰭脚亜目（アシカ亜目 Pinnipedia）という 2 つ
の亜目に分けられる．さらに，裂脚亜目は，イヌ科（Canidae），クマ科
（Ursidae），イタチ科（Mustelidae），ネコ科（Felidae），ジャコウネコ科
（Viverridae），アライグマ科（Procyonidae），マングース科（Herpestidae），
ハイエナ科（Hyaenidae），スカンク科（Mephitidae），レッサーパンダ科
（Ailuridae）の計 10 科を含む．また，鰭脚亜目には，アザラシ科（Phoci-
dae），アシカ科（Otariidae），セイウチ科（Odobenidae）の 3 科が含まれ，
すべて海に生息して魚介類を食す海獣類である．

　本書では食肉目を食肉類と表記し，さらに前者の裂脚亜目（ネコ亜目）を
指すこととする．世界の食肉類は計 235 種におよぶ（Corbet and Hill, 1991）.
一方，日本において在来種として分布する食肉類は，イヌ科，クマ科，イタ

チ科，ネコ科の計 4 科に含まれる 13 種である．本書では，これら 13 種のうち各動物種を 1 つの章として紹介していく．なお，イイズナとオコジョについては 1 つの章にまとめた．

## （2）　分布と適応

大陸レベルで見ると，食肉類は，外来種を別にすると，オーストラリア大陸と南極大陸以外の大陸と島嶼に分布している．つまり，ユーラシア大陸，アフリカ大陸，北米大陸，南米大陸のさまざまな地域に食肉類は生息している．さらに，極地から寒帯，温帯，熱帯雨林，砂漠まで多様な自然環境に適応している．その一例として，食肉類のキツネの仲間の分布様式があげられる．ホッキョクギツネ（*Vulpes lagopus*）は極地に，アカギツネ（*Vulpes vulpes*；以降，キツネと表記）は温帯に，チベットギツネ（*Vulpes ferrilata*）は高地に，フェネックギツネ（*Vulpes zerda*）はアフリカの砂漠に適応して生活している．その形態的特徴を見ると，寒冷地に分布する動物種ほど，耳殻が小さく，体幹からはみ出している部分を小さくして熱の放散を防いでいると考えられている．これはアレンの規則として知られている．

また，クマ科には 8 種が含まれ，極地から熱帯雨林まで分布している．もっとも大型のホッキョクグマ（*Ursus maritimus*）はもっとも寒冷な極地に，最小のマレーグマ（*Helarctos malayanus*）は熱帯に分布し，その中間の亜寒帯や温帯には，ヒグマ（*Ursus arctos*）やツキノワグマ（*Ursus thibetanus*）などが分布する．つまり，寒冷地に分布する動物ほど体が大きくなる傾向が見られる．この傾向はベルクマンの規則とよばれ，体重あたりの表面積を減らすことにより熱の放散を防いでおり，寒冷気候への適応進化の結果であると考えられている．

## （3）　形態の特徴

### 外部形態

一般的に，食肉類の形態は，捕食者であることに適応した特徴を持っている．獲物を捕獲する際には，獲物より速く走る必要があり，ネコ科のチーター（*Acinonyx jubatus*）に代表されるように，しなやかな体形を持っている．そのためには，運動器官である骨格および骨格筋が発達している．また，獲

## 1 食肉類とはなにか

物を探索し捕獲するために，目，鼻，耳などの感覚器官も進化している．

体毛には，ホッキョクグマのように白色のもの，ツキノワグマのように黒色のもの，イタチ科の多くの種のように褐色のものがいる．一方，トラ（*Panthera tigris*）やヒョウ（*Panthera pardus*），チーターのような大型ネコ科では，多様な毛色による縞模様や斑紋が見られる．これらの毛色は，外敵から逃れたり獲物を捕獲するときの保護色となる．イタチ科のオコジョ（*Mustela erminea*）やイイズナ（*Mustela nivalis*）のように，換毛する夏毛と冬毛の色が褐色と白色というように明瞭に異なる種もいる．ライオン（*Panthera leo*）のオスにはタテガミが発達する．アジア大陸のツキノワグマ（ヒマラヤグマ）や南米のタテガミオオカミ（*Chrysocyon brachyurus*）にも首の周辺の体毛が長くタテガミが発達している．

食肉類では，同じ年齢の成獣の場合，オスのほうがメスよりも大型である種が多い．このような異性間での違いを性的二型という．上述したライオンのオスにはタテガミが見られるが，メスにはない．これも性的二型の1例である．本書の第6章では，ニホンイタチ（*Mustela itatsi*）の形態に関する性的二型が紹介される．また，先に紹介したアレンの規則やベルクマンの規則のように，気候に適応した地域的な形態の変化も見られる．

おもな食肉類では，走るために，歩行の仕方は趾行性である．つまり4つの脚は，踵を浮かせてつま先で歩くように発達している．ほとんどの食肉類はこのような歩き方をしている．しかし，ジャイアントパンダ（*Ailuropoda melanoleuca*）を含むクマ科だけは異なり，足の裏全体を使って歩行する蹠行（「しょこう」とも読む）性である．ちなみに，私たちヒトの直立二足歩行は2本脚の蹠行性である．趾行性または蹠行性の歩行方法に適応して，脚の骨格や筋肉が発達している．

また，趾行性のネコ科とイヌ科との間で，脚の構造の違いが見られる．ネコ科では，指の末節骨の先にある爪を通常は引っ込めているが，獲物に襲いかかる際や他個体との闘争の際に爪を出すことができ，その爪は相手を攻撃する武器となる．一方，イヌ科は爪を出し入れすることができないため，つねに爪を出したままである．脚の裏には皮膚の角質層が発達した肉球が形成され，ケガを防いだり，走行時の反動を和らげるクッションの働きを持つ．

## 歯の特徴

　食肉類における歯の特徴はどうであろうか．哺乳類成獣の基本的な歯式は
I（3/3）+C（1/1）+P（4/4）+M（3/3）=44 である．I は門歯（incisor），C
は犬歯（canine），P は前臼歯（premolar），M は後臼歯（molar）の英名の
頭文字である．カッコ内の分母は下顎，分子は上顎の歯の数を表す．そして，
この式の左辺は片側の下顎と上顎の歯の数を表し，それを 2 倍にした両側の
歯の総数が右辺となる．基本形とはいいながらも，哺乳類のなかで 44 本の
歯すべてを持つのはイノシシ（*Sus scrofa*）（およびその家畜化されたブタ）
である．食肉類では，イヌ科のオオカミ（*Canis lupus*）（その家畜のイヌ）
やキツネの歯式がほぼ基本形に近く，後臼歯が M（2/3）というように上顎
の第 3 後臼歯が 2 本であり，歯の総数は 42 本である．日本に生息する食肉
類の科ごとの成獣の標準的な歯式は以下のとおりである．種または集団によ
って多少の変異が見られることもある．

　　イヌ科　I（3/3）+C（1/1）+P（4/4）+M（2/3）=42
　　ネコ科　I（3/3）+C（1/1）+P（3/2）+M（1/1）=30
　　　　　　　　　　　　　　　　（イリオモテヤマネコは上顎 P は 2）
　　イタチ科　I（3/3）+C（1/1）+P（3/3）+M（1/2）=34
　　クマ科　I（3/3）+C（1/1）+P（4/4）+M（2/3）=42

　イヌ科，ネコ科，イタチ科では，切り裂き機能が発達した歯（裂肉歯）を
持っている．とくに，下顎の第 1 後臼歯，上顎の第 4 前臼歯がその機能を担
っている．

## 陰茎骨

　食肉類のなかで多くの種は陰茎骨を持っている．しかし，ハイエナ科やジ
ャコウネコ科の一部では陰茎骨が見られない．また，ヒトを除く霊長目，食
虫目，齧歯目も陰茎骨を持っている．陰茎骨は，種によってその形態的特徴
が異なるので，食肉類の分類においても着目されている．

## 消化管の特徴

　哺乳類の消化管の長さや構造は，次項（4）で述べる食性と深い関係があ
る．食肉類の消化管は，偶蹄類・奇蹄類などの草食獣のものに比べると，比

較的短く単純な構造を持っている．一般的に草食性の動物では，食物中の植物繊維を時間をかけて消化するために，その消化管である腸が長く発達したと考えられる．食物の消化には腸内細菌の助けを借りることが多く，長い腸管には種々の細菌が寄生している．クマ科，イヌ科，イタチ科の多くの種には，草本類や果実も食べる雑食傾向が見られるが，肉食性が強かったかれらの祖先種の特徴がまだ残っているため，その腸は短いままなのであろう．

## （4） 食性の特徴

　食肉類の食性は基本的に肉食性であり，体も大型であるため，食肉類は生態系の栄養段階では上位の消費者に位置し，種々の生態系において頂点に立っていると考えられる．日本列島のように大陸に比べると狭い面積の島々に生息する食肉類は，その地域の生態系において捕食者として大きな影響をおよぼし，重要な役割を担っている．一般的に食肉類が生存できることは，下位の栄養段階の生物も十分生息できる生態系が成立していることを示している．よって，生態系における食肉類をアンブレラ種（傘種）とよぶこともある．つまり，そこに生息する食肉類が広げた傘の下にある生息環境では，ほかの多様な生物種が生活していけるととらえることができる．

　一方，肉食性の哺乳類は食肉類のみではない．たとえば，コウモリの仲間である翼手目（コウモリ目 Chiroptera）の小型種，トガリネズミやモグラの仲間である食虫目（モグラ目 Insectivora），クジラやイルカの仲間のクジラ目（Cetacea），アリクイの仲間も肉食性である．ヒトを含む霊長目は雑食性だが肉食も行っている．しかし，頻繁に哺乳類を食べている哺乳類は食肉類である．

　反対に，クマ科に含まれるジャイアントパンダやレッサーパンダ科のレッサーパンダ（*Ailurus fulgens*）は，食肉類でありながら，ササやタケのような植物を主食にしている．また，イタチ科のなかでも，テンの仲間は雑食性で果物を食すことが多い．クマ科の仲間も雑食性の種が多い．これらの食肉類には，さまざまなものを食べることができる適応性・柔軟性があるため，種々の生息地に分布を拡大することが可能となったのだろう．たとえば，ヒグマやキツネは，新旧大陸を含む北半球に広く分布するが，それはかれらの食べものに対する適応力が高いこともその要因の1つであると考えられる．

## （5）　種子散布

　中型・大型の食肉類は大型の果物を食べることができるが，果肉のみを味わって食べ，固い種皮で被われた種子を噛み砕かないで飲み込むことが多い．その場合，消化管内でも化学的に消化されない種子は，排泄物に含まれたまま肛門から放出されることになる．食物が食べられてから糞が排泄されるまでには時間がかかるため，その間に動物は移動する．つまり，飲み込まれた種子は，果実を実らせた植物体から遠く離れた場所まで動物によって運ばれることになる．このような現象を種子散布という．種子散布は哺乳類のみではなく，果実を食べる鳥類によっても行われている．糞の内容物として落とされた種子はその場で発芽し，糞中の分解された食物の内容物を養分として生育することがあるため，植物の分布拡大に役立っている．また，動物の移動距離が大きければ，食べられた植物の遺伝子流動も大きくなる．つまり，種子散布によって植物の遺伝子が拡散することにより，植物種内の遺伝的近交化が起こりにくくなるので，種内多様性を維持することにつながる．このように，食肉類の一部は種子散布者として，生態系における植物の分布拡大に貢献しているといえる．この種子散布については，本書の第1章（クロテン），第4章（タヌキ），第7章（ニホンテン）において紹介されている．

## （6）　寄生虫との共生

　寄生虫はほぼすべての哺乳類に見られるが，食肉類は捕獲した動物の肉を食べるために，その肉に寄生している寄生虫との3者間で複雑な生活環を形成することがある．その例として，第3章で紹介されるキツネとエキノコックスの関係があげられる．エキノコックスの幼虫は齧歯類に寄生しており，キツネはその齧歯類を生でそのまま食べる．よって，寄生虫の幼虫はキツネを宿主（終宿主）として成長し，その成虫から産卵された卵がキツネの糞とともに体外へ放出され，再び，齧歯類（中間宿主）の体内に入って幼虫となる．このように，進化の過程で食肉類に関連する特有の宿主と寄生虫との共生関係が成立してきたと考えられる．

## （7）　行動

　食肉類の行動の特徴として夜行性があげられるが，種によっては日中も活動することがある．また，一般的に，オスのなわばりが広く，メスでは狭い．その代表例はクマ科である．メスの保守的な行動範囲に比べ，オスはきわめて広い行動圏を持つ．そのため，母系遺伝するミトコンドリア DNA の集団解析を行うと，その遺伝子タイプの分布パターンはメスの保守的な行動範囲を反映して，地理的に集団が分化した系統関係を表す（増田，2017）．

　また，日本の食肉類には単独で生活する種が多いが，北海道のキツネ（第3章）や本州のニホンアナグマ（*Meles anakuma*：第8章）では，小グループを形成することが知られている．キツネも子育て時には，前年に生まれた子ギツネがヘルパーとして，その年に生まれた子ギツネの養育を助けることが知られている．

　食肉類に臭腺が発達していることも特徴である．顔面，肛門内部や外部，尾，脚など体の各部位に開口する臭腺からにおい物質が分泌され，これが個体識別や種の識別に役割を果たしていると考えられている．動物が大きな石などに臭腺の開口部を擦りつけて，においつけすることもある．スカンクの仲間のように，肛門腺からの分泌物の刺激臭は，天敵に襲われたときの防御に役立っている．

　肛門内に開口した腺からのにおい物質は糞に付着する．さらに，糞からは腸内細菌が発したにおいのある気体も発生する．それらの複合的なにおいは動物間での個体識別に利用されていると考えられている．イタチ科の仲間は，しばしば石の上に糞を落とす．そこから発するにおい物質により，なわばりを示すことができる．警察犬や救助犬に利用されるイヌを代表として知られるように，食肉類は嗅覚も鋭い．そのため，このにおい物質を嗅ぎ分けることができると考えられる．一方，タヌキ（*Nyctereutes procyonoides*）やニホンアナグマなどは，複数の個体が同じ場所に糞を排泄するいわゆる「タメ糞」を形成する習性がある．これは人間社会のトイレのようなものである．同じタメ糞場を使用することにより，複数の個体間でのコミュニケーションが行われている可能性があり，タメ糞の役割については現在も研究が進められている（第4, 8章参照）．

最近の哺乳類学では，都市に適応した都市動物の行動学的研究も進められている．食肉類にも都市に出てくる種があり，Gehrt *et al.* (2010) はそれらの研究をまとめ，英文の著書 "Urban Carnivores" を出版した．そこには，北米とヨーロッパにおける食肉類が都市のなかでどのように生活し，人間社会とどのような問題を生じているかが紹介されている．日本では，キツネが札幌，タヌキが東京の都心部で目撃されるようになり，本書でもその研究内容が紹介されている（第3，4章参照；増田，2017）．

また，小さい島嶼に生息するイリオモテヤマネコとツシマヤマネコは大陸の同種（ベンガルヤマネコ）とは異なる行動様式を獲得し進化してきた（第11章参照）．

## 2 日本における在来の食肉類

日本列島は，北海道，本州，四国，九州，および周辺の島嶼で構成されている．現在の北海道の哺乳類相は，ユーラシア大陸北部の哺乳類相と類似しており，北海道に固有の哺乳類は分布しない．一方，本州，四国，九州の哺乳類相は共通しており，多くの固有種を含んでいる．日本に生息する陸生の在来哺乳類は116種であり，そのうち13種（約11％）が食肉類である（Ohdachi *et al.*, 2009）．

北海道と本州の間にある津軽海峡は，北方系の動物と南方系の動物の分布を分けており，生物地理的境界線としてブラキストン線とよばれている（増田，2017）．食肉類のクマ科を見ても，北海道および以北のサハリンやシベリアにはヒグマ（第2章）が生息するが，本州以南にはツキノワグマ（第9章）が分布する．また，イタチ科のクロテン（*Martes zibellina*）は，北海道とそれ以北に分布するのに対し，日本固有種ニホンテン（*Martes melampus*）は，本州・四国・九州・対馬に生息する．一方，キツネ，タヌキおよびオコジョやイイズナ（第5章）のようにブラキストン線をまたいで分布している種もいる．北太平洋に分布するラッコは海生のイタチ科で，北海道東部沿岸にときどき遊泳してくる（第12章参照）（図1）．

本書では，日本列島における食肉類の分布の特徴にもとづいて，各種を1つの章として紹介することにした．すなわち，第Ⅰ部では北海道のみに生息

**図1** 日本列島に分布する食肉類の分布様式．第Ⅰ部から第Ⅳ部は本文の構成を表す．第Ⅰ部は北海道，第Ⅱ部は北海道と本州以南，第Ⅲ部は本州・四国・九州，第Ⅳ部は島嶼部と北海道東部沿岸，に分布する種で構成される．

するクロテン（イタチ科）とヒグマ（クマ科）を紹介する．第Ⅱ部では北海道と本州以南に共通して分布するキツネ（イヌ科），タヌキ（イヌ科），オコジョ（イタチ科），イイズナ（イタチ科）を紹介する．本州以南では，キツネとタヌキは本州・四国・九州にまたがって分布しているが，イイズナとオコジョは本州の北部と高山帯のみに生息する．イイズナとオコジョを合わせて1つの章とした．第Ⅲ部では本州・四国・九州に共通して分布するニホンイタチ（イタチ科），ニホンテン（イタチ科），ニホンアナグマ（イタチ科），ツキノワグマ（クマ科）を対象とする．イタチ科の3者は日本固有種である．また，ツキノワグマは東アジアに固有である．第Ⅳ部では島嶼に分布するシベリアイタチ（イタチ科），イリオモテヤマネコ・ツシマヤマネコ（ネコ科），そして海生のラッコ（イタチ科）を紹介する．ヤマネコの2集団はともに大陸産のベンガルヤマネコ（*Prionailurus bengalensis*）と同種

**表1** 日本列島における食肉類の分布（○で示す）．イリオモテヤマネコとツシマヤマネコは亜種名である．ラッコは北海道沿岸を示す．大陸はユーラシア大陸を示す．

| 科名 | 種名 | 北海道 | 本州 | 四国 | 九州 | 屋久島 | 種子島 | 対馬 | 西表島 | 大陸 | 環境省レッドリスト 2017 のカテゴリー |
|---|---|---|---|---|---|---|---|---|---|---|---|
| イヌ科 | タヌキ | ○ | ○ | ○ | ○ | | | | | ○ | |
| | キツネ | ○ | ○ | ○ | ○ | | | | | ○ | |
| イタチ科 | ニホンイタチ（日本固有種） | | ○ | ○ | ○ | ○ | ○ | | | | |
| | シベリアイタチ | | | | | | | ○ | | ○ | 対馬：準絶滅危惧（NT） |
| | イイズナ | ○ | ○ | | | | | | | ○ | 本州：準絶滅危惧（NT） |
| | オコジョ | ○ | ○ | | | | | | | ○ | 準絶滅危惧（NT） |
| | ニホンテン（日本固有種） | | ○ | ○ | ○ | | | ○ | | | 対馬：準絶滅危惧（NT） |
| | クロテン | ○ | | | | | | | | ○ | 準絶滅危惧（NT） |
| | ニホンアナグマ（日本固有種） | | ○ | ○ | ○ | | | | | | |
| | ラッコ | ○ | | | | | | | | | 絶滅危惧 IA 類（CR） |
| クマ科 | ヒグマ | ○ | | | | | | | | ○ | 天塩・増毛地方, 石狩西部：絶滅のおそれのある地域個体群（LP） |
| | ツキノワグマ | | ○ | ○ | ○ | | | | | ○ | 下北半島, 紀伊半島, 東中国地域, 西中国地域, 四国山地：絶滅のおそれのある地域個体群（LP） |
| ネコ科 | イリオモテヤマネコ | | | | | | | | ○ | | 絶滅危惧 IA 類（CR） |
| | ツシマヤマネコ | | | | | | | ○ | | | 絶滅危惧 IA 類（CR） |

である．以上のように，現在，日本に分布する在来の食肉類は13種である（表1）．

　これら食肉類13種のうち，個体数が減少し，種の存続が懸念されている種がある．表1に，環境省レッドリスト 2017（http://www.env.go.jp/press/files/jp/105449.pdf）に記載されているカテゴリーを示した．リストアップされていない食肉類もある．各都道府県においてもレッドリストが作成されている．今後は，このような地域ごとの情報も把握しながら保全対策を総合的に考える必要がある．

## 3　絶滅した日本の食肉類

　本書の第1章以降では，第2節で述べた現生種のみを対象としている．そのため本節では，日本列島で絶滅したとされる食肉類に少し触れておきたい．

3　絶滅した日本の食肉類　　　　　11

これまでの記録や調査研究により，少なくとも縄文期以降の日本列島におい
て絶滅した食肉類を対象とした．以下のオオカミおよびカワウソは，環境省
レッドリスト 2017 では，カテゴリー「絶滅（EX）」にリストされている．

### （1）　ニホンオオカミ・エゾオオカミ

北海道，本州，四国，九州に分布していたオオカミも明治初期に絶滅した．
国内には，数カ所の教育研究機関にその剥製が残されている．また，頭骨な
どの骨も日本各地や海外に保管されている．本州，四国，九州に生息してい
たものはニホンオオカミ（*Canis lupus hodophilax*），北海道産はエゾオオカ
ミ（*C. l. hattai*）とよばれてきた．ニホンオオカミは，小型の体サイズやそ
の他の形態的特徴から，独立種 *Canis hodophilax* とする意見もあった．最
近のミトコンドリア DNA 全配列にもとづく分子系統解析により，海外のオ
オカミと比べてニホンオオカミが単系統性を示すこと，ならびに，エゾオオ
カミが北米産オオカミに近縁であることが報告された（Matsumura *et al.*,
2014）．よって，ブラキストン線をはさんで両者の系統遺伝的な違いは明ら
かであるが，ニホンオオカミを別種にすべきかどうかは未解決である．なお，
日本各地に伝わる伝承や絵画にもとづいたオオカミの民俗学を考察した研究
も発表されている（菱川，2009）．

### （2）　ニホンカワウソ

最近，対馬において，カワウソが琉球大学研究グループの自動カメラによ
って撮影され，ニホンカワウソが対馬に現存しているかどうか，さらに調
査・議論されている．今後の調査に期待したい．一方，これまでの研究では，
ユーラシアには広くユーラシアカワウソ（*Lutra lutra*）が分布するが，日
本列島では絶滅したとされてきた．北海道では 1955 年，本州では 1959 年に
カワウソの最後の生存記録がある．四国での絶滅は 1970 年代後半である．
その絶滅の原因は，明治時代以降の毛皮を求めた乱獲と考えられている．日
本のカワウソを，大陸のカワウソと同じ種にすべきか，または，独立種
（*Lutra nippon*）にすべきか．ブラキストン線をはさんで，北海道産と本州
産の系統進化的関係はどうなのか．Waku *et al.* (2016) は，神奈川県と高知
県で得られた日本のカワウソ標本についてミトコンドリア DNA の全塩基配

列を決定し系統解析を行ったが，これらのカワウソが独立種であるか亜種とすべきかを結論づけることはできなかった．上記のカワウソの歴史に加えて，さらに詳細な情報は，安藤（2008）にくわしい．

### （3） オオヤマネコ

ユーラシアオオヤマネコ（*Lynx lynx*）は，現在，ユーラシア大陸の極東からヨーロッパにかけて広く分布する大型のネコ科動物である．日本列島では現存しないが，北海道，本州，四国，九州にかけて，更新世末期から縄文時代にかけての洞窟や遺跡から，形態的に *Lynx* に分類される大型ネコ科動物骨の発掘例がある（長谷川ほか，2011）．日本列島における *Lynx* に関しては，日本哺乳類学会ではあまり議論されていないように思われる．しかし，考古学の分野では，多くの発掘例にもとづき，*Lynx* に属するなんらかのオオヤマネコが，かつては日本列島に広く分布していたと考えられている．オオヤマネコ骨の出土については，縄文時代晩期を最後に発掘例が途絶える．弥生時代以降の発掘例や古文書による記録もなく，日本のオオヤマネコは縄文時代に絶滅したようである．その絶滅の理由は不明である．今後，哺乳類学分野からの多方面にわたる分析が期待される．

### （4） 本州のヒグマ

ヒグマは，現在の日本列島では北海道のみに分布する．しかし，これまでに，ヒグマの骨が本州の更新世末期の洞窟から発掘されている（高桒ほか，2007）．これらはツキノワグマの形態よりもはるかに大きく，ヒグマの特徴と類似する．よって，過去には本州にもヒグマが分布していたが，縄文時代には絶滅したと考えられている．前述のオオヤマネコも縄文時代に絶滅しているが，ヒグマの絶滅の原因もまだ不明である．本州の絶滅ヒグマと北海道のヒグマの系統的関係の解明も今後の課題である．

## 4　外来種の食肉類

本書では基本的に外来種を対象としないが，日本の外来種には食肉類が多いので，ここで触れておきたい．外来種は，以下に示すように，海外から持

ち込まれた外来種と国内で移動した国内外来種に区別される.

北米大陸原産のアライグマ（*Procyon lotor*）は，愛玩動物としての飼育・放獣が起源となり，北海道，本州，九州で分布拡大し，農作物や家禽への被害も拡大しつつある．また，同じく北米原産のアメリカミンク（*Neovison* [*Mustela*] *vison*）は，毛皮のために養殖されていた個体群を起源として，北海道と本州の一部において分布を拡大している．養殖魚への被害とともに，餌となる在来の水生動物の減少が懸念されている.

ハクビシン（*Paguma larvata*）については，従来より在来種説と外来種説があったが，少なくとも台湾からの外来種であることが報告された（増田，2017）．現在では，本州と四国の広い地域にまたがって分布しており，果樹などの農作物への被害が増大している.

フイリマングース（*Herpestes auropunctatus*）は，インドのガンジス川河口部の個体群が沖縄島に導入され，その後，奄美大島へも導入された．その目的は毒ヘビのハブとサトウキビへ被害をもたらすネズミを駆除することであった．その後，フイリマングースの個体数は激増し，沖縄島や奄美大島の固有種を捕食したり在来生態系の撹乱が深刻となり，その防除対策が進められている（山田ほか，2011）.

シベリアイタチ（*Mustela sibirica*）は，日本の対馬では在来種であるが，朝鮮半島由来のシベリアイタチが西日本で分布を拡大し，本州の中部地方まで侵入している（増田，2017）．本書の第10章において，シベリアイタチの在来種としての特徴と外来種としての特徴が紹介される.

また，国内外来種の食肉類として，ニホンイタチがあげられる．ニホンイタチは本州，四国，九州に分布する日本固有種である．しかし，北海道や離島におけるネズミ駆除のために，養殖され放獣された．ニホンイタチについては，本書の第6章で紹介する.

日本固有種であるニホンテンも北海道や佐渡では国内外来種になっている．北海道南西部において毛皮目的で養殖された個体群を起源として，北海道の石狩低地帯まで分布拡散し，在来のクロテンとの競合が懸念される．また，ニホンテンはノウサギ駆除のために佐渡に放獣された．これについては，本書の第7章において紹介する.

さらに，すでに家畜化されているイエネコやイヌの野生化も外来種問題で

ある．また，最近，伴侶動物として人気のあるイタチ科のフェレット（*Mustela putorius furo*）の野生化については今のところ報告がないが，今後注意していく必要がある．

以上のような外来種が侵入し，その生息環境に適応しながら個体数が増加することにより，在来種と周囲の自然環境によって形成されていた生態系が攪乱されることになる．外来種として定着する種には，繁殖力が高く食欲旺盛なものが多い．さらに，外来種に寄生している内部・外部寄生生物も在来の生態系への侵入者であるため，在来の環境で安定していた宿主-寄生者の関係が崩れる可能性がある．在来種に伝播し，これまでにない疾病を起こす可能性もある．ヒトへの感染も危惧される．さらに，外来種が在来種と同種または近縁種である場合，雑種化が起こり，これまでに在来種のなかで培われた遺伝子プールが攪乱されることも懸念される．なお，食肉類を含む外来種およびその対策については，山田ほか（2011）にくわしいので参照されたい．

## 5　食肉類の調査研究法の発展

食肉類の調査研究法には，その目的に応じてさまざまなものがある．そのなかには食肉類に限らず，ほかの哺乳類の研究と共通するものもある．食肉類の最新の調査研究法については，東京農工大学の金子弥生と福江佑子らを中心にして検討が進められ（金子ほか，2003），日本哺乳類学会和文誌『哺乳類科学』において，特集「食肉目の研究に関わる調査技術事例集」として11編の論文が発表された．以下，それらの論文を紹介しながら，食肉類の調査研究法について考える．

まず，村上・佐伯（2003）は，「研究を始める前に」から，「始めるとき」，「研究を終えるとき」の段階に分けて，研究者の心構えを述べている．どんな研究を行ううえでも研究者は，目的と綿密な計画を立て，研究を遂行する必要がある．ここではとくに生態学的調査における野生動物に対する倫理的配慮について海外の例を含めて詳細に語られている．

次に，竹内（2004）は，食肉類の捕獲調査に関する法的手続きを述べている．とくに，捕獲の許可申請，土地への立ち入り，動物の飼養，動物の輸出

入など，移動に関する手続きについて，マニュアルになるように記されている．

　金子・岸本（2004）は，上記2つの論文に続く内容として，食肉類調査に関わる捕獲技術を総説した．国内の種々の地域における食肉類研究用の捕獲方法の現状を紹介し，その問題点を考察している．

　岸本・金子（2005）は，野外で捕獲された後の食肉類の麻酔方法やその後の動物の扱い方を議論している．保定作業中の緊急時の対応についても言及されている．

　淺野ほか（2006）は，捕獲・保定された動物の計測方法，採血，組織採取，外部寄生虫採取などの採材方法を紹介し，その注意点を検討した．また，耳標，首輪，マイクロチップなどの器具の装着方法とその注意点，および人獣共通感染症の感染防止など作業中の衛生面の注意点も述べられている．

　佐伯・早稲田（2006）は，個体追跡技術としてのラジオテレメトリーの基本的な仕組みを紹介している．この手法から得られるデータ解析法およびその有効性や問題点を考察している．

　中島ほか（2008）は，動物福祉面の現況調査を行い，野生動物研究における安楽死の実態，および研究者の心理面への影響について考察している．

　金子ほか（2009）は，食肉類各種について野外で観察されるフィールドサインの種類と調査の実態を述べている．さらに，自動撮影調査の実態とそれから得られる解析例が示されている．

　増田ほか（2009）は，分子進化学的研究，集団遺伝学的研究，種判定，個体識別，性別判定などの遺伝子分析を目的としたサンプリング法，分析技術，データ解析法ならびに食肉類での研究事例を紹介した．動物を捕獲しないで（非侵襲的に）得られるサンプルである糞はDNA分析にも使用されるようになった．

　福江ほか（2011）は，対象種の生態的特性を把握するための重要な手がかりである食性の研究に関する方法について，日本のイヌ科，イタチ科，ネコ科の研究例を紹介した．

　以上紹介した研究法や研究事例は，本書のいくつかの章においても登場する．また，これらの手法を用いた各食肉類の研究は，ここでは紹介しきれない多くの原著論文に発表されている．

## 6 食肉類研究に関する従来の学術書

　日本の食肉類に関する研究を紹介している書籍に注目したい．筆者が調べた限り，日本の食肉類全種の研究を総説した学術書はこれまでに出版されていないと思われる．一方，日本の食肉類のなかの特定の種に焦点をあてた書籍，および食肉類を含めて研究内容がまとめられた哺乳類学の学術書がこれまでに出版されている．これらについて，ここですべての関連図書を網羅して紹介することはむずかしいが，以下のようなものがある．

　学術的な図鑑として，『日本の哺乳類』（東海大学出版会）がある．初版は，阿部（1994）によって，その改訂版（英語併記）が阿部（2005）によって出版された．日本に生息する食肉類を含む哺乳類全種の特徴が興味深い写真とともにまとめられている．また，Ohdachi *et al.*（2009）による"The Wild Mammals of Japan"（Shoukadoh）には，日本に生息する哺乳類全種について動物の写真とともに，引用文献を示しながら英語により学術的に紹介されている．第2版は2015年に発行された．

　さらに，日本の食肉類を含めた研究成果を紹介した学術書を発行年順に紹介する．

　朝日・川道（1991）『現代の哺乳類学』（朝倉書店）　　哺乳類を対象にして取り組む研究者の成果が報告されている．食肉類については，日本産イタチ科の核型進化，海外の食肉類を中心とした社会生態に関する研究が紹介されている．

　土肥ほか（1997）『哺乳類の生態学』（東京大学出版会）　　生態学研究者によって，食肉類，有蹄類，霊長類などを対象としてその行動と生態に関する国内外の研究が紹介されている．食肉類については，ネコ科の社会システムについて語られている．

　遠藤（2002）『哺乳類の進化』（東京大学出版会）　　哺乳類の進化の過程について，おもに形態学と古生物学などの側面から詳細に語られている．そのなかで，食肉類の進化についても紹介されている．

　増田・阿部（2005）『動物地理の自然史』（北海道大学出版会）　　日本の両生爬虫類および哺乳類の動物地理学に取り組む研究者らが各々の動物種について最新の研究成果を紹介している．そのなかで，北海道ヒグマの三重構

造と系統地理的歴史が語られている.

天野ほか（2006）『ヒグマ学入門』（北海道大学出版会）　ヒグマをキーワードにして，ヒグマの生態に始まり，その自然史，文化との関わり，現代社会における問題について，理系と文系の各専門家が語っている.

安藤（2008）『ニホンカワウソ』（東京大学出版会）　すでに本章で引用したが，日本のカワウソに関する記録や歴史を紹介しながら，その絶滅の過程を考察している．海外のカワウソ保護の現状も紹介し，野生動物と人間のあるべき関係について考えている.

高槻・山極（2008）『日本の哺乳類学②中大型哺乳類・霊長類』　日本の中型・大型哺乳類の生態学を中心に，各動物種の専門家が研究の最前線を語っている．そのなかで，ニホンアナグマ，キタキツネ，イリオモテヤマネコ，ホンドタヌキ，エゾヒグマ，外来種アライグマが各章の対象種となっている．これらの種は，本書の対象種と重なるものもあるが，本書では，この10年間に進んだ研究の成果を中心に取り上げることになった.

坪田・山﨑（2011）『日本のクマ』（東京大学出版会）　日本に分布するヒグマとツキノワグマについて，生態学，生理学，獣医学，保護管理学などの側面から，最前線で活躍する研究者が分担執筆している．クマと人間との軋轢問題も考察し，両者の共存をめざしている.

山田ほか（2011）『日本の外来哺乳類』（東京大学出版会）　すでに本章で引用したが，外来種のなかでも食肉類のアライグマ，フイリマングース，イエネコなどに関する問題を取り上げ，その管理と対策について取り組んでいる専門家が研究の最前線を紹介している.

増田（2017）『哺乳類の生物地理学』（東京大学出版会）　すでに本章で引用したが，著者がこれまで研究対象にしてきた，日本の食肉類のうち，ヒグマ，ニホンイタチ，シベリアイタチ，オコジョ，イイズナ，ニホンテン，クロテン，キツネ，タヌキ，ハクビシンなどを対象とした分子系統学や集団遺伝学の研究成果を紹介し，生物地理学的な側面から食肉類の進化を考察している.

山﨑（2017）『ツキノワグマ』（東京大学出版会）　著者が取り組んできたツキノワグマの生態について語りながら，人間との歴史をたどっている．さらに，人間活動による森林の変化，および都市近郊に出没するようになっ

たツキノワグマの特徴を紹介し，ヒトとクマとの共存を考察している．

さらに，東京大学出版会から刊行された『哺乳類の生物学』シリーズの①分類（金子，1998），②形態（大泰司，1998），③生理（坪田，1998），④社会（三浦，1998），⑤生態（高槻，1998）においても，食肉類に関する各研究分野の事例を含めてまとめられている．

## 7　食肉類研究の哺乳類学への貢献

最後に，食肉類の研究が哺乳類学へいかに貢献しているかを考えてみる．食肉類は哺乳類のなかでも研究対象にするには種々のむずかしい面があることは，これまでも述べてきた．しかし，食肉類の研究からしか明らかにできない現象があり，それを解明する研究にはむずかしさを超えた学問的な意義があると考えられる．その観点で，食肉類研究の重要さを以下のようにまとめることができる．

- 体サイズ，その性的二型，食性，社会システムなどがほかの哺乳類の分類グループよりも多様である．
- 上記の多様性を研究することは，多くの種の進化プロセスの理解につながる．
- 食肉類の一部の種では，その移動距離や行動圏が大きく，アンブレラ種として多くの他種の保全につながる．
- 食肉類には北半球に広く分布する種が多く，かれらの移動の歴史や進化過程を探ることは，地球レベルでの環境変動を明らかにすることにもつながる．
- 日本の食肉類には固有種も含まれており，それを対象にした取り組みは独自性が高くユニークな研究につながる．
- 一部の種は絶滅や絶滅危惧の状態にあるため，その保全を実践する成果は，ほかの哺乳類の保全活動にも応用できる．
- 目撃することが困難な種が多いので，生態や行動などまだわかっていない点が多い．

本書では，以下の章において，各動物種の専門家がこのような興味深い食

肉類の研究を語っていく．筆者が知る限り，日本の食肉類全種に着目した研究の最前線を紹介した書籍は本書が最初のものである．よって，本書は，食肉類に関する研究の今後の方向性を考えるうえで重要な礎となるパイオニア的な学術書となっていくことが期待される．


## 引用文献

阿部永（監修）．1994．日本の哺乳類［初版］．東海大学出版会，東京．

阿部永（監修）．2005．日本の哺乳類［改訂版］．東海大学出版会，秦野市．

天野哲也・増田隆一・間野勉（編）．2006．ヒグマ学入門——自然史・文化・現代社会．北海道大学出版会，札幌．

安藤元一．2008．ニホンカワウソ——絶滅に学ぶ保全生物学．東京大学出版会，東京．

朝日稔・川道武男（編）．1991．現代の哺乳類学．朝倉書店，東京．

淺野玄・塚田英晴・岸本真弓．2006．生体捕獲調査における計測，採材，器具装着および衛生上の諸注意．哺乳類科学，46：111-131．

Corbet G. B. and J. E. Hill. 1991. A World List of Mammalian Species, 3rd ed. Natural History Museum Publications, London.

土肥昭夫・岩本俊孝・三浦慎悟・池田啓．1997．哺乳類の生態学．東京大学出版会，東京．

遠藤秀紀．2002．哺乳類の進化．東京大学出版会，東京．

福江佑子・竹下毅・中西希．2011．食肉目における食性研究とその方法　その1——イヌ科，イタチ科，ネコ科．哺乳類科学，51：129-142．

Gehrt, S. D., S. P. D. Riley and B. L. Cypher (eds.). 2010. Urban Carnivores: Ecology, Conflict, and Conservation. The Johns Hopkins University Press, Baltimore.

長谷川善和・金子浩昌・橘麻紀乃・田中源吾．2011．日本における後期更新世-前期完新世産のオオヤマネコ *Lynx* について．群馬県立自然史博物館研究報告，15：43-80．

菱川晶子．2009．狼の民俗学——人獣交渉史の研究．東京大学出版会，東京．

金子弥生・福江佑子・金澤文吾・藤井猛・中村俊彦．2003．企画趣旨．哺乳類科学，43：141-143．

金子弥生・岸本真弓．2004．食肉目調査に関わる捕獲技術．哺乳類科学，44：173-188．

金子弥生・塚田英晴・奥村忠誠・藤井猛・佐々木浩・村上隆広．2009．食肉目のフィールドサイン，自動撮影技術と解析——分布調査を例にして．哺乳類科学，49：65-88．

金子之史．1998．哺乳類の生物学①分類．東京大学出版会，東京．

岸本真弓・金子弥生．2005．食肉目調査にかかわる保定技術．哺乳類科学，45：237-250．

増田隆一．2017．哺乳類の生物地理学．東京大学出版会，東京．

増田隆一・阿部永（編）．2005．動物地理の自然史——分布と多様性の進化学．北海道大学出版会，札幌．

増田隆一・嶋谷ゆかり・大石琢也・合田直樹・田島沙羅・佐藤丈寛．2009．食肉目の遺伝子分析を目的としたサンプリング法，遺伝子分析技術，遺伝情報の解析法および研究事例．哺乳類科学，49：283-302．

Matsumura, S., Y. Inoshima and N. Ishiguro. 2014. Reconstructing the colonization history of lost wolf lineages by the analysis of the mitochondrial genome. Molecular Phylogenetics and Evolution, 80：105-112.

三浦慎悟．1998．哺乳類の生物学④社会．東京大学出版会，東京．

村上隆広・佐伯緑．2003．野生動物研究者の心構え——研究を始める前から，終えるまで．哺乳類科学，43：145-151．

中島理紗子・三輪田祥江・濱野佐代子・福江佑子・金子弥生．2008．食肉目調査に関わる動物福祉面の現況調査——野生動物の安楽死の実態と研究調査者に与える影響．哺乳類科学，48：281-291．

Ohdachi, S. D., Y. Ishibashi, M. A. Iwasa and T. Saitoh (eds.). 2009. The Wild Mammals of Japan, 1st ed. Shoukadoh, Kyoto.

Ohdachi, S. D., Y. Ishibashi, M. A. Iwasa and T. Saitoh (eds.). 2015. The Wild Mammals of Japan, 2nd ed. Shoukadoh, Kyoto.

大泰司紀之．1998．哺乳類の生物学②形態．東京大学出版会，東京．

佐伯緑・早稲田宏一．2006．ラジオテレメトリを用いた個体追跡技術とデータ解析法．哺乳類科学，46：193-210．

高橋祐司・姉崎智子・木村敏之．2007．群馬県上野村不二洞産のヒグマ化石．群馬県立自然史博物館研究報告，11：63-72．

高槻成紀．1998．哺乳類の生物学⑤生態．東京大学出版会，東京．

高槻成紀・山極寿一（編）．2008．日本の哺乳類学②中大型哺乳類・霊長類．東京大学出版会，東京．

竹内正彦．2004．食肉目研究における法的手続き．哺乳類科学，44：59-73．

坪田敏男．1998．哺乳類の生物学③生理．東京大学出版会，東京．

坪田敏男・山崎晃司（編）．2011．日本のクマ——ヒグマとツキノワグマの生物学．東京大学出版会．東京．

Waku, D., T. Segawa, T. Yonezawa, A. Akiyoshi, T. Ishige, M. Ueda, H. Ogawa, H. Sasaki, M. Ando, N. Kohno and T. Sasaki. 2016. Evaluating the phylogenetic status of the extinct Japanese otter on the basis of mitochondrial genome analysis. PLOS ONE, DOI: 10.1371/journal.pone.0149341 March 3, 2016.

山田文雄・池田透・小倉剛（編）．2011．日本の外来哺乳類——管理戦略と生態系保全．東京大学出版会，東京．

山崎晃司．2017．ツキノワグマ——いまそこにいる野生動物．東京大学出版会，東京．

# I

## 北海道

# 1

## クロテン
### 人々を魅了してきた毛皮獣

### 村上隆広

　クロテンは，高級な毛皮獣として世界の歴史を動かしてきたともいえる動物である．毛皮を求める人々によってクロテンは乱獲され，ある地域では再導入された．そのように人々の歴史に名を残すはるか前，第四紀にクロテンは近縁のテン類から種分化し，拡散して北海道に至った．そのプロセスを，遺伝子解析など近年の研究で明らかになってきた知見から示したい．また，クロテンは森林と深く関わりを持ち，樹上から雪に埋まった倒木の下まで多様な環境を利用して生活している．まだ謎の多い繁殖生態も含めてクロテンがどのように生活しているのかを紹介する．北海道ではかつてクロテンの分布していた地域に近縁である国内外来種のニホンテンが分布し，クロテンが見られなくなっている．両種の現状と北海道のクロテン個体群の保全についても焦点をあてたい．

## 1.1　クロテンという動物

　クロテン (*Martes zibellina*) はロシア，中国，モンゴル，日本に分布するイタチ科の動物である．日本では北海道に亜種のエゾクロテン (*M. z. brachyura*) が生息している（図 1.1）．手足が短いのがイタチ科の特徴だが，クロテンを含めてテン類はイタチ科のなかでは手足が比較的長い．日本にはクロテン以外のテン類としてニホンテン (*M. melampus*；第 7 章参照) が分布している．ニホンテンは元来本州以南に生息していたが，現在は国内外来種として北海道にも分布している．各地のクロテンとニホンテンの大きさを比較したデータが，表 1.1 に示されている．中国と日本のクロテンの体サ

# 第1章 クロテン

**図 1.1** クロテン(2008年3月16日,北海道斜里町ウトロ,撮影:平井泰).

**表 1.1** クロテンとニホンテンの体サイズ比較. Heptner *et al.* (1967), 佟・郭標準偏差(mm), 2段目は範囲(mm), 3段目は標本数($N$)を表す.

|  | クロテン・ロシア<br>(Heptner *et al.*, 1967) | | クロテン・中国<br>(佟・郭, 1981) | |
|---|---|---|---|---|
|  | オ ス | メ ス | オ ス | メ ス |
| 頭胴長<br>(mm) | 415-520<br>$N=?$ | 370-488<br>$N=?$ | 393.6±74.3<br>$N=55$ | 365±32.0<br>$N=52$ |
| 尾 長<br>(mm) | 125-190<br>$N=?$ | 115-170<br>$N=?$ | 131±11.9<br>$N=15$ | 122.0±2.0<br>$N=10$ |
| 体 重<br>(g) | 1000-1780<br>$N=?$ | 760-1115<br>$N=?$ | 893.8±15.89<br>$N=82$ | 773.7±14.75<br>$N=98$ |

1.1　クロテンという動物　　　25

イズはほぼ同じだが，ロシアのクロテンはひとまわり大きい．ただし，ロシ
ア国内でも場所によって体サイズに大きな変異のあることが知られている．
たとえば，Bakeyev and Sinitsyn（1994）は，ロシア各地のオス，メスの平
均体重について，最大のカムチャツカではそれぞれ 1439 g，1119 g である
のに対し，最小のシホテアリン（沿海地方）では 774 g，557 g と大きなち
がいがあることを示している．また，ニホンテンは一般的にクロテンより大
きく，ロシア産の大きなクロテンと同程度のサイズである．北海道産のクロ
テンとニホンテンは体色で識別が可能である．クロテンは肩付近の色に比べ
ると黒っぽい色の尾を持ち，ニホンテンは同色または尾端により淡い色を含
む場合がある．ただし，クロテンのなかに全身淡色の個体がいるなど例外も
あり，厳密には平川ほか（2010）の示したように詳細な比較が必要である．
　古代から人々は野生動物の毛皮を重宝してきたが，クロテンはその代表格
といってよいだろう．中国では，BC 403-BC 221 の戦国時代に兜の飾りつ
けにクロテンの尾が使われていた（西村，2003）．13 世紀に書かれたマル
コ・ポーロの東方見聞録には，モンゴル皇帝フビライ・カーンが遠征先で使
用していた帳殿の広間で，クロテンの毛皮が壁一面に張られていたという記
述がある．この記述の真偽は定かでないが，当時もクロテンの毛皮にたいへ
んな価値があったことを示している．モンゴル帝国の衰退とともに，1500

(1981)，村上（2010）にもとづいて作成した．各項目の上段は平均値 ±

| クロテン・北海道 (村上，2010) | | ニホンテン (村上，2010) | |
| --- | --- | --- | --- |
| オ　ス | メ　ス | オ　ス | メ　ス |
| 414.9 ± 22.8 | 366.7 ± 13.4 | 450.1 ± 18.2 | 408 |
| 378-470 | 345-391 | 415-485 | 400-416 |
| $N = 47$ | $N = 9$ | $N = 14$ | $N = 2$ |
| 135.0 ± 10.4 | 121.2 ± 7.9 | 213.0 ± 11.8 | 202.5 |
| 110-155 | 112-138 | 188-230 | 180-225 |
| $N = 47$ | $N = 9$ | $N = 14$ | $N = 2$ |
| 1021.2 ± 136.5 | 662.2 ± 72.0 | 1644.5 ± 226.8 | 940 |
| 760-1350 | 513-730 | 1310-2005 | 830-1050 |
| $N = 45$ | $N = 9$ | $N = 13$ | $N = 2$ |

**図 1.2** ロシアのクロテン分布変化（1930年代は Powell *et al.* [2012] を改変，2016年は IUCN の提供している分布データをもとに作図した）．

年代後半からロシアはシベリアに向かって急速に開発を進めたが，そこで得られる重要な収入源となったのもクロテンの毛皮であった（西村，2003）．17世紀にシベリアへの移住が進み，さらにクロテンの捕獲圧が高まった（Bakeyev and Sinitsyn, 1994）．捕獲圧の高い状態は 1900 年代初めまで続き，ロシアのクロテン分布域は大幅に縮小した．図 1.2 で 1930 年代のクロテン分布域を見ると，各地で小さな区域に分断化していることがわかる．このような状況に対してクロテン個体群を増加させるため，1940-1965 年に低密度地域に 1 万 9000 頭以上が再導入された．この再導入によって個体数も回復し，1993 年にロシア全体での個体数は 100 万-130 万と推定された（Bakeyev and Sinitsyn, 1994）．分布の回復も各地で見られる（図 1.2）．

中国でも過去に強度の捕獲が行われていた．黒竜江省で 1018 年に 6 万 5000 頭を捕獲し当時の遼王朝に献上されていたという記録があるほどだったが，個体数が減少した 1800 年代後半には，中国北東部全体で毛皮算出数は 3000 頭から 4000 頭になった（Ma and Xu, 1994）．現在は国の保護動物に指定され，1998 年時点での調査では推定 1 万 8000 頭とされている（朱ほか，2011）．

北海道産のクロテンは大陸産に比べると毛色が悪く，価値は低かった．それでも国内の毛皮獣のなかでは高価で取引され，江戸時代から明治時代にかけて乱獲が進み，個体数を減らしていった．1920 年に禁猟となるまでの狩猟統計によると，1901 年には北海道全体で 7000 枚以上の毛皮が産出されていたが，徐々に減少し，1920 年にはわずか 214 枚であった．禁猟にせざるをえないほど個体数が減っていたのはまちがいないだろう（図 1.3）．皮肉

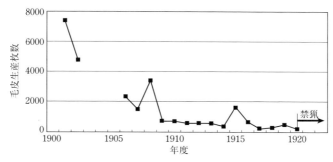

**図 1.3** クロテン毛皮産出数の変化（北海道庁勧業年報および北海道庁統計書の情報をもとに作図）．

にも，禁猟の後はクロテン個体群の動向について情報が得られなくなった．その一方で，新たな脅威が現れた．それは1940年代に本州から導入された近縁種のニホンテンである（門崎，1981）．近縁の国内外来種の導入により，クロテンがなんらかの影響を受けてきた可能性がある．しかしながら今のところ，北海道北部から東部を中心にクロテンは広く分布しており，禁猟になった当時に比べると個体群は回復していると思われる．

## 1.2　北海道のクロテンはどこからきたのか

　次に歴史をさかのぼり，クロテンが北海道に分布するようになった経緯を探ってみたい．クロテンが北海道に至るまでの道筋を知るうえでは，クロテンと近縁な3種のテン類の存在が欠かせない．ヨーロッパに分布するマツテン（*M. martes*），北米に分布するアメリカテン（*M. americana*：ただし太平洋沿岸の個体群を *M. caurina* として別種とする見解もある），そして本州から九州まで分布するニホンテンである．これらにクロテンを含めた4種は，かつて化石記録や形態学的な類似性から各種の独立性が不明確として「上種（superspecies）」とする見解もあった（Anderson, 1970）．その後，遺伝子解析の進展によって4種間の関係が少しずつ明らかになり，焦点はどのようなプロセスで種分化が生じてきたのかに移ってきた．これまでの研究成果をもとにクロテンの進化史はおよそ次のように考えられている．

　まず，クロテンを含む4種は更新世の間に適応放散によって一気に分化し

た（Hughes, 2012）．4 種のうち，マツテンとクロテンが近縁でこれらのグループとアメリカテンやニホンテンとの分岐年代はおよそ 180 万-160 万年前と推定されている（Koepfli *et al.*, 2008；Sato, 2013）．その後約 100 万年前にクロテンとマツテンとが分岐し，マツテンがヨーロッパ付近に分布していた一方，クロテンはユーラシア大陸東部に広がっていった（Hughes, 2012）．

　次の疑問はクロテンがどのように北海道に分布するようになったかである．Hughes（2012）は，更新世の終わりごろ，すでに中国北部に分布していたニホンテンが，侵入してきたクロテンとの競合で地続きだった日本列島に追いやられたのではないかとしている．これに対して Sato（2013）は，ニホンテンが先に日本列島に分布していて，クロテンがサハリンから更新世終わりに北海道へ入ってきたときにはすでに津軽海峡ができていたため，クロテンは北海道から南下できなかったのではないかと推定している．クロテンが北海道にやってきた時期については，複数の研究事例で更新世後期ということで一致しているが，詳細ははっきりしていない．佐藤・石田（2012）は，北海道のクロテンのミトコンドリア DNA，Nd2 遺伝子に 10 万年前に分岐した 2 系統のハプロタイプがあり，これらが北海道に到達してから生じたのなら到達年代は 12.6 万-10 万年前，到達前に生じたものなら 10 万年前以降に北海道に到達したと述べている．Kinoshita *et al.*（2015）は，さらに分析を進め，ロシア大陸全体には Nd2 のハプロタイプグループが 3 つ（R1, R2, R3）あり，国後島や北海道本島には大陸にはない H1 というハプロタイプグループ，サハリンには R2 と H1 の両方のグループがあることを示した．これは，まず H1 のタイプを持つ個体群がサハリン経由で国後島や北海道に到達し，その後 R2 を持つ個体群がサハリンまでは到達できたが，そのときには宗谷海峡ができていたためにそこから先に進めなかったと考えられる．Kinoshita *et al.*（2015）は，北海道に H1 ハプロタイプを持つ集団が到達した時期を 9 万年前ごろと推定している（図 1.4）．

　ところでクロテンには，毛色の変異がある．冬毛で比較するとロシアのクロテンは比較的黒っぽく，それに比べると北海道のクロテンの多くは体色がベージュの個体が多く，四肢の先や尾はそれより濃い色になる．しかし，クロテンのなかに全身が薄いベージュ色の個体がいる．この毛色の変異にメラ

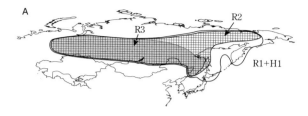
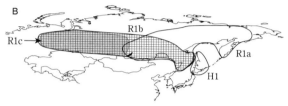

**図 1.4** クロテンミトコンドリア DNA の Nd2 遺伝子ハプロタイプの分布の変遷. A の時代には R1 と H1 が分岐していなかったが, B の時代には北海道は H1, 極東からカムチャッカにかけて R1a へと分岐した. 一方, R2 はサハリンまでしか到達しなかった (Kinoshita *et al.*, 2015 より改変).

ノコルチン1受容体遺伝子 (*Mc1r*) が関与しており, アミノ酸置換によって *Mc1r* の発現が阻害されると薄いベージュ色の体色になることが明らかになっている (Suzuki, 2013). この *Mc1r* をコードする塩基配列の解析から, クロテンのたどった道に新たなストーリーが提唱された.

Ishida *et al.* (2013) は, 北海道のクロテンの Mc1r 遺伝子には2系統あり, 1つの系統はロシアのクロテンに近く, もう一方の系統はアメリカテンやニホンテンに近いことを明らかにした. このことから, 彼らはまずヨーロッパで近縁のテン属4種のうち, アメリカテンとニホンテンの祖先を含む系統 (東系統) とほかの2種マツテンとクロテンの祖先を含む系統 (西系統) が分岐したと考えた. まず東系統が東に移動しながらそれぞれ北米大陸と日本に進出して両種に分化, 次の段階で西系統が東に進出し, それぞれの地域で4種が成立していったと主張している. 各系統は種分化が完全でなかったので, 北海道で両系統が出会った際に交雑が起きていたため現在も2系統が残っているという (Ishida *et al.*, 2013). こちらの説もたいへん興味深いが, 結論を出すにはさらなる解析が必要である.

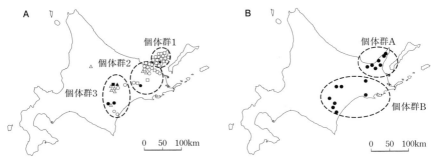

**図 1.5** 北海道東部を中心としたクロテン個体群内に見られるハプロタイプの系統．A は，母系遺伝するミトコンドリア DNA コントロール領域で，記号の違いが系統の違いを示す（Inoue *et al.*, 2010 より改変）．B は，両性遺伝するマイクロサテライトから得られた系統で2 つの集団に分かれた（Nagai *et al.*, 2012 より改変）．

次に，北海道内のクロテンの地理的変異について考える．大陸に比べて多様性が低いという点ではほとんどの研究で一致しているが，DNA 配列のより変異の大きな部位の解析によって，遺伝的に異なる集団の存在が知られている．たとえば，Inoue *et al.*（2010）はミトコンドリア DNA コントロール領域の解析から，北海道東部のクロテンが大きく 3 つの集団に分けられることを示している（図 1.5A）．これと同じ地域のクロテンについて，Nagai *et al.*（2012）は，マイクロサテライト解析によって 2 つの集団に分かれることを明らかにした（図 1.5B）．分かれる集団が 3 つと 2 つとで異なる原因については，ミトコンドリアが母親からしか受け継がれていかないのに対し，マイクロサテライトは父母の両方から遺伝するためであると考えられる（Nagai *et al.*, 2012）．すなわち，メスのほうがオスに比べて移動分散範囲が狭いので，母親から受け継がれるミトコンドリア DNA の広がりも小さいものと推測される．しかし，これらの集団の区分がどのように生じ，維持されてきたのかは今後の課題である．

以上のように，どのようにしてクロテンが北海道に分布するようになったのか，なぜ日本の在来テン類は北海道にクロテン，本州以南にニホンテンと分かれているのか，まだ明確な答えは出ていない．おそらく，氷河の進出や後退，海進や山岳による地理的障壁の出現といった地史スケールの現象から近縁種との種分化や交雑といった生物学的要因までさまざまな要素が影響してきたのだろう．DNA 研究の進展に加え，古生物学的な新知見が得られる

ようになれば，クロテンの移動の歴史がさらに明確になってくるであろう．

## 1.3 クロテンの食卓

クロテンは雑食であり，その食性は多様である．図1.6と表1.2に北海道のクロテンの食性を示した．年間を通じてもっとも頻度の高い食物は小型哺乳類であり，とくにヤチネズミ属やアカネズミ属などの野ネズミ類である．その他，エゾリス，シマリス，モモンガなどのリス類やトガリネズミ類も食べる．中国大興安嶺で食物量とクロテンの糞分析結果を比較した研究では，タイリクヤチネズミを好む一方でバイカルトガリネズミに忌避傾向があったことが示されている（Buskirk *et al.*, 1996）．北海道でも，クロテンが捕殺したと思われるオオアシトガリネズミが足跡近くで転がっているのを見かけることもあるが，捕獲した後に放置していったのだろう．動くものはまず襲い，それから食べるかどうかを判断しているのかもしれない．春にクロテンの糞からエゾシカの毛も出現するが，エゾシカの体重は80 kg以上あり，捕食しているとは考えにくい．死んだシカを食べているものと思われる．

表1.2では鳥類の出現数が少ないが，Miyoshi（2006）は北海道北部で採集した糞分析結果から，鳥類の出現頻度が4.7-17.5%であったと報告している．ロシアでの研究では出現頻度が地域によって24-80%（Bakeyef *et al.*, 2003），中国大興安嶺でも冬季に12.5%の糞から鳥類が出現したとしている

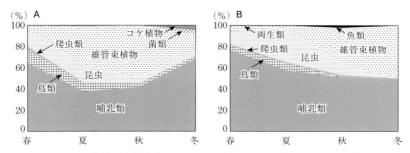

**図1.6** クロテンの食性の季節変化．Aは2000年から2005年にかけて北海道北部で調査した結果．分析個体数（$N$）は605個体（Miyoshi, 2006より改変）．Bは1998年から2002年まで北海道東部で調査した結果，分析個体数（$N$）は193個体（Murakami, 2003より改変）．

**表 1.2** 年間を通じたクロテンの主要な食物を相対出現頻度で示したもの。Miyoshi（2006）は，2000年から2005年にかけて食性の雌雄差を調査したが，有意な差は見られなかった。ここでは雌雄のデータを結合した。Murakami（2003）は，1998年から2002年まで調査した。

|  | 北海道北部<br>（$N=116$）<br>Miyoshi（2006） | 北海道東部<br>（$N=193$）<br>Murakami（2003） |
|---|---|---|
| 哺乳類 | 81.9（%） | 81.9（%） |
| ヤチネズミ属 | 70.7 | 56.5 |
| アカネズミ属 | 6.9 | 14.6 |
| シマリス | 0.0 | 19.3 |
| エゾリス | 0.0 | 1.0 |
| エゾモモンガ | 0.0 | 4.2 |
| トガリネズミ科 | 6.1 | 5.7 |
| エゾシカ | 3.4 | 4.2 |
| 鳥類 | 14.7 | 5.7 |
| 爬虫類 | 2.6 | 1.6 |
| 両生類 | 0.0 | 1.0 |
| 魚類 | 0.0 | 0.5 |
| 昆虫類 | 11.2 | 26.9 |
| 鞘翅目（甲虫類） | 6.0 | 26.6 |
| 半翅目（カメムシやセミ類） | 0.9 | 0.0 |
| 膜翅目（ハチ類） | 0.9 | 1.0 |
| 鱗翅目（チョウ・ガ類） | 2.6 | 0.0 |
| その他 | 2.6 | 0.0 |
| 陸生貝類 | 0.8 | 0.0 |
| 維管束植物 | 32.8 | 17.1 |
| マタタビ属（サルナシなど） | 17.3 | 7.8 |
| ミズキ | 0.8 | 0.0 |
| ヤマグワ | 6.9 | 0.0 |
| ヤマブドウ | 7.7 | 3.1 |
| その他 | 0.9 | 7.3 |
| 菌類 | 6.0 | 0.0 |
| コケ植物 | 11.2 | 0.0 |

（徐ほか，1996a）。調査地または調査年によっては，鳥類も主要な食物となっているのであろう。両生類，爬虫類，魚類の残渣はクロテンの糞からはほとんど出現していない。脊椎動物で哺乳類や鳥類主体である傾向はロシアでも同様に見られる（Bakeyef *et al.*, 2003）。

　夏を中心にシデムシ，オサムシなどの昆虫類も頻繁に食べる。甲虫類が主だが，8月に回収されたクロテン死骸の胃内容物からクロスズメバチの成虫

と蛹が出現したこともある．巣を襲って食べたのだろう．

秋–冬にはサルナシ，ヤマブドウなどの果実類が頻繁に食べられる．また，シウリザクラ，キハダ，ナナカマド，ヤマグワなどのほか，高山帯ではコケモモやハイマツの実も餌になっている．テン類はさまざまな果実を食べることに加えて，食肉目なのであまり消化能力は高くなく，比較的移動距離も長いという種子散布者として有利な条件を備えている．クロテンでも標高ごとに糞を採取すると，異なる標高帯でしか得られない食物が出現する例があるらしく（村上陽紀，私信），ほかのテン類と同様に種子散布者となっていると思われる．

ロシアの研究事例ではハイマツ以外にもマツの果実がかなりの割合で出現しているが（たとえば Monakhov, 2011），北海道での出現率は低い．針葉樹林の発達しているロシアと混交林帯が主である北海道との環境の差によるためかもしれない．その他の植物質としては，糞からコケが出現したことがあるが，食物として利用したかどうかは不明である．

冬は食物資源が乏しくなる季節である．この時期にクロテンの足跡を追跡すると，木の根元や倒木の下を頻繁に探っている様子がうかがえる．これらの場所にいる野ネズミ類をねらっているのだろう．糞分析の結果を見るとヤチネズミ類が 31.6%，アカネズミ類が 10.5% と高い出現頻度になっている（Murakami, 2003）．大陸産のクロテンでは冬にジャコウジカ（*Moschus moschiferus*）を襲った例が記録されている．ロシアのハバロフスクで 1972 年に 1.4 m のまとまった積雪があり，10 km の間に 11 個体のジャコウジカがクロテンによって殺されていたという（Bakeyev and Sinitsyn, 1994）．しかし，冬季には果実類が動物質よりも高い頻度で出現している．おもな種類はヤマブドウのほか，ツルウメモドキやナナカマドの果実などであった．樹上に残っている果実などを食べているのだろう．

## 1.4　クロテンはどのように暮らしているのか

クロテンは生息環境として高山帯から人家近くまで幅広い環境を利用するが，もっともよく見られるのは森林である．ロシアのシベリア南部や極東地方では，トウヒ，カラマツ，マツ，スギ，カンバ類から構成される森林に生

息している（Monakhov, 2011）．中国では東北部の大興安嶺山脈や小興安嶺山脈がおもな分布地域で，針葉樹の優占する林に生息している（佟・郭，1981）．北海道のクロテンは，針葉樹と広葉樹の混交林をよく利用していて，とくに樹冠が発達して太い樹木の多い環境を好む（Miyoshi and Higashi, 2005）．造林地と原生林とが隣接する場所で冬季の糞の発見頻度を比較した調査では，原生林を利用する傾向が明確に得られている（村上，2008）．Miyoshi and Higashi（2005）は，樹冠の発達した環境によって猛禽類などの天敵を避けられるためではないかとしている．

　一方，Bakeyev and Sinitsyn（1994）は，森林伐採は生息環境をモザイク状にすることで小型哺乳類やクロテンの好む果実類が増えるとしている．村上（2008）の調査でも，造林地では植栽された針葉樹の幼木の下に積雪の少ない空間が生まれ，その下をクロテンがおもに利用していたことが確認されている．それらの場所は野ネズミ類が冬季によく利用するため，クロテンの採食環境となっていたのだろう．

　また，筆者らは共同研究として，知床半島基部の海岸林で積雪期の個体数を調査したことがある．定期ルート上を歩きながら足跡を探し，発見した場合は両側にのびる足跡を100 mずつ追跡しながら糞を採集し，再び先ほど足跡を発見した定期ルート上の地点に戻って足跡を探す．この作業を2010年と2011年のそれぞれ1-3月，各月上旬と下旬に行い，糞を採集した．採集した糞から抽出したDNAのマイクロサテライトを解析することで林を利用する個体数を算出した．すると，1年目には約2.7 km² の調査地を少なくとも21個体が利用していたが，2年目にはわずか5個体になっていた（Nagai *et al.*, 2014）．その2年間で調査地に大きな人為的改変の要素はない．ロシアの山地では冬季に積雪が増えると低標高地域に降りてきて，春季に再びもとの標高域に戻ることがあるという（Bakeyev and Sinitsyn, 1994）．上記の知床調査でも，まず気象条件が出現個体数に影響を与えたことが考えられた．しかし，調査地に近い斜里における1-3月の最深積雪は，2010年で39-48 cm，2011年に35-47 cmとほとんど違いがない．おそらく気象条件ではなく，小型哺乳類などの食物資源量が2年間のうちに大きく変化してクロテンの利用に影響を与えたのだろう．生息環境の好適性を明らかにするには，植生だけでなく，食物条件と組み合わせてさらに調査を進める必要がある．

## 1.4 クロテンはどのように暮らしているのか 35

　行動圏サイズを調べた研究によると，ロシアのクロテンでは地域によって異なり，4-10 km² という場所から，平均して 30 km² とずっと広い場所もあるらしい（Heptner *et al.*, 1967）．中国での研究例では 10-12 月の冬季のみ 3 年間にわたって電波発信機を装着したクロテンを調査し，オス（平均 13.03 km²）はメス（平均 7.18 km²）より広範囲を活動していた（徐ほか，1996b）．北海道では Miyoshi and Higashi（2005）が，6 個体について 0.5-1.8 km² と他地域に比べて行動圏サイズが小さかったと報告している．しかし，6 個体のうち年間を通じて追跡した個体は 1 個体のみで，また 3 個体の測位地点数が 50 未満と少なく（Miyoshi and Higashi, 2005），北海道のクロテンの行動圏については，現状では情報不足といえる．地上から電波発信機を追跡する調査手法では，道路の利用できる範囲も限られて見失いやすい．航空テレメトリーや近年小型化が進んでいる GPS テレメトリー（動物に装着した発信機の位置を人工衛星から記録する方法）など，より確実な調査技術を利用してさらに調査を進める必要があるだろう．なお，Miyoshi and Higashi（2005）は定住的な個体と移動性の高い個体とがいたことを示している．先述した Nagai *et al.*（2014）では 3 個体が 2 年間続けて同じ場所を利用していたことがわかっているが，それ以外の個体は，調査地外の別の場所に移動していったのだろう．移動性の高い個体にとってはテリトリーを持たないことは予想できるが，Miyoshi and Higashi（2005）は定住性の高い個体であっても行動圏が重複していたことを指摘している．

　クロテンは夜行性といわれることが多い．富士元（2011）はクロテンの活動時間帯を夜としつつ真冬以外は昼も活動するとしている．一方，海外の調査事例を見ると，異なる報告もある．中国大興安嶺山脈での研究では，春季と冬季に朝夕の活動性が高まる 2 山型で夏季と秋季は日中の活動性が高い 1 山型だった（馬ほか，1999）．ロシアで冬季に調査ルートを 4 時間ごとに踏査して足跡を調べた例では，14-18 時に活動のピークがあったとしている（Bakeyef *et al.*, 2003）．Zirjanov（2009）は，80.7% が朝か日中，12.9% が夜，6.4% が夕方に採食するとしつつ，さまざまな要因が関与するので日周活動性ははっきりしないと述べている．たとえば，厳しい低温環境下では活動性が低下することが知られている．1 日の移動距離をロシアで厳冬期に調べた例では，−42℃ で 600 m から −16℃ で 4200 m と変動した（Zirjanov,

2009). 季節性や気温以外にも食物の分布や同種間, 異種間の関係などが活動性に影響しているのかもしれない.

クロテンは休息場所として, 樹洞, 木の根の下, 倒木, 岩場, 河岸の急斜面などさまざまな環境を利用する (Monakhov, 2011). Miyoshi and Higashi (2005) は, 休息場所の枯死木量や樹木数, 樹木種数が周囲より多い場所を選択的に利用していたとしている. 知床半島では1910年代から1970年代にかけて原生林を開拓した地域があり, そのような場所では畑を耕す際に出てきた大木の根や岩を帯状に積んでいた場所がある. このような場所を廃根線とよぶが, 積雪期にはこの岩場の下を休息場所としてよく利用していた (村上, 2008). 休息場所によって降雪や強風をしのいで過ごしているのだろう.

なお, クロテンが被食されることもある. Monakhov (2011) は, クロテンの捕食種としてヒグマ, オオカミ, キツネ類, クズリ, キエリテン, トラ, オオヤマネコ, ワシタカ類, フクロウ類などをあげている. クロテンについては, Miyoshi and Higashi (2005) が電波発信機を装着した後に死んだ3個体がキタキツネに捕食されていたことを報告している. また, クマタカの巣にクロテンの骨が出現した例があるほか, シマフクロウの巣箱のなかからクロテンの頭骨が出現した事例がある. これらはクロテンが捕食されたものと考えられる.

## 1.5 よくわかっていないクロテンの繁殖生態

野生下でどのように子育てをして, どのように分散していくのか, クロテンの繁殖生態はよくわかっていない. ここでは, ロシア, 中国での研究事例を中心に, 明らかになっていることをまとめたい. クロテンの性成熟は2-3歳で, 1回の産子数は1-4頭で普通は3頭である (Bakeyev and Sinitsyn, 1994). ロシアでの調査では, 2歳メスの妊娠率とメス1個体あたりの平均黄体数 (排卵数を示す) は, それぞれウラル北部で76.4%と2.96, バイカル湖西部のキジルで23.4%と0.64と大きく違いがあった (Monakhov, 2011). 性成熟年齢や妊娠率に地域差があることがうかがえる. クロテンの生涯産子数は不明だが, 寿命は15-20歳と長く (Bakeyev and Sinitsyn, 1994), 条件がよい場所では生産力の高い動物であることがうかがえる.

## 1.5 よくわかっていないクロテンの繁殖生態　　　37

　交尾期は中国の事例によると 6-8 月であり（佟・郭，1981），クロテンで
もオスの精巣サイズを季節的に比較した結果から，やはり 6-8 月にピークと
なる傾向が認められた（村上，2015）．クロテンには，交尾後にすぐに着床
が起こらない着床遅延という現象が起こるため，出産は翌年の 3-5 月になる
（佟・郭，1981）．富士元（2011）は，クロテンの観察を通じて交尾期を初夏
としつつ，求愛行動は交尾期だけでなく，冬にも見られたと報告している．
Heptner *et al.*（1967）は 2 月初めから 3 月にかけて，夏の発情期と同様の膣
上皮の角化が起きることを報告しており，それに続いて着床が起きるとして
いる．このような偽の発情期ともいえる現象にはなんらかの適応的な意義が
あるのかもしれないが，理由は不明である．

　出産とその後の子育てのためには，特定の巣穴に長く滞在する．中国の研
究例では，巣穴には乾燥した草や動物の毛を敷いた居住場所と排泄場所の 2
つのスペースがあり，さらに食物を貯蔵するスペースを持つ巣穴もあったと
いう（佟・郭，1981）．出生時のクロテンの体重は，中国長白山で調べられ
た例では約 20 g で，体長約 10 cm であった（佟・郭，1981）．乳歯は出生後
38 日で現れ始め，3-4 カ月で永久歯に生え変わる（Monakhov, 2011）．これ
は出産月から計算すると 6-9 月ごろになる．これまでクロテンでは乳歯から
永久歯への交換途中だった個体を 9 月上旬にオス，メス 1 個体ずつ確認して
いる．上記の例をあてはめると，これらの個体はその年に出生したことを示
している．クロテンの子は出生後 50 日で巣穴から出ることができ，約 5 カ
月で親と同様の体サイズになる（佟・郭，1981）．Heptner *et al.*（1967）や
Bakeyev and Sinitsyn（1994）によると子の分散は 8 月以降で，親の行動圏
を離れて自身の定住する行動圏を探すようになる．子の分散距離そのものを
調べた研究例ではないが，バイカル湖地域で標識をつけたクロテンが 100-
200 km 移動した事例がある（Bakeyev and Sinitsyn, 1994）．また，十勝地
方で家屋に侵入したクロテンが，約 10 km 離れた再放獣先から 2 日間でも
との場所に戻った事例がある．これらの事実はクロテンの移動能力の高さを
示している．

## 1.6　クロテンとニホンテンは競合しているのか

　先述したように北海道には現在，クロテンのほかに国内外来種のニホンテンが分布している．ニホンテンが導入されるより前には北海道全体にクロテンが分布していた（犬飼，1957）．しかし，1990年代後半の調査により，北海道南部を中心にクロテンに代わってニホンテンが分布しており，クロテンはおもに北海道の北部と東部に分布するという傾向が見られる（Murakami and Ohtaishi, 2000）．この時点ではデータが不足していたが，近年の研究で分布の現状がかなり細かくわかってきた．図1.7は，平川ほか（2015）をもとに作成した両種の現在の分布を推定した図である．両種は分布境界を接しているが，両種がともに記録されている地域はごくわずかである．さらに平川ほか（2015）は，両種の分布境界となっている石狩低地帯付近での記録を細かく分析し，両種の関係を推察している．すなわち，1990年代までは石狩低地帯の西側でもクロテンの生息情報が散見されていたが，それらの情報のあった地域ではすでにクロテンからニホンテンへの入れ替わりがあったと推測している（平川ほか，2015）．

　ニホンテンはクロテンよりひとまわり大きく，競合しているとすれば，ニホンテンが優勢になると推測される．しかし，競合関係にあると断定するには疑問も残されている．たとえば，現在ニホンテンが分布している北海道南部では，導入前にすでにクロテンがきわめて少なくなっていたという犬飼（1957）の記述がある．犬飼（1957）はそのころにニホンイタチが中部と南部に分布し，北部と東部にはいなかったことを合わせて示していて，両種の相互関係を疑っている．ニホンイタチはクロテンより小さく，さらに，水辺に近い環境を好むなど，クロテンの生息環境を圧迫するとは考えにくい．ほかのなんらかの原因でクロテンの密度が低下していたのだろう．1つの可能性は捕獲圧で，1920年以降クロテンは捕獲禁止となっていたものの北海道南部では東部や北部に比べて回復が遅れていたのかもしれない．もう1つは，気候条件がクロテンの分布に影響を生じさせていた可能性である．Bakeyev and Sinitsyn（1994）は，ロシア極東で中国国境に近いマリー・ヒンガン（Maly Khingan）という地域は，明らかに好適な生息環境にもかかわらず，冬の移動時に通過するだけであったと報告している．一方，同じ地域でも気

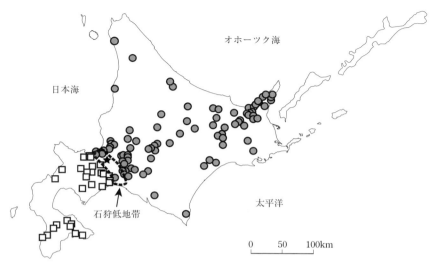

図 1.7 北海道において，2000 年から 2014 年までにクロテン（●），ニホンテン（□）および両方（★）が記録された地点（平川ほか，2015 より改変）．

温の低い高標高斜面では，クロテンの密度が高かったという．クロテンが高温の地域を避ける傾向にあるのであれば，北海道の他地域より気温の高い南部の気候条件がクロテンの生息環境に元来不適であったのかもしれない．

しかしながら，これらの可能性をそれぞれ証明することはきわめてむずかしい．現段階ではニホンテンとの競合によってクロテンの分布が縮小しているという想定で保全対策を検討する必要がある．すでにニホンテンは導入されているものの，現在，その分布が明らかになっている地域は石狩低地帯以西のみである．まずは石狩低地帯より東部への侵入を防ぐ，または初期段階で対処するためのモニタリングや対策を優先的に実施することが望ましい．また，石狩低地帯より西部であっても体系的に生息調査をしているわけではないので，平川ほか（2015）が指摘しているようにクロテンの残存個体群がいないとも限らない．自動撮影装置やヘアートラップなどを利用して採集した毛や回収した糞から DNA 解析をするなど，生息状況の調査を行う必要がある．クロテンは長きにわたって高質な毛皮で人々を魅了してきた動物であるが，北方域の生態系にとっても重要な食肉類である．とくに，北海道に生息するクロテンについてはさまざまな点で情報不足であり，今後のさらなる

研究が必要である.

## 引用文献

Anderson, E. 1970. Quaternary evolution of the genus *Martes* (Carnivora, Mustelidae). Acta Zoologica Fennica, 130 : 1-132.

Bakeyef, N. N., V. G. Monakhov and A. A. Sinitsyn. 2003. Sable. All-Russian Institute of Hunting and Fur Faming Press, Vjatka (in Russian).

Bakeyev, N. N. and A. A. Sinitsyn. 1994. Status and conservation of sables in the commonwealth of independent states. *In* (Buskirk, S. W., A. S. Harestad, M. G. Raphael and R. A. Powell, eds.) Martens, Sables and Fishers Biology and Conservation. pp. 246-254. Cornell University Press, New York.

Buskirk, S. W., Y. Ma, L. Xu and Z. Jiang. 1996. Diets of, and prey selection by, sables (*Martes zibellina*) in Northern China. Journal of Mammalogy, 77 : 725-730.

富士元寿彦. 2011. 北海道の動物たちはこうして生きている. 北海道新聞社, 札幌.

Heptner, V. G., N. P. Naumov, P. B. Jurgenson, A. A. Sludsky, A. F. Chirkova and A. G. Bannikov. 1967. Mammals of the Soviet Union 2. Vishaja Shkota Publishing House, Moskow.

平川浩文・車田利夫・坂田大輔・浦口宏二. 2010. 北海道に生息する在来種のクロテンと外来種のニホンテンは写真で識別可能か？ 哺乳類科学, 50 : 145-155.

平川浩文・木下豪太・坂田大輔・村上隆広・車田利夫・浦口宏二・阿部豪・佐鹿万里子. 2015. 拡大・縮小はどこまで進んだか——北海道における在来種クロテンと外来種ニホンテンの分布. 哺乳類科学, 55 : 155-166.

Hughes, S. S. 2012. Synthesis of *Martes* evolutionary history. *In* (Aubry, K. B., W. J. Zielinski, M. G. Raphael, G. Proulx and S. W. Buskirk, eds.) Biology and Conservation of Martens, Sables, and Fishers : A New Synthesis. pp. 3-22. Cornell University Press, NewYork.

Inoue, T., T. Murakami, A. V. Abramov and R. Masuda. 2010. Mitochondrial DNA control region variations in the sable *Martes zibellina bracyura* of Hokkaido Island and the Eurasian Continent, compared with the Japanese marten *M. melampus*. Mammal Study, 35 : 145-155.

犬飼哲夫. 1957. 北海道動物興亡史 (2). 自然, 12 : 66-73.

Ishida, K., J. J. Sato, G. Kinoshita, T. Hosoda, A. P. Kryukov and H. Suzuki. 2013. Evolutionary history of the sable (*Martes zibellina brachyura*) on Hokkaido inferred from mitochondrial Cyt*b* and nuclear *Mc1r* and *Tcf25* gene sequences. Acta Theriologica, 58 : 13-24.

門崎允昭. 1981. 動物相の現況, 哺乳類・鳥類・爬虫類・両生類. 北海道開拓記念館調査報告, 6 : 25-38.

Kinoshita, G., J. J. Sato, I. G. Meschersky, S. L. Pishchulina, L. V. Simakin, V. V.

Rozhnov, B. Malyarchuk, M. Derenko, L. V. Frisman, A. P. Kryukov, T. Hosoda and H. Suzuki. 2015. Colonization history of the sable *Martes zibellina* (Mammalia, Carnivora) on the marginal peninsula and islands of northeastern Eurasia. Journal of Mammalogy, 96：172-184.

Koepfli, K. P., K. A. Deere, G. J. Slater, C. Begg, K. Begg, L. Grassman, M. Lucherini, G. Veron and R. K. Wayne. 2008. Multigene phylogeny of the Mustelidae: resolving relationships, tempo and biogeographic history of a mammalian adaptive radiation. BMC Biology, 6：1-22.

Ma, Y. and L. Xu. 1994. Distribution and conservation of sables in China. *In* (Buskirk, S. W., A. S. Harestad, M. G. Raphael and R. A. Powell, eds.) Martens, Sables, and Fishers Biology and Conservation. pp. 255-261. Cornell University Press, New York.

馬建章・徐利・張洪海・包新康．1999．大興安嶺地区紫貂的活動節律．獣類学報，19：95-100（in Chinese）．

Miyoshi, K. 2006. Home range, habitat use and food habits of the Japanese sable *Martes zibellina brachyura* in a cool-temperate mixed forest. Ph. D. thesis. Hokkaido University, Sapporo.

Miyoshi, K. and S. Higashi. 2005. Home range and habitat use by the sable *Martes zibellina brachyura* in a Japanese cool-temperate mixed forest. Ecological Research, 20：95-101.

Monakhov, V. G. 2011. *Martes zibellina*. Mammalian Species, 43：75-86.

Murakami, T. 2003. Food habits of Japanese sable, *Martes zibellina brachyura* in eastern Hokkaido. Mammal Study, 28：129-134.

村上隆広．2008．しれとこ100平方メートル運動地周辺におけるエゾクロテンの生息環境利用．知床博物館研究報告，29：31-39.

村上隆広．2010．北海道産イタチ科の外部形態．知床博物館研究報告，31：35-40.

村上隆広．2015．エゾクロテンの精巣と陰嚢サイズに見られる季節変化．知床博物館研究報告，37：39-42.

Murakami, T. and N. Ohtaishi. 2000. Current distribution of the sable and introduced Japanese marten in Hokkaido. Mammal Study, 25：149-152.

Nagai, T., T. Murakami and R. Masuda. 2012. Genetic variation and population structure of the sable *Martes zibellina* on eastern Hokkaido, Japan, revealed by microsatellite analysis. Mammal Study, 37：323-330.

Nagai, T., T. Murakami and R. Masuda. 2014. Effectiveness of noninvasive DNA analysis to reveal isolated-forest use by the sable *Martes zibellina* on Eastern Hokkaido, Japan. Mammal Study, 39：99-104.

西村三郎．2003．毛皮と人間の歴史．紀伊國屋書店，東京．

Powell, R. A., J. C. Lewis, B. G. Slough, S. M. Brainerd, N. R. Jordan, A. V. Abramov, V. Monakhov, P. A. Zollner and T. Murakami. 2012. Evaluating trauslocation of martens, sables, and fishers. *In* (Aubry, K. B., W. J. Zielinski, M. G. Raphael, G. Proulx and S. W. Buskirk, eds.) Biology and Conservation of Martens, Sables, and Fishers : A New Synthesis. pp. 93-137. Cornell University Press, New York.

佐藤淳・石田浩太朗．2012．日本産テン類の系統地理学的研究．タクサ（日本動物分類学会誌），32：13-19．

Sato, J. J. 2013. Phylogeographic and feeding ecological effects on the Mustelid faunal assemblages in Japan. Animal Systematics, Evolution and Diversity, 29：99-114.

Suzuki, H. 2013. Evolutionary and phylogeographic views on *Mc1r* and Asip variation in mammals. Genes & Genetic Systems, 88：155-164.

徐利・姜兆文・馬逸清・金愛蓮・王永慶・S. W. バスキルク．1996a．紫貂冬季食性的分析．獣類学報，16：272-277（in Chinese）．

徐利・姜兆文・馬逸清・李暁民・S. W. バスキルク．1996b．紫貂冬季活動圏的研究．獣類学報，17：113-117（in Chinese）．

佟煜人・郭永佳．1981．紫貂生物学特性的自然保護．野生動物，1：37-40（in Chinese）．

Zirjanov, A. N. 2009. Sable in the Central Siberia : Ecology, Hunting, and Conservation. Siberian Hunting Publishing, Krasnoyarsk (in Russian).

朱妍・李波・張偉・モナコフ，V. G. 2011．俄羅斯与中国紫貂保護利用現状的比較．経済動物学報，15：198-202（in Chinese）．

# 2
# ヒグマ
## 日本最大の食肉類

## 増田 泰

　ヒグマは国内に生息する陸生食肉類では最大の哺乳類で，北海道本島と国後島，択捉島に分布する．知床半島に生息する個体の記録では，オス成獣で最大416 kg，メス成獣で最大189 kgと体サイズにも性的二型が見られる．また同じ個体でも体重の季節的な変動は大きく，冬眠に備え体脂肪を蓄える冬眠前の晩秋と，栄養状態が悪化する冬眠明けや初夏では異なる．その食性は雑食性で，種子や果実，葉などの植物質のものから，昆虫，サケマス，エゾシカ，海獣類の漂着死体に至るまでメニューは多彩だ．

　ヒグマはヒトを殺傷するに十分な身体的能力を有するため，安全対策や事故防止が個体群の管理を行ううえで重要な視点となる．ただし，むやみにヒトを攻撃するというわけではなく，ヒグマによる人身事故の多くは自己防衛にもとづくものである．人間側がヒグマに対して適切な対応をとることがなによりも被害防止につながる．

　最近では被害を生む有害獣という負の面だけではなく，知床半島など一部の観光地では，観察対象として国内外の観光客に人気があり新たな価値が認知されつつあるが，その結果，ヒトとクマの間の距離が縮まり問題も生じている．また，知床では過去には見られなかった大量出没現象が数年おきに発生するなど，生態的にも社会的にもヒグマをめぐる環境は変わりつつある．

　本章では知床半島におけるヒグマの観察事例や管理の現状を中心に紹介する．

## 2.1 ヒグマという動物

### (1) 分布と形態

ヒグマ（*Ursus arctos*）は北米大陸，ユーラシア大陸の中高緯度帯に広く分布する（Mclellan and Garshelis, 2012；図2.1）．日本列島では津軽海峡を境界線として，その北方にヒグマが，南方の本州にはツキノワグマ（*Ursus thibetanus*；第9章参照）が分かれて分布している．日本列島と日本海をはさんだ沿海地方では両クマが混在しており，その北方にはヒグマが，南方にはツキノワグマが生息し，世界的にも北海道がヒグマ分布域の南端の一部であることがわかる．草本から死体まで手に入るものであればなんでも利用できる柔軟な食性が，森林帯から乾燥地帯まで多様な環境下での生息を可能にしている．これは地域間で体毛色や体サイズなどの形態的なバリエーションを生み，たとえば遡河性サケ科魚類を安定的に捕食可能な生息地では，そうでない生息地と比較して体サイズが大きいといったことが明らかになっている（間野，2013）．また，体サイズに関してはオスとメスで倍近い体重差があるなど典型的な性的二型が見られることも大きな特徴となっている．

図 2.1　0歳2頭連れ親子のヒグマ（2014年6月，知床国立公園内，撮影：増田泰）．

## （2） 遺伝的な特徴

　北海道のヒグマは1つの亜種エゾヒグマ（*U. a. yezoensis*）と分類されているが，これまでのミトコンドリアDNAにもとづく系統地理的研究により，北海道には3つの遺伝的グループが別々の地域（道南，道北-道央，道東）に分かれて分布していることが報告されている（増田，2017）．大陸のヒグマと比較することにより，北海道には3回にわたり渡来したことがわかってきた．たとえば，知床半島のヒグマは道東グループの一員であり，これまでに遠く離れた北米大陸に分布する東アラスカのヒグマと同系列であることが知られていた．さらに，最近の研究では，同系列がユーラシア大陸内部のアルタイ山脈周辺やコーカサス山脈周辺にも分布していることが明らかとなった．また，道南グループは，北米ロッキー山脈のヒグマと同系列であることもわかってきた．これらの発見は，現在，ヒグマ分布の南限である北海道が氷河期での避難所（レフュージア）になっていたことを示すとともに，北海道のヒグマ研究が地球規模でのヒグマの移動史や古環境変遷を考えるうえできわめて重要な情報をもたらすといえる．

## （3） 多様な食性

　ヒグマという国内最大の陸生哺乳類が開拓後の北海道でも絶滅することなく生息している理由の1つに，その多様な食性がある．植物質でも動物質でも，また小さいが大量かつ安定的に得られるアリなどの昆虫から，一度見つけると得られるものは大きい鯨類の漂着死体のようなものまで，季節やその地域の環境下で得られるものを幅広く臨機応変に利用できる．

　幅広いとはいうものの，それぞれ季節ごとに重要なメニューはある．知床では，植物質では雪解けから初夏にかけてのミズバショウ，初夏のエゾヤマザクラなどの液果類，夏から初秋のハイマツ球果，秋のシウリザクラ，サルナシ，ヤマブドウ，ナナカマド，キハダなどの果実，ミズナラ，オニグルミなどの堅果など，動物質では雪解け時期のエゾシカ，初夏のエゾシカ新生子，海鳥の卵や雛，初夏から夏のエゾハルゼミ，コエゾゼミの幼虫，アリ類などの昆虫類，海岸の小動物，漂着する海獣死体，夏から秋のカラフトマス，シロザケの遡河性のサケ科魚類などである．これらのなかで液果や球果，堅果

類，セミの幼虫，漂着死体，サケ類などは年変動があり不確実性が高く，草本や，アリ，海岸の小動物などは比較的安定している．また，農作物や水産物残渣など人為物も安定的な餌資源といえるかもしれない．

これらのメニューは北海道内各地域によって少しずつ異なっている．地域によって鍵となるいくつかの餌資源が考えられるが，ミズナラ堅果などは地域共通の重要な餌資源だ．北海道内の平野部の広大な面積を占めていたミズナラを主体とした広葉樹林は開拓によって大幅に減少したが，現在でも優占樹種であることには変わりない．ミズナラ堅果の豊凶は地域や個体によって差異があり，ブナほど同期しないが，それがヒグマに与える影響は大きい．豊作の翌春は冬眠明けも雪下から掘り出して食べた痕を見かける．

一方，サケ科魚類の捕食可能な地域は北海道内でも海に近い一部に限られるが，少なくとも知床では8月に遡上が始まるカラフトマスに続き，シロザケの前期群，そして後期群と冬眠直前まで長期間利用可能な重要な資源となっている．

知床の場合，海も山もサケ科魚類が遡上する河川もあり，年変動はあるものの全部そろって餌資源が枯渇するということは今まであまりなかった．おそらく知床の多様な環境が餌資源を維持し，高水準での生息密度を可能としてきたのだろう．

しかし，知床では2012，2015年と，ここ最近数年に一度のペースで，年間の一時期ながら餌不足といえるような事態が生じている．比較的安定的資源であるはずの草本類が急増したエゾシカの影響で植生が衰退，単純化したこと，サケ類の遡上量や時期がここ10年不安定化していることなどが背景にあると想像している．これにハイマツ球果やミズナラ堅果の不作などが重なると，農作物被害が増加したり，ヒトの生活エリアへの侵入などの軋轢を生んでいる．

### （4） エゾシカ増加によるヒグマ食性の変化

かつて冬眠明けのヒグマの糞の内容物は，芽吹いた草本類など植物質のものが主であったが，最近ではエゾシカ（*Cervus nippon yezoensis*）の体毛や砕かれた骨が含まれた糞をよく見かける．知床では，エゾシカの個体数が1980年代に徐々に回復し始め，1990年代に入ると急増した（梶ほか，2006）．

## 2.1 ヒグマという動物

これに呼応するように，越冬明けの衰弱したり餓死したエゾシカをヒグマが積極的に捕食するようになった（岡田，2001）．エゾシカの個体数増加は知床に限らず，北海道全域（全道）レベルでヒグマの食性に影響を与えている．

越冬明けの衰弱したシカだけでなく，6月出産直後の新生子もヒグマにとって貴重な動物質の餌資源となっている．エゾシカは出産後2-3週間，1日数回の授乳時以外親は子に接触しない．これは，ヒグマのような捕食者に発見されるリスクを下げるためだが，ヒグマは笹藪のなかを徘徊してエゾシカの子を探し捕食する．知床半島でもとくにヒグマが高密度に見られるルシャ地区では，分布する100メスあたりの0歳子の割合が低いが，ヒグマによる捕食が影響しているものと考えられている．エゾシカメス成獣の季節移動調査では，年間を通じて定着性がきわめて強いものの，エゾシカの出産期にあたる6-7月には内陸に一時的な移動をするケースが確認されている（環境省・公益財団法人知床財団，2016）．断定はできないが，出産期ヒグマの捕食を避けて内陸に移動している可能性がある．

一方，エゾシカの個体数急増による植生の衰退と単調化は，ヒグマにとって春から初夏にかけて重要な食物であったオオブキ，エゾイラクサやセリ科などの草本類（山中・青井，1988）を著しく減少させた．カラフトマスの遡上や高山のハイマツの球果やコケモモなどの液果が成熟するまでの時期には，餌の選択肢が限られる．草本類は比較的量的にも安定した餌資源であったはずだが，必ずしもそうとはいえなくなった．

削痩した個体がイタヤカエデなど木本の葉を食べたり（図2.2），ヒグマが好むセリ科などの草本が消滅し，ハンゴンソウやワラビなどに置き換わった海岸草原や河畔で，石や倒木をひっくり返して資源量のあまり変化しないアリなどの昆虫を採餌したり，海岸の波打ち際で小動物を探す姿をこの季節しばしば見かける．通常であれば，次の季節の餌資源であるカラフトマスの遡上が始まり，高山帯のハイマツ球果やコケモモなどの液果が実れば，この状態は解消されるが，そうでない場合，ヒグマは窮地に陥る．

2012年，知床半島では例年に比べカラフトマスの遡上時期が遅れ，その後の遡上数も少なかった．また高山帯のハイマツ球果も不作だった．選択肢が限られるなか，ヒグマは落ち葉まで食べて飢えをしのいでいた．子を失った親も多く見られたが，成獣においても腰骨や肋骨が浮き，極度に削痩し衰

図 2.2 イタヤカエデの葉を食べるヒグマ（2014年6月，知床国立公園内，撮影：増田泰）．

弱して動けなくなった個体や，餓死した個体も見られた（図2.3）．

　ほかの餌資源の状況によって多少の差があるものの，いずれにしても厳しいこの時期，新たな餌資源の開拓に成功した個体も見られるようになった．海岸の断崖上のオオセグロカモメやウミネコなどのカモメ類，ウミウなどの繁殖コロニーを襲い，卵や雛を捕食する行動は2000年初頭ごろから確認されるようになった．なかには度重なる襲撃で壊滅的な打撃を受けた繁殖コロニーもあった（福田，2009）．

　また，カラフトマスがまだ河川へ遡上する前の時期に，マス小定置網から魚を失敬する個体も確認されている．これまでは魚を誘導するための垣網とよばれる網にたまたま羅網した魚を失敬する程度だったが，最近では沖の箱網とよばれる最終的に魚が滞留する部分の網を破り捕食したり，魚を逃がすといった実害が発生し，ヒグマによる漁業被害が顕在化しつつある．

　開拓跡地におけるセミの幼虫の利用も，あるエリアに特化した採餌行動である．知床国立公園内岩尾別地区の開拓跡地では，かつてのカラマツ防風林の林床を掘り返し，羽化前のエゾハルゼミやコエゾゼミの幼虫を捕食するといった行動が見られる．その堀跡はまるで耕運機で耕起したような徹底ぶり

2.1 ヒグマという動物　　49

**図 2.3** 上：極度に削痩したメス成獣．知床国立公園内．2012 年 8 月 30 日に死亡確認．同年は斜里町内で 1 歳 3 頭，羅臼町内でメス成獣 2 頭の自然死を確認．その他，斜里町内では道路脇で削痩衰弱して起立不能となったメス成獣 1 頭を安楽殺した（2012 年 8 月 18 日撮影．写真提供：山中正実）．下：前年 2011 年 10 月 7 日の同一個体（知床国立公園内，写真提供：山中正実）．

である．他地域でもセミの幼虫を捕食することがあるだろうが，一定の時期・場所でここまで集中的に捕食行動が見られるのは開拓跡地という特殊な環境に適応したものと思われる．これらの観察例はヒグマという種の環境変化に対する高い適応能力を象徴している．

**（5）　繁殖**

　ヒグマの場合，雌雄でその行動圏のスケールが大きく異なる．メスは比較的定着性が強いが，オスは複数のメスの行動圏を含む広い範囲を行動圏とする．知床での観察例ではメスで 30 km$^2$ 未満に対し，オスでは 400 km$^2$ 以上で（小平ほか，2006），オスは交尾相手を求めて複数のメスの行動圏を渡り歩いていることになる．一方，知床のメスの行動圏は海外のおもな生息地と比較して狭い（山中ほか，1995）．

　ヒグマの交尾行動の観察例は春から秋までかなり幅があるが，交尾期といえるのは 6-7 月の初夏である．交尾相手を求めるオスは子連れのメスにとってときに子の命を奪う危険な存在でもある．メスを追尾するオス，オスを回避しようとする子連れメスや単独の亜成獣，その混乱のなかで子別れに至る場合もある．交尾期のオスによる攪乱は個体間の関係性を不安定化し，安全管理上のリスクも高まるため気を抜けない時期である．

　メスは満 5 歳で初産年齢に達する．一方，オスでは，同性間の競争が熾烈で，遺伝子調査によると，優位な特定のオスが複数のメスと交尾し子孫を残していることが明らかになっている．ただし，子孫を残すことができたオスもその期間は限られ，次々と入れ替わっていくようだ．このことから実際に子孫を残すことができるオスは限られ，またメスよりも年齢を経てからと考えられる．知床での捕獲個体ではオスの最高齢は 34 歳で，捕獲される直前まで子孫を残していたことが確認されている．ちなみにメスでは 21 歳の子連れが確認されているため，少なくともオスで 30 代，メスで 20 代でも繁殖可能のようだ．

　ヒグマの出産は冬眠中に越冬穴のなかで行われる．越冬穴については，自ら掘ったり，岩の隙間や樹洞などを利用したりとさまざまなタイプが確認されているが，自ら掘る土穴タイプが一般的である（山中，2001）．越冬場所は，海岸線のすぐ近くから稜線近くの高山帯まで広範囲にまたがっている．

冬眠入りは 12 月ごろ，冬眠明けは，一般的に単独越冬個体のほうが早く，3月上旬ごろから目撃されるが，冬眠中に出産したメスでは遅く，目撃情報が寄せられるのは 4 月下旬から 5 月上旬ごろである．

知床半島ルシャでの観察例では産子数は 1-3 頭，平均 1.76±0.08（S. E.）頭で，出産間隔は 1-4 年（Shimozuru *et al.*, 2017）であった．親が子を離す時期は満 1 歳が一般的だが，満 2 歳，あるいは 3 歳春まで子を連れている場合も過去にはあった．0 歳の秋までの生存率や子を離す時期は餌資源の状況に大きく影響を受ける．知床半島ルシャでの観察例では 2011-2015 年の 5 年間で 33 頭の成獣メスから 59 頭の 0 歳子が確認されたが，翌年以降生存が確認された 0 歳子の最低生存率は 51%（30/59 頭）で，翌年以降観察されなかった個体も加えた最高生存数は 69%（41/59 頭）であった．一方，大量出没年にあたり，成獣も含めた餓死個体が確認された 2012 年の場合，生存率は最低 14%（1/7 頭），最高 43%（3/7 頭）であった．また同年は 2 歳 1 頭連れがそのまま翌年 5 月まで満 3 歳となった子を連れていた（下鶴・山中，2017）．2012 年同様大量出没年であった 2015 年も，0 歳の生存率は最低 14%（2/14 頭），最高 43%（6/14 頭）と低かった（下鶴・山中，2017）．両年とも餌条件の厳しい 7-8 月に 0 歳のみならず 1 歳子も姿を消した．ちなみに 5 年間に確認された出産メス数は延べ 33 頭，年平均 6.6 頭±0.70（S. E.）で大量出没年の翌年 2013 年は 5 年間で最低の 3 頭だった．食肉類ではいわゆる着床遅延によって受胎の調節が行われることが知られているが，今後データが蓄積されれば，母体の栄養状態と受胎率の関係が明らかになるだろう．

## （6）　分散

これまでの観察例では親から離れた後も，子はしばらく母親の行動域にとどまる場合も多い．しかしオスの場合，性成熟前に高い確率で母親の行動域外に分散する．知床の例では 2007-2014 年に人為的に死亡した亜成獣（2-4歳）で母親が判明した 48 頭のうち，オスは 36 頭，メスは 12 頭だった．そのうち母親の行動域から推定した推定出生域外へ分散し，死亡と判定されたのはオス 36 頭中 32 頭，メス 12 頭中 6 頭だった（山中ほか，2016）．分散過程での人為的死亡はオスに多く，また分散距離もオスのほうが大きい．経験の浅い分散個体はその過程で農作物や人里の生ゴミなどの人為物に誘引され，

結果的に捕殺されるケースが多い.

　幼獣,亜成獣の死亡要因は,誕生から親から離れるまで(なかでも0歳)は餌条件など自然要因で,親から離れた後の分散過程では捕殺駆除など人為的要因によるものが多いと推察される.

## 2.2 ヒグマとヒト

### (1) ヒグマとヒトの関係の変遷

　狩猟採集を生業としたアイヌ文化では,ヒグマは恵みをもたらす存在と見なされ,畏敬の念を込めてキムンカムイ(山の神)とよばれた.ところが明治以降,開拓が北海道奥地に進むにつれて,各地でヒグマによる悲惨な人身事故や農畜産被害が増加し,危険な害獣として駆除政策がとられてきた.

　1962年,十勝岳噴火の降灰の影響により人里への出没が多発し,ヒグマによる人身,家畜,農作物に対する甚大な被害が発生したことをきっかけに,1966年,発見率の高い残雪期に行う被害防除ための予殺捕獲(春グマ駆除)が始まった(図2.4).1980年代には捕獲数は減少傾向となり,北海道の中央部などの一部地域では分布空白域が生じるまでヒグマを追い詰めることになった.

　1990年,北海道は春グマ駆除を中止し,開拓期から続いた駆除政策を転

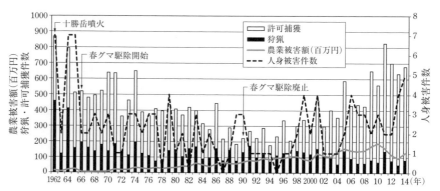

図 2.4　北海道ヒグマ狩猟・許可捕獲数,農業被害額,人身被害件数の変遷(北海道,2017 より改変).

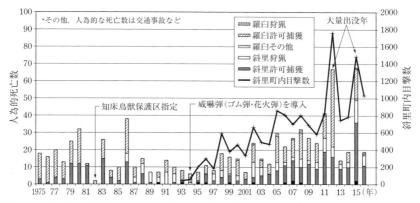

図 2.5 羅臼町・斜里町内ヒグマ人為的死亡数，斜里町内目撃数の変遷（環境省釧路自然環境事務所ほか，2015 より改変）．

換した．この前後 1983 年に箱わな，1992 年にくくりわなの狩猟での使用も禁止された．

その後 2000 年以降，農業被害やヒトに対する警戒心の希薄な個体の出没などが増加し，捕獲数も再び増加傾向となる．計画的管理の必要性から，2013 年，任意計画の北海道ヒグマ管理計画が，さらに 5 年後の 2017 年，鳥獣保護管理法にもとづく第二種特定鳥獣管理計画「北海道ヒグマ管理計画」が策定された．

知床では 1982 年，国設（現国指定）知床鳥獣保護区が指定され国立公園内での狩猟が禁止されるとともに，地元猟友会によって公園内の春グマ駆除が自粛された（図 2.5）．1988 年，斜里町と同町が設立した自然トピア知床管理財団（現知床財団）によるヒグマの調査研究対策活動がスタートし，1990 年代以降には威嚇弾などの使用による非致死的な方法での追い払いが行われるようになった．目撃数アンケートの集計が同時期始まったが，集計開始以降，目撃数は右肩上がりに増加傾向にある．

1990 年代後半，国立公園内ではヒトに対する警戒心の希薄な個体がめだつようになるとともに，公園外でも市街への侵入などがたびたび発生するようになった．1995 年には斜里町ウトロ港を起点にヒグマウォッチング船の運航が始まり，その後人気は定着する．2013 年からは羅臼側でも同様な観光船の運行が始まった．以降，公園内では観光船や道路上から見る対象とし

てヒグマの観光資源化が進んでいる.

　また，1990年代以降知床最大の観光地知床五湖ではヒグマ出没による遊歩道閉鎖が相次ぎ，安全と観光振興の両立をめぐって行政と観光関係者との間で長年にわたる論戦となったが，2011年，新たな利用制度を導入することで決着した．その制度の内容は，利用者とヒグマを物理的に隔離し，ヒグマが出没しても利用可能な高架木道を新設する一方で，既存地上遊歩道については自然公園法利用調整地区制度を法的担保として，散策者への安全レクチャー受講を義務づけ，さらにヒグマの活動が活発となる期間は講習を受けた引率者つき少人数ツアーに限定する，といった人間側をコントロールする仕組みの導入だった．

　2012年と2015年には，知床ではかつて経験したことがない，本州のツキノワグマで見られるような大量出没が発生した．これらの年には餓死も確認されたうえに，目撃数，捕獲数ともに突出して多く，2012年には羅臼町で市街地侵入，2015年には斜里町で農地被害による捕獲が多かった．

### （2）　季節的な特徴

　ヒグマの目撃と対応件数には正の相関があり，軋轢の発生件数の変動ととらえても差し支えないかと思う．目撃件数の変動には大きく分けて2パターンあり，7月にピークがある1山タイプと，9-10月にもピークがある2山タイプの年がある．初夏のピークは交尾期，亜成獣の分散期と重なり，個体間の関係性が不安定化する時期であること，また餌資源の選択肢が限定される時期でもあり，国立公園内などの保護区では道路際でのアリの採食など，保護区外では成長した農作物への依存など露出機会が高まることなどがあげられる．ハイマツ球果など高山帯の餌資源，カラフトマスの遡上が始まれば，高山帯や河川などに分散し全体としては収束へと向かうが，これら餌資源の状況が芳しくない場合は8月までピークが維持されるかたちとなる．

　秋以降，そのまましだいに収束に向かう年がある一方で，さらに秋にもう1つピークのある2山タイプとなる場合もある．2山になるか否かはサケ科魚類の遡上量やミズナラ堅果の実成りなど秋のおもな餌資源の状況に左右される（図2.6）．自然の餌資源が少ない場合は，人為的な餌資源に依存することとなる．農作物，水産加工施設・孵化場施設からの廃棄物，干し魚など

図 2.6 釣り人の背後から接近し，カラフトマスを持ち去るヒグマ．釣り人もヒグマも目当ては同じ．遡上が始まるとトラブルが頻発する（2008年8月，写真提供：知床財団）．

をねらった人家周辺での徘徊，さらには家屋侵入など深刻な事態となる場合も多い．とくに，秋は日没時間が日々早まる時期でもあり，夜間にねらわれることも多く，その対応に苦慮する．

 (3) 人身事故

北海道ヒグマ管理計画付属参考資料（2017年3月，北海道策定）によると1962-2015年の54年間に人身事故は123件発生し，うち死者51人および負傷者85人，そのうち41%が狩猟・駆除中，次いで24%が山菜・キノコ採りである．統計が始まった1962年は十勝岳噴火の降灰で被害が多かった年で，その後も被害が多発し，1966年に春グマ駆除が始まることとなる．この例が示すように，痛ましい人身事故が連続すると管理の方針自体が転換することもありうる．人身事故発生をいかにゼロに抑えるかが，ヒグマ管理上の命題となる．

### （4） 一次産業への被害

　北海道東部の畑作地帯ではビート，小麦，コーン，ニンジンなどの農作物がおもに被害を受ける．水田のある地域では水稲も被害対象となる．ビートの被害は6月ごろから始まり秋の収穫まで，小麦は収穫直前の7月，コーンは夏から収穫まで被害を受ける．家畜被害は斃死体や後産，廃乳などの不適切処理が引き金になることが多い．「クマが憑く」という言葉どおり，一度覚えると近くにとどまり，繰り返し出没，被害が拡大する．監視を強めると夜間の出没にシフトし，対応に苦慮することとなる．

　ヒグマの場合，農作物や家畜への直接被害だけでなく，農地近辺で出没があると遭遇への不安から畑に入ることがこわいといった精神的不安も大きい．トラクターなどでの機械作業はよいが，人手のいる除草などは募集してもこわがって集まらないといった訴えもしばしば聞く．

　水産業においては前述のように初夏に一部マス定置網での直接被害があるが，今のところ限定的で，出没による作業の中断や精神的不安など間接的な被害が中心になる．羅臼町では収穫した昆布を製品化するための作業を前浜で行う．これらの作業は家族総出で夜間も行われるため，海岸の作業場近辺へのヒグマの出没は大きな不安をもたらす．また，かつて1990年代には，休閑期に無人の漁業施設（番屋とよばれる）に侵入して備蓄食料を荒らす被害が多発したが，食料管理の徹底などで被害は沈静化した．2010年代に羅臼で再び発生したが，そのうち過半数はゴミと魚の不十分な管理に起因するものだった（山中ほか，2016）．

### （5） ヒグマと観光客

　北海道のなかでも知床は多くのヒグマが生息する場所であることは世の中にも知られている．知床国立公園を訪れる観光客の少なくとも一定数は野生動物との出会いを期待し，なかでもヒグマは人気がある．ただ当然ながら遊歩道上で出会いたいというわけではなく，安全な状態で見たいと多くの人たちは思っている．

　現状では海上から海岸線のヒグマを観察するウォッチングボートが運行されている．これは，ヒグマとヒトの間は一定距離保たれることから安全であ

図 2.7 至近距離でヒグマを撮影する人たち（2012年7月，写真提供：知床財団）．

り，観察によるヒトへの馴化などの悪影響も比較的少ない．一方，船と並んでクマを目にする機会の多い場所が，国立公園内の車道沿線である．ここでは車内にいる安心からか多くの人たちはヒグマとの距離に関して無頓着となる．数 m の距離で撮影したり，ひどい場合は車外に下りて撮影する場合もある（図 2.7）．だれかが始めると，群集心理かみな安全と誤解してどんどんと輪が大きくなる．国立公園内の車道沿線で姿を人前にさらすヒグマは，公園内の観光客は危害を加えられる存在ではないことをある程度学習している．むしろ亜成獣や子連れにとって危険な存在であるオスや，ほかのクマがあまり利用しない隙間的な餌場として車道沿線を認識している．道路法面は初夏のアリなど餌場としての利用価値がある．ヒトに近づく積極的な理由はないが，ヒトさえ気にしなければ，それらを独占できるわけだ．一心不乱にアリを採餌し，一切ヒトに目もくれないヒグマを見た観光客はさらにヒグマとの距離を詰める（図 2.8）．ヒグマもその距離感に慣れてしまい，双方の距離はどんどん縮まる．ヒトに対する警戒心が薄いヒグマはヒトの活動域，国立公園外の集落などに侵入しやすい．結果的に餌付けされたり，投棄されたゴミなど人為的な食べものをヒグマが口にしてしまう事例も多い．海外の

**図 2.8** 道路路肩でアリを食べるヒグマと観光客（2017 年 7 月，写真提供：知床財団）．

国立公園のように広大な面積があり，人里との距離も離れているわけではなく，知床の場合，公園との境界の数 km 先には 1000 人以上が暮らす街がある．ヒトのそばに人為的な食べものがあるという学習をすれば，ヒトに積極的に接近する危険なヒグマになりかねない．国立公園内とはいえ，道路利用者は不特定多数でヒグマに関する予備知識を得たうえで通行するわけでもない．また，実際にゴミの投棄やヒグマに対する餌付け行為は毎年のように報告されているが，事後に通報があったものがほとんどだ．

## 2.3 被害を防ぐために

### （1） 一般地域

被害防止はヒグマの餌となりうる誘引物を可能な限り除去することと，ヒトの生活圏にヒグマを近づけないことがなによりも重要となる．屋外へ生ゴミや干し魚などをとくに夜間放置しないことなどを住民各々が注意することで，リスクを下げることができる．

図 2.9　斜里町市街地に出没したヒグマ親子（2010 年 10 月 18 日．写真提供：斜里町）．

　屋外では電気柵が有効だ．農地だけでなく，知床では孵化場や水産加工場などヒグマを誘引しやすい施設でも導入を薦めている．斜里町ウトロでは市街全体を電気柵で囲って，侵入防止に一定の効果をあげているが，設置から10 年を経過し，最近では柵の設置が困難な海や道路などの開口部からの侵入もしばしばあり，完全に遮断することはできない．電気柵を過信することなく，誘引物の管理を個々が徹底することがなによりも重要となる．海生哺乳類の漂着死体や野生動物の交通事故死体なども誘引物となりうる．その除去はたいへんな作業ではあるが，ヒトの生活圏や道路沿いなどでは原則除去している．

　予防策を講じたうえでも，残念ながら結果的に人為的な食物に依存したり，ヒトに実害を与える問題個体が生じることはありうる．問題個体の行動を改善させることはきわめてむずかしい．改善に至らない場合，ヒトの生活圏では最終的には捕殺による除去も選択せざるをえない場面も生じる．その担い手の確保は重要だが，現実には多くの地域でそれが困難になってきている．

　自然環境，さらにそれよりも早いペースで社会環境は変化している．ヒト 1 世代の間にヒグマは 2-3 世代交代する．ヒト自体が気づかないうちに，じ

つはヒグマは自然や人間社会の変化に適応して変化している．ヒグマに限らず鳥獣被害に関して話をしていると，「昔からやっているから」，「今まではなかった」というような言葉をよく聞くが，ヒトが考える以上に野生動物側の変化は速い．ヒトの記憶のなかで大丈夫だったことや，以前になかったことは十分起こりうる（図2.9）．過去の経験にとらわれることなく，個々の住民自らが予防に努める人間側の意識改革も必要となってくる．

### （2） 保護区・国立公園内

保護区内ではヒグマの生息環境や地域個体群の維持に関して配慮されなければならない．よりヒト側に危険回避の責任がある．知床では「ヒグマの棲み家にお邪魔する」意識での入域をよびかけているが，ヒトがヒグマのいる前提で十分な事前準備をすることで事故は回避できる（図2.10）．ヒグマの生態や遭遇回避，禁忌行為，遭遇時の危険回避の知識が個々人にあり，それ

**図 2.10** 遊歩道を徘徊するヒグマ（知床国立公園フレペの滝遊歩道）．知床ではめずらしいことではない．ヒト側の適切な行動が求められる（2016年7月，写真提供：知床財団）．

にもとづいた適切な行動ができれば，リスクは最小化できる．これは利用者だけの責任ではない．利用者がヒグマの生息地であり，そのための準備が必要であることを入域前に知ることができ，必要な情報や知識を入手できる仕組みを公園管理者は用意しなければならない．また事故防止のための必要な施設，たとえば登山道幕営指定地にフードロッカーを設置するといった施設整備も必要だ．知床では威嚇弾を使ったヒグマの追い払いなども実施しているが，ヒグマに対する対策は限界があり，なによりもヒトが変わることが確実な危険回避策とわれわれ現場は実感している．

## 2.4 ヒグマの将来

　北海道は，鳥獣保護管理法にもとづく第二種特定鳥獣管理計画として2017年3月，「北海道ヒグマ管理計画」を策定した．計画の目的は，ヒグマによる人的経済的被害の抑制と地域個体群の存続だが，その達成のための具体的な施策，その実行体制がなかなか見えてこない．

　現場に近い市町村は目の前の被害防除に追われ，地域個体群管理という視点ではなかなかとらえることができない．一方，都道府県は具体的な施策に関しては市町村任せとなりがちだ．また，国の立場はあくまでも都道府県主体，世界遺産である知床は例外的で，基本的に全道のヒグマ管理に関して国の関与は希薄だ．

　知床はヒグマが高密度に生息するうえ，世界自然遺産地域を抱えることなどから，この全道計画の地域計画として「知床半島ヒグマ管理計画」が策定されている．管理の基本的な考え方はヒグマの出没場所とその行動の両方を考慮して，対応を決定する仕組みである．たとえば出没場所が市街地と遺産地域内の山岳地では人身あるいは経済被害のリスクは異なり，またヒト側に課せられる責任の度合いも異なる．また，ヒトと出会ってあわてて逃げるクマと，ヒトにむしろ接近し攻撃してくるようなクマとでは対応も異なる．さらに特徴的な点は，ヒグマに対してだけではなく，地域住民や観光客などヒトに対しても無謀なヒグマへの接近や餌付け行為の禁止，誘引物となりうるゴミや食料の管理徹底など，遵守を求める事項を定めているところだ．しかしながら，それはお願いベースであり，拘束力はない．理想を書くのは容易

だが，実現させるのは容易ではない．

　現状では現場対応を猟友会など民間団体に依存している市町村が多いが，人口減少高齢化が進むなかで，鳥獣対策の担い手の確保は今後むずかしくなる．とくに経験と技術を必要とするヒグマ対応は，より高いハードルとなる．社会基盤として鳥獣対策をとらえ，仕組みや人材を整備していかねば，コミュニティの存続に関わる事態にもなりかねない．おそらく地方では長期的に見た場合，ヒトとヒグマのパワーバランスはヒトのほうが劣勢となり，好む好まざるにかかわらず，捕殺による排除よりも予防的な対策や住民個々の自衛を対策の主体とせざるをえなくなるはずだ．

　変化するのは社会環境だけではない．知床では，その多様な自然環境が世界有数の高密度でも安定的なヒグマの生息を可能にしていると考えてきた．しかし 2012 年，2015 年と短期間に二度発生した大量出没は，その点に疑念を生じさせた．複数の要因が重なり環境収容力自体が低下したのか，それともヒグマの個体数が増加し，飽和状態になりつつあるのか，その原因は明らかにされていないが，安定的な地域個体群とはいいがたい状況を目のあたりにした．現場は適切な管理を行うためにも，地域個体群の動態をより正確に把握する必要に迫られている．

### 引用文献

福田佳弘．2009．海鳥の現状と課題．（知床ライブラリ 10　知床の自然保護）pp. 12-27．北海道新聞社，札幌．

北海道．2017．北海道ヒグマ管理計画参考資料．

梶光一・岡田秀明・小平真佐夫．2006．知床国立公園のエゾシカの群れ——管理方針と自然調節．（デール，R. マッカロー・梶光一・山中正実，編：世界自然遺産知床とイエローストン）pp. 43-55．知床財団，斜里．

環境省・公益財団法人知床財団．2016．平成 28 年度知床生態系維持回復事業ルシャ地区エゾシカ季節移動等調査業務．環境省釧路自然環境事務所，釧路．

環境省釧路自然環境事務所・林野庁北海道森林管理局・北海道．2015．知床白書平成 27 年度知床世界自然遺産地域年次報告書．

小平真佐夫・岡田秀明・山中正実．2006．観光，ヒグマ，人の暮らし——知床におけるヒグマ個体群動態・分散傾向とその管理．（デール，R. マッカロー・梶光一・山中正実，編：世界自然遺産知床とイエローストン）pp. 66-72．知床財団，斜里．

間野勉．2013．ヒグマ研究におけるユーラシア東部の重要性とサケとクマがつなぐ海と森．（桜井泰憲・大島慶一郎・大泰司紀之，編：オホーツクの生態

系とその保全）pp. 345-351. 北海道大学出版会，札幌.

増田隆一. 2017. 哺乳類の生物地理学. 東京大学出版会，東京.

Mclellan, B. N. and D. L. Garshelis., 2012. The IUCN Red List of Threatened Species; *Ursus arctos*. IUCN, Gland.

岡田秀明. 2001. 地の果てのキムンカムイ.（知床ライブラリ 3 知床の哺乳類 II）pp. 12-59. 北海道新聞社，札幌.

下鶴倫人・山中正実. 2017. 知床半島先端部地区におけるヒグマ個体群の保護管理，および，羅臼町住民生活圏に与える影響に関する研究.（知床博物館研究報告特別号第 2 集）pp. 95-120. 斜里町立知床博物館，斜里.

Shimozuru, M., M. Yamanaka, M. Nakanishi, J. Moriwaki, F. Mori, M. Tsujino, Y. Shirane, T. Ishinazaka, S. Kasai, T. Nose, M. Masuda and T. Tsubota. 2017.Reproductive parameters and cub survival of brown bears in the Rusha area of the Shiretoko Peninsula, Hokkaido, Japan. PROS ONE, 12(4)： e0176251.

山中正実. 2001. 人とヒグマの新たな地平をめざして.（知床ライブラリ 3 知床の哺乳類 II）pp. 60-137. 北海道新聞社，札幌.

山中正実・青井俊樹. ヒグマ. 1988.（大泰司紀之・中川元，編：知床の動物）pp. 181-223. 北海道大学図書刊行会，札幌.

山中正実・岡田英明・増田泰・釣賀一二三・梶光一. 1995. 知床半島におけるヒグマの生息環境とその規模に関する研究（平成 6 年度科学技術庁委託調査研究報告　自然度の高い生態系の保全を考慮した流域管理に関するランドスケープエコロジー的研究）pp. 122-130. 財団法人北海道森林技術センター，札幌.

山中正実・増田泰・石名坂豪. 2016. 知床国立公園におけるヒグマの保護管理の近年の進展と課題.（知床博物館研究報告特別号第 2 集）pp. 55-78. 斜里町立知床博物館，斜里.

# II

## 北海道・本州以南

# 3
## キツネ
### 広域分布種

浦口宏二

　アカギツネは北半球の大部分に生息し，野生食肉類のなかで最大の分布域を持つ．日本には北海道にキタキツネ，本州以南にホンドギツネの2亜種が生息する．年1回繁殖で，冬に交尾し，春に巣穴のなかで平均4-5頭の子ギツネを産む．子ギツネは生後約6カ月で独り立ちし，分散していく．オスのほうが遠くまで分散し，少数の個体は数十kmにおよぶ長距離移動をすることがある．行動圏サイズは1-8 km$^2$で，地域により季節により変異が大きい．雑食性でおもに野ネズミ類，昆虫類，果実類を食べるが，その時期その場所で手に入れやすい餌を利用でき，環境に対する順応性が高い．北海道では1990年代後半に疥癬が流行し，各地でキタキツネの個体数が減少した．現在は回復しつつあるが，地域により回復過程は異なっている．また，北海道札幌市では1990年代から都市ギツネが増加し，人獣共通感染症のエキノコックス症の媒介動物でもあることから，公衆衛生上の問題となっている．

## 3.1　キツネとは

### （1）　キツネの分類

　世界にキツネと名のつく分類群は，食肉目イヌ科のキツネ属12種，クルペオギツネ属6種，ハイイロギツネ属2種，オオミミギツネ属1種の計21種が知られている（Wilson and Reeder, 2005）．このうち，日本で一般にキツネとよばれるのは，キツネ属の1種アカギツネ（*Vulpes vulpes*；以下キツネとする；図3.1）である．キツネは世界に45の亜種が知られているが，

図3.1 野ネズミ2頭とシマリス1頭をくわえて巣穴に戻るキタキツネ（2015年8月，北海道小清水町，撮影：浦口宏二）．

日本には北海道にキタキツネ（*V. v. schrenckii*），本州・四国・九州にホンドギツネ（*V. v. japonica*）の2亜種が生息する．

（2） キツネの分布

キツネの分布域は広く，ユーラシア大陸と北米大陸のほぼ全域およびアフリカ大陸北部に生息している．これは現在の野生の食肉類中，最大の分布域である．自然分布のほか，人為的に導入されたオーストラリアにも定着し，1800年代の導入後，100年ほどで大陸の大部分に分布を拡大した（National Land and Water Resources Audit and Invasive Animals Cooperative Research Centre, 2008）．

このように広い分布域を持つため，生息環境はきわめて多様で，シベリアのツンドラ地帯から中東の砂漠地帯にまでおよぶ．また近年は，世界各地でヒトの生活圏である都市域にまで生息するようになっている．このようにきわめて多様な環境に生息できるということが，キツネの環境に対する順応性

の高さを示している．日本国内では，島嶼を除く北海道・本州・四国・九州に広く分布する（環境省，2004）．

### （3）　キツネの形態

キツネの形態はイヌに類似するが，外見上イヌとのもっとも大きな違いは太く長い尾である．キツネの尾長は肩高とほぼ同じであり，立った姿勢でも尾を下げると先端が地面に着く．日本に生息するキツネの頭胴長は50-70 cm で，中型犬ほどのサイズであるが，平均体重はオスで約5 kg，メスで約4 kg しかなくきわめてスリムな体型をしている（Uraguchi, 2015）．

哺乳類などの恒温動物では，同じ種でも寒冷地にすむもののほうが，暖かい地域にすむものより体サイズが大きくなるとされており，これをベルクマンの規則という．日本では，北に位置する北海道にキタキツネがすみ，それ以南の本州・四国・九州にホンドギツネがすむ．かつて，少数サンプルの計測値をもとに，キタキツネはホンドギツネより大きいとする記載もあったが，その後の多数頭の計測の結果，ホンドギツネとキタキツネの外部計測値に差は見られず（Uraguchi, 2015），頭骨の計測値ではむしろベルクマンの規則に反して多くの部位でホンドギツネのほうがキタキツネよりも大きいことが明らかになった（Oishi *et al.*, 2010）．Oishi *et al.* (2010) はこれを，キタキツネとホンドギツネでは日本への渡来の歴史や系統が異なっているためではないかと考察している．北海道のキツネと青森県ほかのキツネのミトコンドリア DNA 分子系統解析からも，キタキツネとホンドギツネは系統が異なることが報告されている（Inoue *et al.*, 2007）．

## 3.2　キツネの生活史

### （1）　繁殖

キツネは1年に1回繁殖する．交尾期は冬で，ホンドギツネではおもに1月，キタキツネではおもに2月である．交尾後52日前後の妊娠期間を経て，ホンドギツネはおもに3月ごろ，キタキツネはおもに4月ごろ巣穴のなかで出産する（阿部，1974；Takeuchi and Koganezawa, 1992）．出生時の子ギ

ツネの体重は 50-150 g である（阿部，1974）．1 腹の産子数は 1-14 頭と幅が広いが，筆者らが，5 月下旬に北海道根室半島で繁殖巣の観察を行い，14ファミリーで授乳時の子ギツネ数をカウントした結果は平均 4.4 頭であった．世界各地で調査された報告でも，産子数の平均は 4-5 頭とされている（Lloyd, 1980；Macdonald, 1987）．

　子ギツネは生後 9-14 日で開眼し（Ables, 1983），3 週ほどで餌を食べ始める（阿部，1974）．生後約 1 カ月で巣穴の外に出るようになり，8-10 週で離乳する（Ables, 1983）．春から夏にかけて子ギツネは成長し，しだいに行動範囲を広げていく．これにともなって独立性も高まり，家族一緒の行動が減っていく．春に生まれた子ギツネは秋までに成獣サイズに成長し，9-10 月以降冬までに親の行動圏（後述）を出て，自らの行動圏を求めて分散していく．オスの子ギツネは基本的に分散するが，メスの子ギツネは分散しないことがあり，居残った個体が翌年母親の子育てを手伝うヘルパーとなる例が知られている（Macdonald, 1979）．

### （2）　齢分布

　キツネの年齢は犬歯の歯根部にできる年輪を数えることで査定できる（笹川ほか，1980）．北海道のキタキツネについては，合計で 4000 頭近い狩猟個体の年齢査定がされており（Yoneda and Maekawa, 1982；Uraguchi *et al.*, 1991），最高齢は 14 歳であった．北海道で 1985 年度から 1987 年度の冬季に捕獲された個体の齢分布を見ると，0 歳が 64-72% と大多数を占め，1 歳以上の割合は，1 歳が 9-14%，2 歳が 6-9% ときわめて少なく，5 歳以上は合計しても約 5% であった．この齢構成に雌雄差は見られなかった（Uraguchi *et al.*, 1991；図 3.2）．

　Yoneda and Maekawa（1982）は，北海道東部で捕獲されたキツネの年齢査定結果から，狩猟圧の増加がキツネの生存率と齢構成におよぼす影響を調査し，高い狩猟圧は成獣の生存率を減少させ，平均寿命を短くすることを示した．

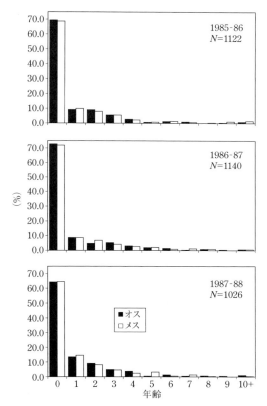

図 3.2 北海道で 1985-1987 年度の冬季に狩猟されたキツネの齢構成（Uraguchi *et al.*, 1991 より改変）.

## 3.3 キツネの行動

### (1) 行動圏

　動物が日常の生活で行動する範囲を行動圏（ホームレンジ）とよび，行動圏のなかに同種他個体の侵入を許さない排他的な地域があるとき，これをなわばり（テリトリー）とよぶ．キツネは，少なくとも初春の出産から子育てが終わる秋までの間，なわばりを持つと考えられ，そのサイズはおおむね行動圏と一致している（Macdonald, 1980）．日本でこれまでに行われたテレメ

トリー調査では，知床半島のキタキツネで，メス間に明確な夏のなわばりが観察されたのに対し（Tsukada, 1997），九州のホンドギツネでは，春から秋にかけて，オス・メスともに同性間の行動圏の重複が観察されるなど（Cavallini, 1992），キツネの行動は地域によりまた季節によって非常に変異が大きい．また，行動圏サイズについても変異は大きく，世界的には，イギリスの市街地に生息するキツネで0.5 km² 以下の行動圏が観察されたのに対し，オマーンの砂漠地帯では50 km² にもおよぶ行動圏が知られている（Macdonald, 1987）．行動圏のサイズには，基本的に餌資源の量と分布が影響すると考えられるが，メスは繁殖状況によっても行動圏が変化し（Takeuchi and Koganezawa, 1992），日本でこれまで行われたテレメトリー調査では，行動圏サイズは1-8 km² という結果であった（阿部・米田，1977；江口ほか，1977；大田ほか，1978）．

## （2） 分散

　親の行動圏を出て分散するのは，通常その年生まれの子ギツネであるが，まれに成獣が分散することもある（Macdonald, 1987）．欧米では，多くの国において記号放逐調査により子ギツネの分散距離が調べられており，通常，大多数の個体は比較的短距離の分散しかしないが，一部が例外的に長距離の分散をする傾向が知られている（Trewhella *et al.*, 1988）．また，分散する距離は，個体により，あるいは環境によりさまざまであり，オスは一般にメスよりも遠くまで分散する．北米中西部の農業地帯で標識された子ギツネが，1歳未満で再捕獲され回収された距離の平均はオスが31 km，メスが11 kmであった．しかし，オスの回収個体の5% 弱は約100 km（60.1マイル）以上移動し，もっとも遠くまで移動した個体（オス）の距離は211 km であった（Storm *et al.*, 1976）．

　日本でも，北海道根室半島で多数の子ギツネに標識して放逐し，捕獲された標識個体を回収して分散距離を調べる研究が行われた（Uraguchi *et al.*, 2014）．春に記号放逐され，1歳未満で回収された子ギツネ52頭（オス38頭，メス14頭）の平均回収距離は，オス5.7 km，メス2.6 km であった（浦口，未発表）．オスのうち1頭は，放逐された年の10月に50 km 離れた地点で交通事故で死亡した．また，札幌市内で記号放逐された子ギツネが，

生まれた年の12月に35km離れた地点でハンターに撃たれた例もある（浦口，未発表）．このように，これまでに知られている日本のキツネの分散距離は，世界的に見れば短い部類であったが（Trewhella et al., 1988），多くの短距離分散とごく少数の長距離分散が起こるという傾向は同様であった．しかし，わが国のキツネの分散に関する研究はきわめて少なく，実態の把握にはさらなる知見が必要である．

## 3.4　キツネの巣穴

キツネの巣には複数のタイプがあるが，基本は地面に自ら穴を掘ったトンネル状のものである．巣穴の入口は直径20-30cmほどで，多くの場合1つの巣に複数の入口がある．入口の前には，なかから掘り出された土でマウンドができていることが多く，北海道でこのタイプの巣穴があれば，ほぼキタキツネの巣穴と思ってよい（図3.3）．しかし，本州以南ではニホンアナグ

図3.3　キタキツネの巣穴と子ギツネ（2013年5月，北海道根室市，撮影：浦口宏二）．

マが類似した巣穴を掘り，またキツネとアナグマが巣穴を共同利用すること
もあるので注意が必要である（金子ほか，2009）．巣穴の内部は複雑に枝分
かれして迷路状になっており，トンネルの総延長が 10 m 以上あるものもあ
る（Nakazono and Ono, 1987）．

　キタキツネの営巣地選好性を調べた研究では，草地などの開放地に近い林
縁の傾斜地が選好されていた．林縁を好むのは，子ギツネの遊び場になる草
地と，外敵に対するシェルターとなる林地の双方に近いことが理由と考えら
れ，傾斜地を好むのは，穴の掘りやすさと水はけのよさのためと考えられる
（Uraguchi and Takahashi, 1998）．

　ホンドギツネもキタキツネも，上記のような条件の整った場所がない場合
は土穴以外も巣として利用し，岩の割れ目や壊れた排水管，コンクリートの
瓦礫などが利用される（中園，1970；Uraguchi and Takahashi, 1998）．ま
た住宅地では，倉庫や空家の床下をそのまま巣として用いる例が多く見られ
る．

　キツネにとって巣穴は，基本的に出産，育児のための場である．したがっ
て，巣穴を利用するのはおもに母ギツネと子ギツネであり，頻繁な利用は，
冬の交尾後から子ギツネの独立性が高まる前の夏までに限られる．オスの成
獣は，イヌに追われるなどの緊急時や，大雨・大雪など悪天候時のシェルタ
ーとしてなど以外，巣穴を必要としない．キタキツネでは，夏以降，翌年の
繁殖期まで巣穴の利用はほとんどなくなるが，10-11 月ごろ既存の巣の入口
に大量の土が排出されていることがあり，翌年の繁殖巣として使う可能性の
ある巣を補修しているものと思われる．九州のホンドギツネでは，同様の行
動が 2 月に観察されている（Nakazono and Ono, 1987）．

　キツネは行動圏内に通常複数の巣穴を持ち，繁殖期間中に数回引っ越しを
する．巣穴に対してイヌやヒトによる攪乱があったときは高い確率で引っ越
しが起こるが，原因が明らかでない場合も多く，巣内が汚れるなど環境悪化
がきっかけになっている可能性もある（中園，1970；Nakazono and Ono,
1987；Uraguchi and Takahashi, 1998）．

## 3.5 キツネの食性

キツネの食性は世界中で調査され，膨大な数の論文がある．その結果から，キツネが雑食性であること，餌品目は地域により，また季節により大きく異なるということがわかっている．わが国においてもキツネの食性は多様であるが，野ネズミを中心とする小型哺乳類と昆虫類，果実類などがおもな餌といえる．キツネは，その時期その場所でもっとも手に入れやすい餌を食べて生活できるのである．

餌の手に入れやすさは，必ずしもその餌品目の総量（バイオマス）に比例しない．Yoneda（1983）は，北海道東部における調査で，キタキツネの主要な餌は野ネズミ類であるが，もっとも多く野ネズミを捕食しているのは，その個体数が最多となる秋ではなく，逆に野ネズミがもっとも少ない春であることを明らかにした．この理由として，Yoneda（1983）は，夏から秋に繁茂する草本類と冬の積雪が，野ネズミにとってキツネの捕食を避けるシェルターとなるが，春の雪解け時期はこのどちらもなく，キツネにとってネズミがもっとも捕獲しやすい時期であるためとした．また，三沢（1979）は，森林地域，農業地域，都市近郊という3つの環境でキタキツネの糞分析を行い，人為的環境に近くなるほどキツネの食性に人為的な餌品目が増えることを示した．このように，特定の餌に固執せず，その時期その場所で入手容易な餌を利用できることが，食肉類でもっとも多様な環境に生息できている1つの理由と考えられる．

キツネは多様な餌を利用するが，餌品目に対する選好性はあると考えられる．Yoneda（1979）の調査では，主要な餌は野ネズミ類であったが，そのなかでもとくにエゾヤチネズミを選好していることが示された．また，北海道札幌市の市街地に出没するキツネは，その生息地を反映して残飯を主要な餌としていたが，春だけはネズミを主とする哺乳類をもっとも頻繁に食べていた（浦口・塚田，未発表）．これも，雪が解け，草がまだ生えそろっていない春にネズミ類を捕獲しやすくなるためと思われたが，残飯は通年入手容易であることを考えると，春の餌品目の変化は，キツネのネズミ類への強い選好性を示していると考えられた．

## 3.6 人獣共通感染症

　動物からヒトにうつる疾病を人獣共通感染症とよぶ．ヒトと動物との軋轢にはさまざまなものがあり，農作物に対する食害などはその代表的なものであろう．しかし，人獣共通感染症の媒介も，直接ヒトの健康に関わるものであるだけに大きな問題となる．わが国で，キツネからヒトにうつる疾病としてもっとも重要なものは，北海道で流行しているエキノコックス症である（図3.4）．

　北海道のエキノコックス症は，エキノコックス（多包条虫）という寄生虫の幼虫がヒトに寄生して起こす疾病である．エキノコックスは本来野生動物の寄生虫で，成虫はおもにキツネの小腸に寄生しており，虫卵がキツネの糞便とともに野外に排出される．この虫卵をエゾヤチネズミなどの野ネズミが餌とともに口から摂取すると，虫卵が孵化し幼虫となって肝臓に寄生する．幼虫は，野ネズミの体内で無性的に増殖して肥大するが，成虫になることはない．この感染野ネズミをキツネが捕食すると，エキノコックスはキツネの

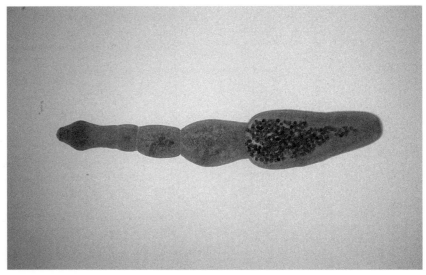

**図 3.4**　エキノコックス成虫（多包条虫）染色標本の顕微鏡写真．体長3-4 mm．左端が頭節．右端の老熟片節のなかに虫卵が見える（撮影：八木欣平）．

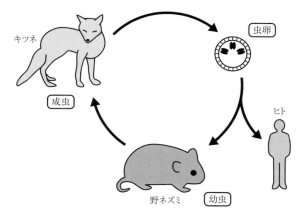

図 3.5　エキノコックス（多包条虫）の生活環．

腸壁に取り付いて成長し成虫となる（図 3.5）．

　ヒトは野ネズミと同じく，キツネの糞便中の虫卵を偶発的に経口摂取したときに感染し，おもに肝臓に幼虫が寄生する．ヒトの体内でエキノコックスの増殖はきわめて遅いため，数年から十数年の潜伏期間があるが，幼虫の増殖による影響で肝機能障害が起き，治療しなければ死に至る．効果的な治療薬はまだなく，根治のためには寄生部位を外科的に切除するしかない．

　エキノコックスはもともと日本にいた寄生虫ではない．北海道への侵入は，戦前，養狐などのために，エキノコックス症の流行地域だった千島列島からキツネを人為的に移入したことが主因と考えられている（山下，1978）．

　北海道が実施してきたキツネの解剖検査の結果，図 3.6 に示すようにエキノコックスの確認地域は拡大し，キツネの感染率も上昇傾向で推移してきたことがわかる（図 3.7）．また，毎年発見されるエキノコックス症の新規患者数も増加傾向にあり，患者数を 10 年ごとに合計すると，1970 年代は 55 人，1980 年代は 90 人，1990 年代は 103 人，2000 年代は 186 人と増加している（図 3.7）．

　このようにエキノコックス症は，北海道では現在も流行中であり，終息には至っていない．北海道では，キツネの流行状況把握，住民の健康診断，調査研究にもとづいた衛生教育などの対策のほか，近年はキツネに対して駆虫薬入りの餌を散布して感染率を下げる対策を検証し，市町村などに推奨して

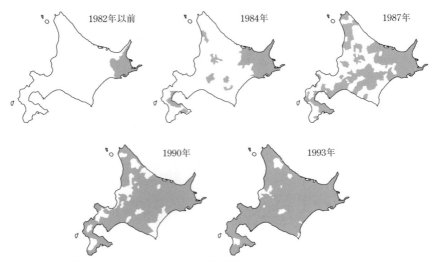

**図 3.6** 北海道におけるエキノコックス確認地域の変遷（北海道資料より作成）.

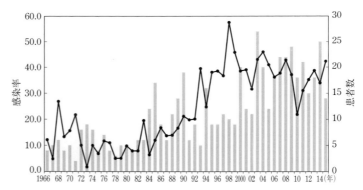

**図 3.7** 北海道におけるキツネのエキノコックス感染率（折れ線）とエキノコックス症の新規患者数（縦棒）（北海道資料より作成）.

いるが，まだ広範囲に実施されるまでには至っていない．

## 3.7 キツネの個体群動態

　キツネは基本的に夜行性で人目を避けて行動するため，目視による観察は困難である．また，広範囲に適用できる個体数推定法も確立されていないた

3.7 キツネの個体群動態　　　　　　　　　　　　　79

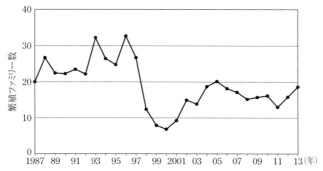

図 3.8　北海道根室半島の調査地（73 km$^2$）におけるキツネの推定ファミリー数（巣穴の見落としを考慮した補正値）．

め，わが国ではごく狭い地域を除き個体数調査は行われていない．北海道，本州，四国，九州に生息するキツネの概数も現在は不明である．ただ，キタキツネの個体群動態については，キツネの疾病との関係でいくつかの興味深い知見が得られている．

北海道東部の根室半島では，エキノコックス症の対策研究の一環として，1980 年代からキタキツネの個体群動態が調査されてきた．ここでは調査地（73 km$^2$）の徹底的な踏査により，キツネの巣穴を累計で 150 カ所以上発見し，毎年春にこれらをすべて見まわることで，30 年以上にわたって繁殖巣の数からファミリー数を推定してきた（Uraguchi and Takahashi, 1998；Uraguchi *et al.*, 2014）．調査を継続するなかで新たに発見した巣は調査対象に追加していったが，見落としもあると考えられたので，調査 25 年目に調査地の 20% の地域をランダムに抽出して再度巣穴の探索を行った．その結果，この時点で全体では 50 カ所の巣が見落とされていると推定されたので，この数値を用いてファミリー数の推定値を補正した（図 3.8；Uraguchi *et al.*, 2014）．

このグラフを見ると，1987 年から 1997 年までの 11 年間，根室半島の調査地には平均 25 ファミリーが生息していたが，1998 年にファミリー数は突然 12 に減少し，さらに 2000 年には 7 にまで減少した．ファミリー数はその後増加に転じ，2005 年には 20 まで回復したが，その後再び減少し，2011 年からまた増加し始めた．

1998年に始まったファミリー数の急激な減少について，さまざまな要因を比較検討した結果，餌資源の変動やハンターによる捕獲などが原因ではなく，1997年度に根室半島のキツネで初めて発見された疥癬の流行によるものと考えられた（Uraguchi *et al.*, 2014；浦口，2008）．

疥癬は，ヒゼンダニ（*Sarcoptes scabiei*）という体長0.3 mmほどの微小なダニが動物に寄生し，皮下にトンネルを掘って繁殖することで引き起こされる皮膚病である．重症になると体や尾など患部の毛が抜け，皮膚が肥厚してひび割れる．激しいかゆみがあるため，寄生されたキツネは患部をかきむしり，そのかき傷から細菌感染も引き起こして，多くの場合数カ月以内に死に至る（Mörner and Christensson, 1984；Bornstein *et al.*, 1995）．この病気は，感染している個体と体を接触させることや，同じ場所を寝床に使うことなどによって感染する．ファミリーのなかに1頭でも疥癬の個体がいれば，すぐに全員に感染するであろうし，他個体との闘争や交尾および分散によって流行地域が広がると考えられる．この病気によるキツネ個体群の減少は北欧からも報告されており，1980年代にキツネに疥癬が流行したスウェーデンでは，これにともなって捕獲されるキツネの数が減少したとされる（Lindström *et al.*, 1994）．

根室半島では，ファミリー数の調査のほか，エキノコックスの流行状況調査のため，半島内でハンターに捕獲されたキツネの大部分が回収され，解剖検査されるとともに年齢査定もされてきた（Uraguchi *et al.*, 2014）．また同じ調査地で，キツネの分散行動の研究のため，1986年から1992年にかけて合計143頭の子ギツネが記号放逐され，このうち58頭が前述の解剖検査の検体のなかから回収されていた（Uraguchi *et al.*, 2014）．Uraguchi *et al.* (2014) は，半島内で捕獲されたキツネの22年間にわたる齢別個体数のデータからコホート解析を行い，観察された繁殖巣数と標識個体の回収データも含めた状態-空間モデルを用いたベイズ推定を組み込むことで個体群を再構築して，毎年の総個体数，年別死亡率などを推定した．その結果，根室半島全体（136.5 km²）のキツネの推定個体数は，1996年の303.2頭から2000年には70.8頭まで減少していた．また，疥癬発見当初の1997年から1999年にかけては，自然死亡率が増加していたのに対し，ハンターの捕獲による人為死亡率は変化しておらず，根室半島のキツネの減少が疥癬の影響である

ことが量的に評価された.

わが国で初めてキツネの疥癬が確認されたのは1994年, 北海道東部の知床半島である (塚田ほか, 1999). その3年後に根室半島でも疥癬のキツネが発見されたことから, 高橋・浦口 (2001) は1999年に北海道全域の疥癬の流行調査を行った. その結果, 78市町村から回収されたキツネ458頭のうち, 36市町村 (46%) の76個体 (17%) からヒゼンダニが発見され, 北海道の南部を除く広い範囲に疥癬が流行していることが明らかになった.

知床半島でも, 疥癬のキツネが発見されてから夜間のライトセンサスで目撃されるキツネの数が減少し, 根室半島同様, 個体数の減少が示唆されていた (塚田ほか, 1999). 1999年に全道の広範囲から疥癬が発見されたことで, 全道的なキツネの個体数減少が予想された. 根室半島のような調査はほかでは行われていなかったが, 北海道が実施した北海道南部を除く広範囲での長期間のライトセンサス結果の解析から, 東部の網走, 根釧, 十勝地方で1990年代中ごろから2000年前後にかけて目撃頭数の減少が認められ, 車田ほか (2010) はこれを疥癬の流行によるものであろうと考察している. また, 後述するように, 札幌市の市街地で回収されたキツネの交通事故死体も, 市内で疥癬のキツネが発見された1998年以降, 急激に減少した.

以上まとめると, 北海道のキツネは, おそらく1990年代後半から全道的に流行した疥癬によって個体数が大幅に減少したと思われる.

疥癬の流行に関わって, さらに興味深いのは個体数減少からの回復過程である. スウェーデンでは1980年代に疥癬が流行し, キツネの個体数指標としての捕獲数が減少したが, 約10年後から回復し始めた (Lindström *et al.*, 1994).

図3.8を見ると2000年に最低値を記録した根室半島のファミリー数はその後増加し, 2005年に疥癬発生以前の8割ほどまでに回復したが, そこから再び減少し始め, 2011年に13になった後, 増加に転じている. しかし, 現在もまだ疥癬以前のレベルには回復していない. 根室半島のキツネからは現在も疥癬の個体が見つかっていることから, 疥癬の常在地では, キツネの個体数が一定密度まで増加すると, 再度流行が起こって個体数が減少するというモデルも考えられそうである. 後述するように, 札幌の都市ギツネでは, 個体数指標である交通事故死体の数が, 疥癬初確認年から減少し, 2004年

にボトムに達してからはほぼ一直線に回復して，約10年で疥癬発生前の約1.5倍にまで増加している（図3.9）．根室半島と札幌の回復過程の違いがなにによるものかはわかっていない．

　このように北海道のキツネ個体群は，疥癬という感染症の影響を受けてダイナミックに変動しており，野生動物の個体群動態研究に貴重なデータを提供し続けている．

## 3.8　都市ギツネ

### （1）　都市ギツネとは

　近年，世界各地で，野生のキツネが都市に侵入し定着する現象が見られるようになり，都市ギツネ（urban fox）とよばれている．都市ギツネが初めて報告されたのは1930年代のロンドンである（Teagle, 1967）．その後1980年代までにはイギリス南部の多くの都市で見られるようになったが（Macdonald and Newdick, 1982），ほかの国ではこのような現象は見られず，イギリス特有の現象と考えられていた（Harris, 1977）．ところが，1980年代後半になると，デンマーク（Willingham *et al.*, 1996），カナダ（Adkins and Stott, 1998），ドイツ（Hoffer *et al.*, 2000），スイスとノルウェー（Gloor *et al.*, 2001）など欧米各国でも都市ギツネが観察されるようになった．わが国でも同じ現象が北海道札幌市で起きており，近年のキツネ研究のトピックとなっている．

### （2）　出没の経緯

　市街地にキツネが出没することは，それがめずらしかった時期ならばとくに報道価値があるため，新聞記事からキツネの出没年代を推定できると考え，1969年3月から1993年7月までの記事を検索した．その結果，もっとも古い記事は1975年6月6日付けのものであり，次いで1976年4月15日，3報目が1978年1月18日で，1980年までに市内5カ所でのキツネ出没に関する記事が12件検索された．このことから，札幌の市街地でキツネが目撃されるようになったのは1970年代ごろからと考えられた．新聞で取り上げ

3.8 都市ギツネ　　　　　　　　　　　　83

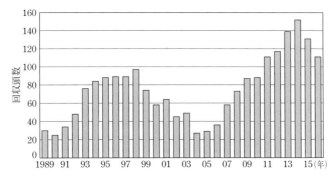

**図 3.9** 北海道札幌市におけるキツネの交通事故死体の回収頭数（札幌市資料より一部補正して作成）.

られたキツネの出没地点は，1980年代前半まで札幌市市街地の辺縁部に限られており，都市で目撃されるといっても，多くの場合は市街地周辺の山林部から一時的に侵入したと思われる事例が多かった．しかし1988年になると，市街地中心部にある北海道庁の建物内でキツネが捕獲されたという記事があり，さらに1992年には，道庁に近接する北海道大学植物園内でキツネが繁殖したという記事が掲載されて，市街地中心部での生息が確認された．

### （3）個体数変化

札幌市は，市街地でキツネの交通事故が増え始めた1989年から死体の回収を行っている．交通事故死体の数は，都市ギツネの個体数変化の指標となることが知られている（Baker *et al.*, 2004）．そこで札幌市におけるキツネの事故死体回収頭数の推移を見ると，1990年代前半に急激な増加があり，1990年（25頭）から1995年（88頭）までの5年間で3.5倍に増加している（図3.9）．この増加率は，同時期の市街地面積の拡大（約5%）や交通量の増加（約10%）では説明がつかず，この時期，札幌の市街地に出没するキツネ（都市ギツネ）は確かに増加したと考えられる（浦口，2008）．ところが，1998年に札幌でもキツネの疥癬が発見されると，回収頭数は97頭をピークに減り始め，2004年には27頭と，疥癬発見直前の約4分の1にまで減少した．その後回収頭数は増加に転じ，ほぼ直線的に回復して2011年には疥癬発見以前の最高値を超え，2014年には152頭にまで達した．この後，

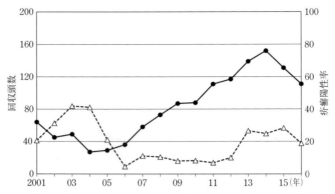

**図 3.10** 北海道札幌市におけるキツネの交通事故死体の回収頭数（実線）と疥癬陽性率（点線）．

回収頭数はやや減少して現在に至っている．

札幌市内で回収されたキツネの事故死体は，2001年からすべて北海道立衛生研究所で解剖され，エキノコックス感染の有無が検査されている．この剖検の際に疥癬の有無も検査されており，キツネの回収頭数と疥癬の陽性率の関係を見ると，図3.10のとおりである．このグラフからは，疥癬の陽性率が一定以上になると，1年ほど遅れて回収頭数が減少する傾向が読み取れ，札幌の都市ギツネの個体数にも疥癬が影響をおよぼしていることを示唆している．

### （4） 遺伝子解析

札幌の市街地で交通事故にあったキツネについては，回収された地点がわかっており，また解剖検査の際にすべての個体から筋肉サンプルが採取されているため，集団遺伝学的解析が行われた．その結果，2002年度から2014年度に回収され解析された578頭のキツネは，遺伝的に南部，北部，西部の3つの集団に分かれ，それらの境界線は市街地を流れる豊平川とJRの線路に合致していた（Kato et al., 2017）．周辺部から市街地に侵入してくるキツネにとって，それら2つの境界線が移動の妨げになっていると考えられる．しかし，集団間の差異は小さいことから，キツネは橋を渡ったり線路を超えたりして，これらの境界をある程度超えているものと考えられた（増田，

2017).

このような知見は，遺伝子解析以外の方法では得ることが困難である．遺伝子解析の手法を用いたキツネ研究は，今後さらに発展しうる分野であり，これまでは限界のあったキツネの分散行動や社会構造の解明にも新たな展開をもたらすと期待される．

都市ギツネの出現は，生態学的に非常に興味深い現象である．一方で，北海道にはエキノコックス症の問題があり，公衆衛生の観点から懸念される事態となっている．都市ギツネの研究は，今後基礎的にも応用的にも必要性を増していくと思われる．

## 引用文献

阿部永．1974．キツネの生物学．（竹田津実，著：キタキツネ）pp. 76-83．平凡社，東京．

阿部永・米田政明．1977．テレメトリー法によるキツネの行動解析（II）．（動物テレメトリーグループ，編：動物テレメトリーの現況）pp. 32-35．動物テレメトリーグループ，福岡．

Ables, E. D. 1983. Ecology of the red fox in North America. *In* (Fox, M. W., ed.) The Wild Canids. pp. 216-236. Robert E. Krieger Publishing Company, Florida.

Adkins, C. A. and P. Stott. 1998. Home ranges, movements and habitat associations of red foxes *Vulpes vulpes* in suburban Toronto, Ontario, Canada. Journal of Zoology, London, 244：335-346.

Baker, P. J., S. Harris, C. P. J. Robertson, G. Saunderes and P. C. L. White. 2004. Is it possible to monitor mammal population changes from counts of road traffic casualties? An analysis using Bristol's red foxes *Vulpes vulpes* as an example. Mammal Review, 34：115-130.

Bornstein, S., G. Zakrisson and P. Thebo. 1995. Clinical picture and antibody response to experimental *Sarcoptes scabiei* var. vulpes infection in red foxes (*Vulpes vulpes*). Acta Veterinaria Scandinavica, 36：509-519.

Cavallini, P. 1992. Ranging behavior of the red fox (*Vulpes vulpes*) in rural southern Japan. Journal of Mammalogy, 73：321-325.

江口和洋・池田啓・馬場稔・土肥昭夫・小野勇一・中園敏之・岩本敏孝．1977．テレメトリーのホンドギツネへの適用．（動物テレメトリーグループ，編：動物テレメトリーの現況）pp. 35-43．動物テレメトリーグループ，福岡．

Gloor, S., F. Bontadina, D. Hegglin, P. Deplazes and U. Breitenmoser. 2001. The rise of urban fox populations in Switzerland. Mammalian Biology, 66：155-164.

Harris, S. 1977. Distribution, habitat utilization and age structure of a suburban fox (*Vulpes vulpes*) population. Mammal Review, 7 : 25-39.

Hofer, S., S. Gloor, U. Müller, A. Mathis, D. Hegglin and P. Deplazes. 2000. High prevalence of *Echinococcus multilocularis* in urban red foxes (*Vulpes vulpes*) and voles (*Arvicola terretris*) in the city of Zurich, Switzerland. Parasitology, 120 : 135-142.

Inoue, T., N. Nonaka, A. Mizuno, Y. Morishima, H. Sato, K. Katakura and Y. Oku. 2007. Mitochondrial DNA phylogeography of the red fox (*Vulpes vulpes*) in northern Japan. Zoological Science, 24 : 1178-1186.

金子弥生・塚田英晴・奥村忠誠・藤井猛・佐々木浩・村上隆広. 2009. 食肉目のフィールドサイン，自動撮影技術と解析──分布調査を例にして. 哺乳類科学，49 : 65-88.

環境省. 2004. 第6回自然環境保全基礎調査（種の多様性調査）哺乳類分布調査報告書. 環境省自然環境局生物多様性センター，山梨.

Kato, Y., Y. Amaike, T. Tomioka, T. Oishi, K. Uraguchi and R. Masuda. 2017. Population genetic structure of the urban fox in Sapporo, northern Japan. Journal of Zoology, 301 : 118-124.

車田利夫・浦口宏二・玉田克巳・宇野裕之・梶光一. 2010. 北海道における15年間のアカギツネ個体数の動向. 哺乳類科学，50 : 157-163.

Lindström, E. R., H. Andrén, P. Angelstam, G. Cederlund, B. Hörnfeldt, L. Jäderberg, P. Lemnell, B. Martinsson, K. Sköld and J. E. Swenson. 1994. Disease reveals the predator: sarcoptic mange, red fox predation, and prey populations. Ecology, 75 : 1042-1049.

Lloyd, H. G. 1980. The Red Fox. B. T. Batsford, London.

Macdonald, D. W. 1979. Helpers in fox society. Nature, 282 : 69-70.

Macdonald, D. W. 1980. Rabies and Wildlife. Oxford University Press, Oxford.

Macdonald, D. W. 1987. Running with the Fox. Unwin Hyman, London.

Macdonald, D. W. and M. T. Newdick. 1982. The distribution and ecology of foxes, *Vulpes vulpes* (L.), in urban areas. *In* (Bornkamm, R., J. A. Lee and M. R. D. Seaward, eds.) Urban Ecology. pp. 123-135. Blackwell Scientific Publications, Oxford.

増田隆一. 2017. 哺乳類の生物地理学. 東京大学出版会，東京.

三沢英一. 1979. 生息環境の相違によるキタキツネ *Vulpes vulpes schrencki* KISHIDA の食性の変化について. 哺乳動物学雑誌，7 : 311-320.

Mörner, T. and D. Christensson. 1984. Experimental infection of red foxes (*Vulpes vulpes*) with *Sarcoptes scabiei* var. *vulpes*. Veterinary Parasitology, 15 : 159-164.

中園敏之. 1970. 九州におけるホンドギツネの巣穴について 1. 巣穴とその分布状態. 哺乳動物学雑誌，5 : 1-7.

Nakazono, T. and Y. Ono. 1987. Den distribution and den use by the red fox *Vulpes vulpes japonica* in Kyushu. Ecological Research, 2 : 265-277.

National Land and Water Resources Audit and Invasive Animals Cooperative

引用文献　　　　　　　　　　87

Research Centre. 2008. Assessing Invasive Animals in Australia 2008. NL-WRA, Canberra.

Oishi, T., K. Uraguchi, V. A. Abramov and R. Masuda. 2010. Geographical variations of the skull in the red fox *Vulpes vulpes* on the Japanese islands: an exception to Bergmann's rule. Zoological Science, 27：939-945.

大田嘉四夫・阿部永・三沢英一・小嶋研二・松野修江. 1978. Bio-telemetry 法によるキタキツネ (*Vulpes vulpes schrencki* KISHIDA) の行動解析. 北海道における道路計画と森林環境の保全に関する調査研究 (その2). pp.87-94. 北海道大学農学部演習林, 札幌.

笹川政嗣・前川光司・大泰司紀之・中根文雄. 1980. キツネ (*Vulpes vulpes*) 犬歯のセメント質層板による年齢査定法および犬歯の加齢変化. 北海道歯学雑誌, 1：23-27.

Storm, G. L., R. D. Andrews, R. L. Phillips, R. A. Bishop, D. B. Siniff and J. R. Tester. 1976. Morphology, reproduction, dispersal and mortality of midwestern red fox populations. Wildlife Monographs, 49：1-82.

高橋健一・浦口宏二. 2001. わが国における野生動物の疥癬——北海道のキツネでの流行について. IASR, 22：247-248.

Takeuchi, M. and M. Koganezawa. 1992. Home range and habitat utilisation of the red fox *Vulpes vulpes* in the Ashio mountains, central Japan. Journal of the Mammalogical Society of Japan, 17：95-110.

Teagle, W. G. 1967. The fox in the London suburbs. The London Naturalist, 46：44-68.

Trewhella, W. J., S. Harris and F. E. McAllister. 1988. Dispersal distance, home-range size and population density in the red fox (*Vulpes vulpes*): a quantitative analysis. Journal of Applied Ecology, 25：423-434.

Tsukada, H. 1997. A division between foraging range and territory related to food distribution in the red fox. Journal of Ethology, 15：27-37.

塚田英晴・岡田秀明・山中正実・野中成晃・奥祐三郎. 1999. 知床半島のキタキツネにおける疥癬の発生と個体数の減少について. 哺乳類科学, 39：247-256.

浦口宏二. 2008. 病気と生態——キタキツネ. (高槻成紀・山極寿一, 編：日本の哺乳類学②中大型哺乳類・霊長類) pp.149-171. 東京大学出版会, 東京.

Uraguchi, K. 2015. *Vulpes vulpes. In* (Ohdachi, S. D., Y. Ishibashi, M. A. Iwasa and T. Saitoh, eds.) The Wild Mammals of Japan, 2nd ed. pp.222-223. Shoukadoh, Kyoto.

Uraguchi, K., K. Takahashi and K. Maekawa. 1991. The age structure of the red fox population in Hokkaido, Japan. *In* (Maruyama, N., B. Bobek, Y. Ono, W. Regelin, L. Bartos and P. R. Ratcliffe, eds.) Wildlife Conservation. pp.228-230. Japan Wildlife Research Center, Tokyo.

Uraguchi, K. and K. Takahashi. 1998. Den site selection and utilization by the red fox in Hokkaido, Japan. Mammal Study, 23：31-40.

Uraguchi, K., M. Ueno, H. Iijima and T. Saitoh. 2014. Demographic analyses of a fox population suffering from sarcoptic mange. The Journal of Wildlife Management, 78：1356–1371.

Willingham, A. L., N. W. Ockens, C. M. O. Kapel and J. Monrad. 1996. A heliminthological survey of wild red foxes (*Vulpes vulpes*) from the metropolitan area of Copenhagen. Journal of Helminthology, 70：259–263.

Wilon, D. E. and D. M. Reeder. 2005. Mammal Species of the World, 3rd ed. The Johns Hopkins University Press, Baltimore.

山下次郎．1978．エキノコックス――その正体と対策．北海道大学出版会，札幌．

Yoneda, M. 1979. Prey preference of the red fox, *Vulpes vulpes schrencki* KISHIDA (Carnivore: Canidae), on small rodents. Applied Entomology and Zoology, 14：28–35.

Yoneda, M. 1983. Influence of red fox predation upon a local population of small rodents III. Seasonal changes in predation pressure, prey preference and predation effect. Applied Entomology and Zoology, 18：1–10.

Yoneda, M. and K. Maekawa. 1982. Effects of hunting on age structure and survival rates of red fox in eastern Hokkaido. The Journal of Wildlife Management, 46：781–786.

# 4
## タヌキ
### 東京都心部にも進出したイヌ科動物

斎藤昌幸・金子弥生

タヌキは東アジア地域に固有の中型食肉目である．日本においては北海道から九州まで広く分布し，東京都心部にも1990年代から再分布して生息するようになった．そんな身近な存在であるタヌキだが，最近の形態や遺伝子の地理的変異に関する研究から，日本のタヌキが固有種となるような分類学的な変更の提案もなされている．また，生態に関する研究の進展とともに，ほかの生物との種間関係や生態系におけるタヌキの役割についても徐々に明らかになりつつある．本章では，これらのタヌキの特徴について近年の研究成果もふまえながら解説する．さらに，筆者らが取り組んでいる都市におけるタヌキ研究を紹介するとともに，タヌキが置かれている保全上の課題について考えたい．

## 4.1 地理的分布

タヌキ（*Nyctereutes procyonoides*）は食肉目イヌ科の1属1種であり，東アジア地域（日本，中国，韓国，北朝鮮，モンゴル，ロシア東部）に自然分布する（図4.1，図4.2）．イヌ科の進化の歴史において，タヌキ属やキツネ属を含むグループとイヌ属を含むグループとはおよそ1000万-900万年前に分岐したとされ（Lindblad-Toh *et al.*, 2005），タヌキとアカギツネ（*Vulpes vulpes*）はおよそ500万年前に分岐したと推定されている（Wayne and O'Brien, 1987）．タヌキは，イヌ科のなかでもっとも原始的な核型を持っているとされ（Wayne *et al.*, 1987），また，イヌ科の特徴である雌雄のペアによる社会単位（後述）を構成している（金子，2002）．このような特徴

**図 4.1** タヌキ．神奈川県横浜市・四季の森公園にて（2010年2月，自動撮影カメラにより斎藤昌幸撮影）．

は，タヌキがイヌ科の祖先種にもっとも近い原始的な動物の1種であることを示唆している．

Wilson and Reeder（2005）によれば，タヌキは5つの亜種 *N. p. procyonoides, N. p. koreensis, N. p. orestes, N. p. ussuriensis, N. p. viverrinus* に分類される．日本に生息する亜種は *N. p. viverrinus* とされているが，津軽海峡（ブラキストン線）を境に南に分布するホンドタヌキ（*N. p. viverrinus*）と，北に分布するエゾタヌキ（*N. p. albus*）を亜種として区別する場合は6亜種となる（Kauhala and Saeki, 2016）．

一方，北欧，中欧，東欧においては，タヌキは外来生物である（Kauhala and Saeki, 2016；図4.2）．分布拡大の経緯は，*N. p. ussuriensis*（ウスリー地方に生息する亜種）が1920-1950年代にかけて旧ソ連のヨーロッパ地域に毛皮目的で導入されたことにある（佐伯，2008）．また，日本では，隠岐（知夫里島）と屋久島に国内外来生物としてタヌキが生息している．これは1941年（知夫里島）と1980年代（屋久島）に人為移入された個体群に由来

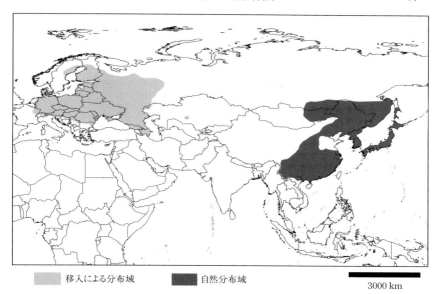

図 4.2 タヌキの現在の地理的分布 (The IUCN Red List of Threatened Species, Version 2016-1 http://www.iucnredlist.org; 2017 年 12 月 14 日ダウンロードより作成).

すると考えられている (Saeki, 2015).

## 4.2 個体群の地理的変異

化石記録から，タヌキは更新世に日本と大陸が陸続きであったころに日本列島となる地域に入ってきたと考えられている（佐伯，2008）．その後の最終氷期（およそ7万-1万年前）には朝鮮半島と日本の間をタヌキが移動せず，長期にわたって地理的に隔離されてきたと考えられている．これを反映するように，タヌキの染色体数は日本では $2n = 38 + B$ 染色体 (2-5)，大陸では基本的に $2n = 54 + B$ 染色体 (2-4) と異なっている (Mäkinen 1974；Mäkinen et al., 1986；Ward et al., 1987；Wada et al., 1991, 1998). また，ミトコンドリア DNA 分析により，日本産と大陸産の間で遺伝的分化が大きいことが報告されている (Kim et al., 2013).

一方，日本のタヌキは大陸に比べて頭蓋や下顎，歯のサイズに有意な違い

が見られる（Kauhala *et al.*, 1998；Kim *et al.*, 2015）．これらの違いはおもに食性の違いを反映していると考えられている．たとえば，大陸の個体群が有する大きな下顎は咬合力の強さを示している．また，大陸産は小さい臼歯と大きい犬歯を持っているため，日本産に比べて肉食性が強い特徴が見られる．

頭骨形態の違いは日本国内の個体群間にも見られる．とくに，エゾタヌキはほかの地域の個体に比べて後眼窩底が狭く，より肉食性が強い特徴を持っている．一方で，ホンドタヌキは，エゾタヌキに比べてより大きい臼歯を持つことから，より強い果実食性であると考えられる（Haba *et al.*, 2008）．北ユーラシアや北海道では，厳冬期に代謝を低下させて休眠することが指摘されており，より栄養価の高い脊椎動物を必要とすることがこのような形態の違いに現れている（Kauhala *et al.* 1998；Kim *et al.*, 2015）．ただし，頭骨形態の違いのすべてが食性によって説明されるわけではなく，寒冷な気候への適応も影響している可能性がある（Kim *et al.*, 2015）．

このように，日本産と大陸産との間では，遺伝的・形態的な特徴において相違点が報告されている．このことから，Kim *et al.* (2015) は，日本のタヌキは独立種 *N. viverrinus* として大陸の *N. procyonoides* と区別することを提案している．

## 4.3　生態

タヌキの生態については，これまでに金子（2002）や佐伯（2008）によって報告されている．ここでは，それらの内容をふまえながら，その後明らかになったことを加えてタヌキの生態的特徴を考える．

### （1）　生活史と繁殖・育児行動

タヌキの基本的社会単位は一夫一妻であり，ペアは交尾時期から出産と子育てが終わる時期までの半年以上を一緒に行動する（金子，2002；Saeki, 2015）．自然環境での最長寿命は7-8年程度とされるが，5歳まで生き残る個体は約1%である（Kauhala and Saeki, 2004）．交尾は晩冬から春にかけて行われ，受精後におよそ2カ月の妊娠期間を経て，晩春から初夏に4-6頭ほどの子を出産する（佐伯，2008）．生後20-30日ほどで子は巣外に出始め

4.3 生態

図 4.3 カメラトラップ調査によるタヌキの行動およびタメ糞における活動. A：グルーミング（撮影場所：四季の森公園［神奈川県横浜市］, 自動撮影カメラによる. 撮影年月：2009 年 11 月), B：タメ糞（撮影場所：東京農工大学府中キャンパス［東京都府中市］, 撮影年月：2016 年 1 月), C：排糞の様子（撮影場所：囲い山の森［千葉県松戸市］, 自動撮影カメラによる. 撮影年月：2016 年 10 月), D：タメ糞のにおいを嗅ぐ様子（撮影場所：四季の森公園［神奈川県横浜市］, 自動撮影カメラによる. 撮影年月：2016 年 10 月), E：アナグマが利用している巣穴をのぞく様子（撮影場所：清水入緑地［東京都八王子市］, 自動撮影カメラによる. 撮影年月：2016 年 5 月), F：タメ糞から生えてきた実生（撮影場所：小石川植物園［東京都文京区］, 撮影年月：2017 年 6 月)（すべて撮影者は斎藤昌幸).

るが，この段階では子はセルフグルーミング（自分を舐める行為）をすることができない．よって，親が子をかわるがわる舐めるアログルーミング（相手を舐める行為；図4.3A）を頻繁に行い，体毛の清掃や外部寄生虫の除去，親子間のコミュニケーションを行っている（田中，2009）．子は巣外に出るようになって1ヵ月ほど過ぎると，徐々に親から離れて採食などを行うようになり，秋になると亜成獣となって親の行動圏から離れて分散を始める（佐伯，2008）．早い個体は生まれた年の10月からペア形成を行い，翌春から子育てを始める（金子，2002）．

基本的社会単位であるペアは，飼育条件や餌条件にかかわらず保持される（金子，2002）．山口県山口市における育児行動の観察においても，全期間を通じてペアで子育てを行ったことが報告されている（田中，2009）．父親となるオスがメスのヘルパーとして子育てを手伝う育児は，食肉目ではイヌ科に特有の行動で，タヌキでも繁殖成功度を高めている可能性はあるが，まだ実証されていない．さらに，東京都八王子市における観察から，前年生まれの母親と血縁関係にある個体（性別は不明）が翌年の幼獣の育児にヘルパーとして参加したことが示唆されており（谷地森・山本，1992），場合によっては小さな群れを形成する可能性もある．今後さらに研究が必要である．

## （2） 栄養生態

食性は，おもに果実や草本植物，無脊椎動物，小型脊椎動物を利用可能性に応じてスイッチする好機主義的雑食性である（Saeki, 2015）．餌メニューは多岐におよび，東京都心部の皇居における長期的な糞による食性分析では，95種もの種子が出現し，季節ごとに利用可能な果実が利用されていた（Akihito *et al.*, 2016）．東京都奥多摩地域では，タメ糞に集まる昆虫を含む多様な昆虫類を利用していた（Koike *et al.*, 2012）．鹿児島県薩摩川内市ではミミズ類の重要性が示唆されている（阿部ほか，2010）．神奈川県丹沢山地の札掛では，小型哺乳類や鳥類，魚類などの脊椎動物を餌としており，冬季にはニホンジカ（*Cervus nippon*）などの大型哺乳類の死体を利用したことも報告されている（Sasaki and Kawabata, 1994）．神奈川県川崎市での事例では，人為的な餌資源（残飯など）を通年利用していた（山本・木下，1994）．東京都日の出町では，餌場として利用可能なゴミ捨て場を定期的にチェック

する個体が報告されている（Kaneko *et al.*, 1998）．また，餌付けが行われている場合は，それに依存するようになるだろう（金子，2002）．

タヌキの栄養状態について，体重が季節に応じて変化することが知られている．餌の利用量に制約のない飼育下での観察により，摂食量は夏に増加し，その増加を追うようにして皮下脂肪が急激に増大することが示された（岸本，1997）．この実験では秋の体重は春のおよそ1.3倍になったが，高標高域の栃木県日光国立公園では，秋は春に比べて体重がおよそ1.8倍になったことが報告されている（Seki, 2013）．エゾタヌキでは，春は前年の秋と比較して，体重と体脂肪率はおよそ50%減少したが，血中のタンパク質成分はほとんど減少しなかった（Kitao *et al.*, 2009）．秋に脂肪を蓄積することは，越冬のために重要な役割を果たしていると考えられる．

### （3）　生息環境

タヌキは，広葉樹林や針葉樹林，農地，市街地，あるいは，海岸や亜高山などさまざまな環境に適応して生息している．とくに，二次的な自然環境や農地などがモザイク状に配置された里山は，タヌキの典型的な生息環境の1つである（佐伯，2008）．森林域から都市域に至る環境傾度とタヌキの分布の関係を広域スケールで調べた事例でも，それらの中間的な景観でもっともよく出現することが示されており（Saito and Koike, 2013；Tatewaki and Koike, 2018），人間活動と自然環境が入り混じったような地域に多く生息していることがわかる．

タヌキが生息するためには，下層植生が重要である（園田・倉本，2004）．管理放棄などによって森林の下層に植物体が密に存在する場所は，休息場として機能するほか，餌資源である節足動物が豊富であるため，選択的に利用される．また，都市近郊域である神奈川県川崎市生田緑地や東京都立川市昭和記念公園周辺で行われた調査では，いずれも樹林地に対して高い選択性が示された（山本ほか，1996；金子ほか，2008）．これらの報告は，都市のような人間活動が優占した景観においても，タヌキの生息環境として樹林地が重要であることを示している．

**表 4.1** ラジオテレメトリー法によって推定された，タヌキの行動圏面積

| 調　査　地 | 生息環境 | 推定した行動圏数<br>（追跡頭数） |
|---|---|---|
| 長崎県松浦島 | 島嶼 | 3 |
| 皇居（東京都千代田区） | 都市 | 6（6 個体における月ごとの行動圏） |
| 国営昭和記念公園（東京都立川市） | 都市 | 14 |
| 生田緑地公園（神奈川県川崎市） | 都市近郊 | 5 |
| 図師小野路歴史環境保全地域（東京都町田市），生田緑地公園（神奈川県川崎市） | 都市近郊 | 6 |
| 青葉の森公園（千葉県千葉市） | 都市近郊 | 1 |
| 矢作川中流域（愛知県豊田市） | 都市近郊・河川 | 1 |
| 野幌森林公園（北海道札幌市・江別市・北広島市） | 都市近郊 | 3 |
| 千葉県長生郡 | 里山 | 17 |
| 秋田県秋田市仁別 | 森林 | 5 |
| 湯西川ダム周辺（栃木県日光市） | 森林 | 3 |
| えびの高原（宮崎県えびの市） | 高原 | 5（観測点数＞30） |
| えびの高原（宮崎県えびの市） | 高原 | 4 |
| 日光国立公園（栃木県日光市） | 亜高山 | 16（6 個体における季節ごとの行動圏） |
| 入笠山（長野県諏訪郡） | 亜高山 | 12 |

出典：1 Ikeda（1982）Ph. D. dissertation, Kyushu University；2 川田ほか（2014）プ研究 71：859-864；4 山本（1993）川崎市青少年科学館紀要 4：7-12；5 園央博物館自然誌研究報告 6：77-86；7 千々岩（2006）矢作川研究 10：85-96；8 Saeki（2001）Ph. D. dissertation, University of Oxford；10 Saeki *et al.*（2007）Mammalogy 70：330-334；12 田頭ほか（2010）応用生態工学 13：49-60；13 環境科学研究 7：53-61.

## （4）　行動圏およびタメ糞場におけるコミュニケーション

　通常の活動（採食，繁殖，育児など）に利用される場所として定義される行動圏（Burt, 1943）のサイズは，地域によってばらつきが見られる．ラジオテレメトリー法（電波発信機を用いて個体を追跡する調査方法）から推定された事例を比較すると，島嶼である長崎県松浦島では平均 10 ha，千葉県長生郡の里山的な環境では平均 278 ha，亜高山帯である長野県入笠山では平均 610 ha という値が得られており，行動圏には大きな幅がある（表 4.1）．この大きな値の幅の一部は，餌資源の分散によって説明される．餌資源が少

(Mitsuhashi *et al.*, 2018 より作成).

| 追　跡　期　間 | 平均行動圏面積（単位：ha） | | 出典 |
| --- | --- | --- | --- |
| | 100%<br>最外郭法 | 95%<br>固定カーネル法 | |
| 4-12 日 | 10（8-12） | NA | 1 |
| 3-25 カ月（2007 年 12 月-2009 年 12 月） | 5-30 | NA | 2 |
| 1-9 カ月（2004 年 8 月-2007 年 6 月） | 73 | NA | 3 |
| 9-37 日（1992 年 8 月-1993 年 1 月） | 31（15-44） | NA | 4 |
| 2-10 日（2001 年 12 月-2004 年 1 月） | 53±32（17-84） | NA | 5 |
| 131 日（1997 年 4 月-1998 年 4 月） | 42.4 | NA | 6 |
| 33 日（2003 年 3 月-2004 年 3 月） | 98.9 | NA | 7 |
| 2003 年 6 月-7 月 | 125（85-153） | NA | 8 |
| 2-38 カ月 | 278（29-1252） | 111（23-228） | 9：10 |
| 5-20 日（1987 年 11 月-12 月） | 59（47-81） | NA | 11 |
| 5-6 日（2006 年 12 月-2007 年 12 月） | NA | 34.7（30.9-41.1） | 12 |
| 4-12 日 | 30（13-51） | NA | 1 |
| 5-20 日（1987 年 11 月-12 月） | 49（31-63） | NA | 11 |
| 2006 年 10 月-2007 年 6 月 | NA | 45-386 | 13 |
| 3-8 カ月 | 610 | NA | 14 |

国立科学博物館研究報告 A 類（動物学）50：565-574；3 金子ほか（2008）ランドスケー
田・倉本（2004）環境システム研究論文集 32：335-342；6 金城ほか（2000）千葉県立中
Abe *et al.*（2006）*In* Assessment and Control of Biological Invasion Risks pp. 116-121；9
Journal of Mammalogy 88：1098-1111；11 Ward and Wurster-Hill（1989）Journal of
Seki and Koganezawa（2011）Acta Theriologica 56：171-177；14 山本ほか（1994）自然

量ずつ広く分散している自然環境下では，行動圏内にいくつかの餌場を含む
ように行動圏が広くなり（入笠山が該当），餌場が集中していたり，餌の豊
富な場所のある地域では行動圏が小さくなる傾向にある（金子，2002）.

　山地や農村地域では行動圏サイズの季節による変化も示されている．秋に
比べて冬の行動圏は狭いが，これは越冬に向けた摂食行動の増大や，気温低
下や積雪による活動の制約によるものと考えられる（佐伯，2008；Seki and
Koganezawa, 2011）．また，タヌキは，分散期になると 1-10 km の範囲で移
動するため（Saeki, 2015），追跡調査時に分散期が含まれた場合には移動範
囲が広くなることがあるが，一時的にしか利用されない場所を含むことから，

ここで得られた範囲は行動圏とは異なる.

　タヌキでは，タメ糞（溜め糞）という同じ場所に排糞・放尿を行う行動が知られており（図4.3B, C），1個体が複数のタメ糞場を利用する（佐伯，2008）．排糞・放尿のためのタメ糞場の利用時間帯には2つのピークがあり，1日に複数回排糞している（田中ほか，2012）．また，タメ糞場ではたんに排泄されるだけではなく，家族内やその他の個体間で，においを通じた資源情報の共有や個体識別などが行われる（佐伯，2008：図4.3D）．タメ糞のにおいを嗅ぐ行動は晩夏よりも秋に増加することから，個体の分散やペア形成との関係も示唆されている（小泉ほか，2017）．このように，タメ糞はタヌキが社会を形成するための情報センターとしての役割も果たす（金子，2002）．

## 4. 4　タヌキをめぐる生物間関係と生態系機能

　タヌキは，さまざまな地域の生態系において多くの生物種と関わっており，さまざまな役割を担っている．ここでは，近年明らかになりつつあるタヌキの関わる生物間関係と，生態系のなかでの役割について紹介する.

### （1）　ほかの哺乳類との種間関係

　生態的特性が類似する種が同所的に生息する場合，両種が同一のニッチ（生態的地位）を利用するために競合が生じ，その結果として一方の種がニッチから排除されてしまうことがある（Begon *et al.*, 1996）．一般的に，在来種どうしは時間をかけてニッチが分割されているので，同所的に共存することができる．しかし，在来種と外来種の場合は，種間関係の歴史が浅いためニッチが分割されておらず，新たな競合が生じる可能性がある．日本では外来種のアライグマ（*Procyon lotor*）は，同所的に生息するタヌキに影響を与えることが懸念されている.

　Abe *et al.* (2006) と Okabe and Agetsuma (2007) は，北海道においてエゾタヌキとアライグマの環境選択性を調べたところ，両種の間の空間的な環境選択性は異なっていた．本州では，千葉県におけるタヌキとアライグマ，ハクビシン（*Paguma larvata*）の食性の重複度は高く，餌資源の分離度は

低いことが明らかになっている（Matsuo and Ochiai, 2009）. これらの結果から, アライグマのタヌキへの影響については, 利用可能な餌資源が豊富な場合は競合が生じる可能性はあまり高くないが, 餌資源が少ない状況に陥った場合には競合が生じる可能性が示唆される. 一方で, アライグマがタヌキの休息場やタメ糞場を訪問している事例は観察されており（Abe *et al.,* 2006）, 空間利用に関する競合を結論づけるにはさらなる調査が必要である.

　同所的に共存するためには, 空間的なニッチだけではなく, 時間的なニッチの分割を行っていることもある（Begon *et al.,* 1996）. タヌキは下層植生や穴など周囲が覆われた場所を休息場として利用するが, 自ら穴を掘ることはない. そのため, ニホンアナグマ（*Meles anakuma*）やアカギツネなどの巣穴を自分で掘るほかの食肉目動物の穴を利用することがある（図4.3E）. このとき同じ巣穴内部を利用することになるが, 冬季にはこの共同利用を実現するために, ほぼ毎日のようにタヌキがアナグマの巣穴を訪れて, 巣穴の利用タイミングをうかがっていた事例がある（Kaneko *et al.,* 1998）. 島田・落合（2016）は6-12月における巣穴付近の行動観察によって, タヌキがアナグマとの遭遇を回避しつつ巣穴を共有していることを観察し, 時間的なニッチ分割の可能性を示唆した. タヌキと他種の間の同所的空間利用のメカニズムが今後さらに解明されていくことが期待される.

　種間関係は必ずしも直接的なものだけではなく, 間接的に働くことも知られている. ニホンジカは過密化すると植生を大きく変化させるが, 日光国立公園周辺ではシカによる食性への影響が大きい場所において, タヌキの観察数が多いことが報告されている（Seki and Koganezawa, 2013）. シカが増えるとシカにとって嗜好性の低い植物シロヨメナ（*Aster ageratoides*）が優占するが, このような場所ではミミズ類や地表性昆虫類が豊富になることが明らかになり, そのことがボトムアップのカスケード効果（ある栄養段階でのできごとが, 次々とほかの栄養段階にも影響していくこと）として, タヌキの個体数増加につながったのではないかと示唆されている.

## （2）　種子散布

　植物の種子が散布されるための仕組みの1つに, 鳥類や哺乳類などに種子を運んでもらう被食型種子散布がある（正木, 2009）. 今までに述べたよう

に，タヌキの糞からは多くの果実の種子が検出され，種子散布者としての役割を担っている可能性がある（加藤ほか，2000；小池・正木，2008；Koike *et al.*, 2008）．餌のなかにタグを混ぜて種子散布距離を推定する餌マーキング法によると，タヌキによる種子散布距離はおよそ100-600 m である（Sakamoto and Takatsuki, 2015；Mise *et al.*, 2016）．タヌキは広域に分布しているため，ほかの食肉目の生息数が少ないような開発が進んだ地域においても，重要な長距離散布者となっている可能性がある．ただし，タヌキによる種子散布の方向性には偏りがあり，森林から森林，もしくは森林からオープン環境へは散布されるが，オープン環境から森林へはほとんど散布されない（Sakamoto and Takatsuki, 2015）．さらに，植物の分散が成功するためには，種子散布だけではなく，散布された場所で発芽し，成長していく必要がある（図4.3F）．種子散布者としての重要性が確固たるものになるためには，種子が散布された後の発芽率などの評価が必要である（Mise *et al.*, 2016）．

## 4.5　都市に生息するタヌキ

　近年では，都市化が進行した地域にもタヌキが生息している．東京都では，1970年代には西部まで分布が後退したとされるが（千羽，1973），その後1990年代には再び都心部にも分布するようになった．東京都心部の赤坂御用地では，およそ51 ha の敷地のなかに27頭の生息が推定されている（岩﨑ほか，2017）．また，都市近郊域では，東京都府中市に位置する東京農工大学府中キャンパス内の0.12-1.65 ha の微小樹林地3カ所においてもタヌキが生息し，繁殖が行われたことが確認されている（長光・金子，2017）．このように多くの人々が暮らす都市域のなかにもタヌキは生息しているが，彼らはどのように生活しているのだろうか．ここでは，筆者らが取り組んでいる研究事例から，都市におけるタヌキの生態について紹介したい．

### （1）　市街地景観におけるタヌキの移動パターン

　他種との生態学的特性の広域的な比較分析にもとづき，筆者（斎藤）は，タヌキが都市に適応することができる理由が雑食性であることや産子数の多さであると考えている（Saito and Koike, 2015）．しかし，これだけでは都

市への適応について十分に理解することはできないため，都市のなかでの実際の行動について調べる必要がある．筆者らはその第一歩として，周辺を市街地に囲まれた東京農工大学府中キャンパスにおいてタヌキ1頭（成獣オス）を捕獲し，その行動を調査することにした．後の観察によりこのタヌキはペアを形成していた．この個体を対象に，GPSを搭載した首輪を用いた追跡調査を行い，行動圏と1日の詳細な移動パターンを調べた．

2015年12月17日-2016年2月8日に，1時間おきの観測間隔で，581地点の測位を記録することができた．夜間に得られた位置データを用いて行動圏を推定したところ，95%固定カーネル法（各位置データに山型の確率密度関数をあてはめ，山の広がりから行動圏を推定する方法）により47.1 haという値が得られた．このタヌキは，キャンパス内を多く利用していたものの，外へ出て市街地もしばしば利用していることがわかった（図4.4）．また，コアエリア（行動圏内の集中して利用される場所）を推定したところ，いずれもキャンパス内を中心に3つに分かれた．コアエリア内には，休息場や下層植生が豊富な樹林地，地域住民によるノネコへの餌付け場所があったことから，利用地点が集中した可能性がある．また，GPS追跡には弱点もあり，夜間に測位されたものは測位成功率が70.4%であったが，日中の測位成功率は12.8%と低かった．これは，タヌキが日中に下層植生が密な場所や地下空間で休息しており，GPS測位システムが作動しなかったためである．

筆者らはさらに詳細な追跡を行うために，2016年2月8-16日の夜間に5分おきの測位データを取得した．このなかから，2016年2月12日17時-13日7時のタヌキの移動パターンについて紹介する（図4.5）．この日は17時40分ごろにGPSが測位され始めたことから，この時間に休息場（おそらく地下空間）から外に出てきたと考えられる．先ほどの行動圏推定からキャンパス外を利用していることが示されたが，この日も3回，車道を渡ってキャンパス外での活動が見られた．この日に訪れたもっともキャンパスから離れた場所は，北へ約260 m離れたところであった．キャンパスの内外を利用しつつ，休息場周辺に戻ってきたのは朝6時ごろのことである．

これらの追跡調査から，タヌキはキャンパス外も利用していることがわかった．なぜキャンパス外に出るのかは今後の検討課題である．キャンパス内

102　　　　　　　　　　　　　第 4 章　タヌキ

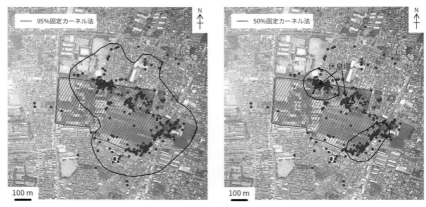

**図 4.4**　東京農工大学府中キャンパスにおけるタヌキ 1 個体の行動圏（左）とコアエリア（右）．丸印は夜間に GPS が測位された位置，斜線はキャンパスの敷地．背景には国土地理院撮影の空中写真（2008 年撮影）を使用した．

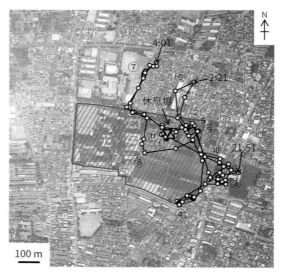

**図 4.5**　東京農工大学府中キャンパスにおけるタヌキ 1 個体のある 1 日（2016 年 2 月 12 日 17 時から 13 日 7 時）の 5 分おきの移動パターン．丸印は GPS が測位された位置を示し，測位が成功した順に線で結んだ．上向き三角は最初の測位点を示し，下向き三角は最後の測位点を示す．タヌキが移動した場所の順番は，①から⑪の数字で示した．斜線はキャンパスの敷地．背景には国土地理院撮影の空中写真（2008 年撮影）を使用した．

の森林はいずれも 2 ha 以下の極小面積で自然の餌資源が十分ではないために，キャンパス内外の人為資源を利用しているのではないかと現時点では推定している．たとえば，キャンパスの東側には畜舎があり，そこを採食場所の 1 つにしているかもしれない．この追跡調査から，1 日の活動だけでも，都市のタヌキは道路を合計 6 回は横断していることがわかった．今後このような移動パターンに一般性があるのか確認していくとともに，行動圏内の資源の配置や量などと関連づけていくことで，タヌキがどのように都市に適応しているのかがより明らかになるものと考えられる．

### （2） 体サイズにもとづく都市と里山のタヌキの栄養状態の比較

都市化が進行すると，生息地は分断されることから，タヌキの地域個体群が孤立する可能性がある．生息地の分断化が餌条件に影響を与えるならば，体サイズに違いが生じるかもしれない．そこで，東京郊外の里山地域（日の出町）と都心部（皇居，赤坂御用地）のタヌキについて体重と頭胴長を比較することによって，両地域間でタヌキの栄養状態に違いが見られるかどうか検討した．用いたデータは，筆者（金子）と研究室学生（当時）の小泉璃々子さん，宮内庁（当時）の酒向貴子氏らによって日本哺乳類学会 2012 年度大会で発表された，捕獲個体ならびに死亡個体の成獣から得られた値である．これらのデータは，日の出町では 1991-2008 年，皇居では 2007-2010 年，赤坂御用地では 2006-2012 年に得られた（酒向ほか，2012）．

日の出町の体重の季節変化を見ると，春から秋にかけて体重が増加する傾向が確認された（図 4.6）．これは飼育下で観察されたパターン（岸本，1997）と類似しており，里山のタヌキでは栄養条件に制約がかかっていないと推察される．また，皇居と赤坂御用地では，日の出町と大きく異なる体重を有する個体は見られなかった（図 4.6）．頭胴長について地域間で比較したところ，赤坂御用地ではほかの 2 つの地域に比べて頭胴長が有意に大きい傾向が得られたが（Holm の方法による Mann-Whitney の U 検定，$P <$ 0.05），日の出町と皇居の間には有意な差はなかった（図 4.7）．体重の比較から得られた傾向を含めて考えると，都心部に位置する赤坂御用地では，タヌキの成長や栄養状態への負の影響はないと考えられた．この結果は，都心部でも十分な栄養を得ている可能性を示している．

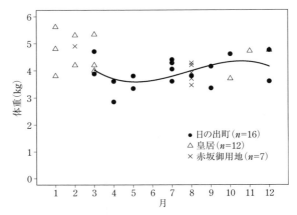

**図 4.6** 日の出町,皇居,赤坂御用地の月ごとのタヌキ(成獣)の体重.回帰線は日の出町のデータを用いて描いた.回帰式:$y = 6.9244 - 1.5527x + 0.2246x^2 - 0.0095x^3$(酒向ほか,2012 より作成).

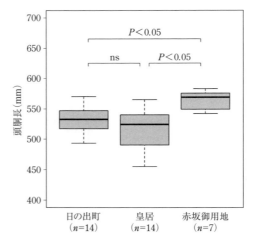

**図 4.7** 日の出町,皇居,赤坂御用地で得られたタヌキの頭胴長.それぞれの箱ひげ図は,最大値,最小値,四分位数を示す.地域間で Holm の方法による Mann-Whitney の U 検定を行った.ns は有意な差が検出されなかったことを示す(酒向ほか,2012 より作成).

## 4.6 タヌキと人間の関係

IUCN（International Union for Conservation of Nature；国際自然保護連合）レッドリストによると，2016年の評価におけるタヌキの保全状況のカテゴリーはLC（LEAST CONCERN；軽度懸念）であった．すなわち，自然分布域において普通に見られ，いくつかの地域で減少している可能性はあるものの，種として絶滅する可能性の証拠はないと判断されている（Kauhala and Saeki, 2016）．環境省レッドリスト2017においても，国内のタヌキはランクづけされていない．

このようにレッドリストを眺めるとタヌキの将来は安泰のように思えるが，これまでの歴史や地域ごとの状況を見ていくと，必ずしもそういう状況にはないかもしれない．タヌキのロードキル（交通事故死）は控えめに見積もって年間11万-32万頭と推定されている（Saeki, 2015）．川崎市では，死因の8割が交通事故で，平均年齢が1.2歳以下であるとの報告もある（佐伯，2008）．筆者らの調査でも，タヌキは1日に6回も道路を渡る生活をしていた（図4.5）．近年では，高速道路への侵入防止策の研究も進められ，筆者（金子）は既存の人間の道路進入防止用のフェンスに，タヌキの体長や足幅などの体サイズを考慮したパネルシステムを用いて，タヌキが道路に入れなくする方法を提案している（蔵本ほか，2013）．もっとも，道路に入れなくするだけでは，生息地の分断が加速してしまうので，道路をむやみに増やさないことも含めて，生態系ネットワークなどの地域全体を考えた保全への取り組みは必須である．

タヌキはさまざまな環境に適応しているが，いずれの場所でも樹林地や下層植生が生息環境として重要であり，高度経済成長期には分布が退行したことをふまえると，今後も安定的に個体群を維持できるのであろうか．都市部にもタヌキは生息しているが，皇居のように，周囲との遺伝的な交流のほとんどない緑地も存在している（Saito et al., 2016）．一方で，里山や山間部では近年，二次林や人工林の管理放棄や，農地・河川管理の変化などにともなって，生息環境の質も変化してきた（佐伯，2008）．環境変化のタヌキへの影響については，まだ十分に検討されていない．今後，日本が迎える人口減少時代において，里山の主要な構成要素である二次的な自然の消失がさらに

進行することが懸念されているが（江成・角田，2017），このような生息環境の変化がタヌキ個体群にどのような影響を与えるのか検討する必要があるだろう．

　民話にもしばしば登場するように，タヌキは古くから日本人にとってなじみ深い哺乳類である．筆者（金子）は，タヌキ・キツネ・アナグマに対する地域住民の価値観について調べたところ，これらの食肉類は，保護対象，生態系の一員，教材，審美的価値に関する評価が高かった（金子，2002）．特に都市化の進んでいる地域では，存在自体，生態系の一員，自然指標の価値が高く評価された．一方で，里山や山間部では農作物被害を経験している住民も多く（金子，2002），タヌキは害獣であるという認識を持っている住民もいるだろう．近年ではタヌキの狩猟捕獲頭数は減少しているものの，有害捕獲頭数が増加傾向の地域もある（船越ほか，2008）．タヌキは地域の環境に合わせた生活を行うことから，手に入りやすい農作物があればそれを利用する（金子，2002）．すなわち，タヌキにとって農地は採食場として利用する場所であり，その結果として被害が増加し，有害捕獲数も増加傾向にあるのかもしれない．このようにタヌキに対する意識は，地域住民の各々の置かれた状況によって変化しそうである．今後，保全や管理を進めるうえでは，このような住民の価値観の把握とそれをふまえた対策も重要になっていくだろう．

　これまでに紹介したように，日本に広く分布するタヌキは，里山を主要な生息環境としつつも，さまざまな環境に適応して生息している．それゆえ，普通で身近な哺乳類として認識されてきた．このことを可能にしているのは，タヌキの柔軟な生き方ではないだろうか．幅広い餌資源を利用できる食性や，季節に応じた体重変化，環境に応じた行動圏の変化，ペアで協力して行う子育て，タメ糞を介したコミュニケーションといった生態的な特徴は，市街地から山地まで多くの環境への順応性の高さに関わる重要な要素であると考えられる．イヌ科のなかでも原始的であるとされながら，けっして弱いわけでなく，むしろイヌ科の生態のポテンシャルの広さを発揮して都市にまで適応しているタヌキは，哺乳類の環境適応を理解するうえで，重要な位置を占めている．また，生態系のなかでは種子散布などの役割を持つことも明らかになりつつあり，日本のさまざまな場所で生態系を支えているといえる．今後

も多角的な視点からタヌキの生態が解明されていくことが期待される.

　ヒトと野生動物の関係が希薄になりつつある現代において，きわめて身近な哺乳類であるタヌキは，ヒトと野生動物をつなぐ大きな架け橋になるのではないだろうか．しかし，タヌキがさまざまな環境に適応しているといえども，それにはもちろん限度があり，今後の環境や社会の変化によっては身近な哺乳類であり続けてくれるとは限らない．タヌキ同様にごく普通に生息していると考えられているニホンノウサギ（*Lepus brachyurus*）も，近年，生息数の減少が指摘されており，実態の把握が求められている（山田，2017）．タヌキとノウサギの生態は異なるが，身近な野生動物がいなくなるという意味では，ひとごとではすまされないかもしれない．そこにいてあたりまえの関係がこれからも続くように，共存に向けたつきあい方を考えていくために本章が貢献できれば幸いである.

## 引用文献

Abe, G., T. Ikeda and S. Tatsuzawa. 2006. Differences in habitat use of the native raccoon dog (*Nyctereutes procyonoides albus*) and the invasive alien raccoon (*Procyon lotor*) in the Nopporo Natural Forest Park, Hokkaido, Japan. *In* (Koike, F., M. N. Clout, M. Kawamichi, M. De Poorter and K. Iwatsuki, eds.) Assessment and Control of Biological Invasion Risks. pp. 116-121. Shoukadoh, Kyoto.

阿部聖哉・松木吏弓・竹内亨・梨本真・平田智隆・上野智利・田崎耕一．2010．タヌキ・アナグマの餌資源としての土壌動物の定量的評価．環境アセスメント学会誌，8：40-49.

Akihito, T. Sako, M. Teduka and S. Kawada. 2016. Long-term trends in food habits of the raccoon dog, *Nyctereutes viverrinus*, in the Imperial Palace, Tokyo. Bulletin of the National Museum of Nature and Science, Series A (Zoology), 42：143-161.

Begon, M., J. L. Harper and C. R. Townsend. 1996. Ecology：Individuals, Populations and Communities, 3rd ed. Blackwell Science, Oxford. 邦訳：ベゴン，M., ハーパー，J., タウンゼンド，C. 著（堀道雄，監訳，2003）生態学――個体・個体群・群集の科学［原著第三版］．京都大学出版会，京都.

Burt, W. H. 1943. Territoriality and home range concepts as applied to mammals. Journal of Mammalogy, 24：346-352.

千羽晋示．1973．動物の生息環境の変化と退行現象．季刊自然科学と博物館，40：69-73.

江成広斗・角田裕志．2017．人口減少時代における野生生物問題――序論．野生生物と社会，5：1-3.

船越公威・玉井賢治・山﨑ひろみ．2008．鹿児島県産のタヌキの生態と保全．Nature of Kagoshima, 34：5-10.

Haba, C., T. Oshida, M. Sasaki, H. Endo, H. Ichikawa and Y. Masuda. 2008. Morphological variation of the Japanese raccoon dog：implications for geographical isolation and environmental adaptation. Journal of Zoology, 274：239-247.

岩﨑佳生理・斎藤昌幸・酒向貴子・小泉璃々子・手塚牧人・金子弥生．2017．カメラトラップを用いた赤坂御用地におけるホンドタヌキの個体数推定．フィールドサイエンス，15：49-55.

金子賢太郎・丸山將吾・永野治．2008．国営昭和記念公園周辺に生息するタヌキの生息地利用について．ランドスケープ研究，71：859-864.

金子弥生，2002．タヌキ．（波多野鷹・金子弥生，著：フクロウとタヌキ）pp. 77-144．岩波書店，東京．

Kaneko, Y., T. Suzuki, N. Maruyama, O. Atoda, N. Kanzaki and M. Tomisawa. 1998. The "Trace Recorder", a new device for surveying mammal home ranges, and its application to raccoon dog research. Mammal Study, 23：109-118.

加藤智恵・那須嘉明・林田光祐．2000．タヌキによって種子散布される植物の果実の特徴．東北森林科学会誌，5：9-15.

Kauhala, K., S. Viranta, M. Kishimoto, E. Helle and I. Obara. 1998. Skull and tooth morphology of Finnish and Japanese raccoon dogs. Annales Zoologici Fennici, 35：1-16.

Kauhala, K. and M. Saeki. 2004. Raccoon dog *Nyctereutes procyonoides*（Gray, 1834）. *In*（Sillero-Zubiri, C., M. Hoffmann and D. W. Macdonald, eds.）Canids Foxes, Wolves, Jackals and Dogs：Status Survey and Conservation Action Plan. pp. 136-142. IUCN, Gland and Cambridge.

Kauhala, K. and M. Saeki. 2016. *Nyctereutes procyonoides*. The IUCN Red List of Threatened Species 2016：e. T14925A85658776.

Kim, S.-I., S.-K. Park, H. Lee, T. Oshida, J. Kimura, Y.-J. Kim, S.-T. Nguyen, M. Sashika and M.-S. Min. 2013. Phylogeography of Korean raccoon dogs: implications of peripheral isolation of a forest mammal in East Asia. Journal of Zoology, 290：225-235.

Kim, S.-I., T. Oshida, H. Lee, M.-S. Min and J. Kimura. 2015. Evolutionary and biogeographical implications of variation in skull morphology of raccoon dogs（*Nyctereutes procyonoides*, Mammalia: Carnivora）. Biological Journal of the Linnean Society, 116：856-872.

岸本真弓．1997．飼育下のタヌキにおける体重，皮下脂肪厚および摂食量の季節変動．哺乳類科学，36：165-174.

Kitao, N., D. Fukui, M. Hashimoto and P. G. Osborne. 2009. Overwintering strategy of wild free-ranging and enclosure-housed Japanese raccoon dogs（*Nyctereutes procyonoides albus*）. International Journal of Biometeorology, 53：159-165.

小池伸介・正木隆. 2008. 本州以南の食肉目3種による木本果実利用の文献調査. 日本森林学会誌, 90：26-35.

Koike, S., H. Morimoto, Y. Goto, C. Kozakai and K. Yamazaki. 2008. Frugivory of carnivores and seed dispersal of fleshy fruits in cool-temperate deciduous forests. Journal of Forest Research, 13：215-222.

Koike, S., H. Morimoto, Y. Goto, C. Kozakai and K. Yamazaki. 2012. Insectivory by five sympatric carnivores in cool-temperate deciduous forests. Mammal Study, 37：73-83.

小泉璃々子・酒向貴子・手塚牧人・小堀睦・斎藤昌幸・金子弥生. 2017. 東京都心部の赤坂御用地におけるタヌキのタメフン場における個体間関係. フィールドサイエンス, 15：7-13.

蔵本洋介・古谷雅理・甲田菜穂子・園田陽一・金子弥生. 2013. 高速道路進入に関わるタヌキ (*Nyctereutes procyonoides*) のフェンス登攀行動. 哺乳類科学, 53：267-278.

Lindblad-Toh, K., C. M. Wade, T. S. Mikkelsen, E. K. Karlsson, D. B. Jaffe, M. Kamal, M. Clamp, J. L. Chang, E. J. Kulbokas III, M. C. Zody, E. Mauceli, X. Xie, M. Breen, R. K. Wayne, E. A. Ostrander, C. P. Ponting, F. Galibert, D. R. Smith, P. J. deJong, E. Kirkness, P. Alvarez, T. Biagi, W. Brockman, J. Butler, C.-W. Chin, A. Cook, J. Cuff, M. J. Daly, D. DeCaprio, S. Gnerre, M. Grabherr, M. Kellis, M. Kleber, C. Bardeleben, L. Goodstadt, A. Heger, C. Hitte, L. Kim, K.-P. Koepfli, H. G. Parker, J. P. Pollinger, S. M. J. Searle, N. B. Sutter, R. Thomas, C. Webber, Broad Institute Genome Sequencing Platform and E. S. Lander. 2005. Genome sequence, comparative analysis and haplotype structure of the domestic dog. Nature, 438：803-819.

Mäkinen, A. 1974. Exceptional karyotype in a raccoon dog. Hereditas, 78：150-152.

Mäkinen, A., M.-T. Kuokkanen and M. Valtonen. 1986. A chromosome-banding study in the Finnish and the Japanese raccoon dog. Hereditas, 105：97-105.

正木隆. 2009. 日本における動物による種子散布の研究と今後の課題. 日本生態学会誌, 59：13-24.

Matsuo, R. and K. Ochiai. 2009. Dietary overlap among two introduced and one native sympatric carnivore species, the raccoon, the masked palm civet, and the raccoon dog, in Chiba Prefecture, Japan. Mammal Study, 34：187-194.

Mise, Y., K. Yamazaki, M. Soga and S. Koike. 2016. Comparing methods of acquiring mammalian endozoochorous seed dispersal distance distributions. Ecological Research, 31：881-889.

Mitsuhashi, I., T. Sako, M. Teduka, R. Koizumi, M. U. Saito and Y. Kaneko. 2018. Home range of raccoon dogs in an urban green area of Tokyo, Japan. Journal of Mammalogy, 99：732-740.

長光郁実・金子弥生. 2017. 東京都府中市の微小緑地における食肉目動物の生

息状況. 哺乳類科学, 57：85-89.

Okabe, F. and N. Agetsuma. 2007. Habitat use by introduced raccoons and native raccoon dogs in a deciduous forest of Japan. Journal of Mammalogy, 88：1090-1097.

佐伯緑. 2008. 里山の動物の生態──ホンドタヌキ. (高槻成紀・山極寿一, 編：日本の哺乳類学②中大型哺乳類・霊長類) pp. 321-345. 東京大学出版会, 東京.

Saeki, M. 2015. *Nyctereutes procyonoides* (Gray, 1834). *In* (Ohdachi, S. D., Y. Ishibashi, M. A. Iwasa, D. Fukui and T. Saitoh, eds.) The Wild Mammals in Japan, 2nd ed. pp. 224-225. Shoukadoh, Kyoto.

Saito, M. and F. Koike. 2013. Distribution of wild mammal assemblages along an urban-rural-forest landscape gradient in warm-temperate East Asia. PLOS ONE, 8：e65464.

Saito, M. U. and F. Koike. 2015. Trait-dependent changes in assemblages of mid-sized and large mammals along an Asian urban gradient. Acta Oecologica, 67：34-39.

Saito, W., Y. Amaike, T. Sako, Y. Kaneko and R. Masuda. 2016. Population structure of the raccoon dog on the grounds of the Imperial Palace, Tokyo, revealed by microsatellite analysis of fecal DNA. Zoological Science, 33：485-490.

Sakamoto, Y. and S. Takatsuki. 2015. Seeds recovered from the droppings at latrines of the raccoon dog (*Nyctereutes procyonoides viverrinus*): the possibility of seed dispersal. Zoological Science, 32：157-162.

酒向貴子・手塚牧人・小泉璃々子・金子弥生. 2012. 東京の都心部と里山のタヌキの体サイズの比較. 日本哺乳類学会 2012 年度大会プログラム・講演要旨集.

Sasaki, H. and M. Kawabata. 1994. Food habits of the raccoon dog *Nyctereutes procyonoides viverrinus* in a mountainous area of Japan. Journal of the Mammalogical Society of Japan, 19：1-8.

Seki, Y. 2013. First report on the high magnitude of seasonal weight changes in the raccoon dog subspecies *Nyctereutes procyonoides viverrinus* in Japan. Pakistan Journal of Zoology, 45：1172-1177.

Seki, Y. and M. Koganezawa. 2011. Factors influencing winter home ranges and activity patterns of raccoon dogs *Nyctereutes procyonoides* in a high-altitude area of Japan. Acta Theriologica, 56：171-177.

Seki, Y. and M. Koganezawa. 2013. Does sika deer overabundance exert cascading effects on the raccoon dog population? Journal of Forest Research, 18：121-127.

島田将喜・落合可奈子. 2016. アナグマ (*Meles anakuma*) とタヌキ (*Nyctereutes procyonoides*) が利用する巣穴付近における行動の違いと時間的ニッチ分化. 哺乳類科学, 56：159-165.

園田陽一・倉本宣. 2004. 多摩丘陵におけるホンドタヌキの下層植生構造に対

する環境選択性に関する研究．環境システム研究論文集，32：335-342.

田中浩．2009．山口県山口市におけるホンドタヌキの育児行動．山口県立山口博物館研究報告，35：25-32.

田中浩・相本実希・細井栄嗣．2012．ためフン場におけるタヌキの行動について．山口県立山口博物館研究報告，38：51-58.

Tatewaki, T. and F. Koike. 2018. Synoptic scale mammal density index map based on roadkill records. Ecological Indicators, 85：468-478.

Wada, M. Y., Y. Lim and D. H. Wurster-Hill. 1991. Banded karyotype of a wild-caught male Korean raccoon dog, *Nyctereutes procyonoides koreensis*. Genome, 34：302-306.

Wada, M. Y., T. Suzuki and K. Tsuchiya. 1998. Re-examination of the chromosome homology between two subspecies of Japanese raccoon dogs (*Nyctereutes procyonoides albus* and *N. p. viverrinus*). Caryologia, 51：13-18.

Ward, O. G., D. H. Wurster-Hill, F. J. Ratty and Y. Song. 1987. Comparative cytogenetics of Chinese and Japanese raccoon dogs, *Nyctereutes procyonoides*. Cytogenetics and Cell Genetics, 45：177-186.

Wayne, R. K. and S. J. O'Brien. 1987. Allozyme divergence within the Canidae. Systematic Zoology, 36：339-355.

Wayne, R. K., W. G. Nash and S. J. O'Brien. 1987. Chromosomal evolution of the Canidae II. Divergence from the primitive carnivore karyotype. Cytogenetics and Cell Genetics, 44：134-141.

Wilson, D. E. and DA. M. Reeder. 2005. Mammal Species of the World：A Taxonomic and Geographic Reference, 3rd ed. The Johns Hopkins University Press, Baltimore.

谷地森秀二・山本祐治．1992．八王子市周辺のホンドタヌキの繁殖年周期と脱毛個体——聞込み及びアンケート調査から．自然環境科学研究，5：33-42.

山田文雄．2017．ウサギ学——隠れることと逃げることの生物学．東京大学出版会，東京．

山本祐治・木下あけみ．1994．川崎市におけるホンドタヌキの食物構成．川崎市青少年科学館紀要，5：29-34.

山本祐治・大槻拓己・清野悟．1996．都市周辺部におけるホンドタヌキ *Nyctereutes procyonoides viverrinus* の環境利用．川崎市青少年科学館紀要，7：19-26.

# 5
# イイズナとオコジョ
## 北方の小型食肉類

### アレクセイ　アブラモフ・増田隆一

　イイズナおよびオコジョは，北半球の北部を中心に分布する小型のイタチ
科動物である．とくに，イイズナは世界最小の食肉類である．両種は，日本
では北海道および本州北部や高山帯に分布している．本書のカバー写真とな
っているオコジョの姿からもわかるように，両種の冬毛は真っ白になるため，
一見すると雪の妖精のようでもあり，たいへん愛くるしい動物に見える．し
かし，両種は肉食性が強く，ときには自身よりも大型のノウサギのような哺
乳類を捕食することもある．また，一般的に人里離れた山間部や森林に生息
するのでその姿を見かけることはなかなかむずかしい．これまで日本におい
て，両種を対象とした研究はきわめて少ないために，その生態についてはま
だまだ不明な点も多い．本章では，海外からの報告も含めて，これまでに明
らかになった生物学的情報にもとづき，イイズナとオコジョの自然史を考え
てみたい．

## 5.1　イイズナ

### （1）　形態的特徴

　イイズナは世界最小の食肉類である（学名：*Mustela nivalis* Linnaeus,
1766　英名：least weasel；図5.1）．その形態の特徴として，長い胴体，短
い四肢，長い首，平たく細長い頭部，比較的大きく丸い耳，長いひげなどが
あげられる．また，イイズナは，後述するオコジョ（*Mustela erminea*）に
比べて短い尾を持っている．イイズナの頭骨の特徴として，長い脳室，短い

図 5.1 世界で最小の食肉類イイズナ.ヤチネズミを捕えた瞬間(北海道釧路にて,撮影・協力:今泉俊雄氏).

吻,ふくらんだような骨胞が見られる(Heptner et al., 1967).

オスの頭胴長(頭の先から尾の付け根までの長さ)は 135-260 mm,メスはそれより小さい.さらに,年齢による頭骨のサイズや形態の変異が見られ,とくにオスではその変異が大きい.繁殖における雌雄間の役割の違いがエネルギー消費の違いに反映されるため,上記のような性的二型が生じているものと考えられる.体サイズにも地理的変異が見られ,北方の集団ほど小型である.たとえば,尾長が短い地域集団ではその尾長の頭胴長に対する割合(尾長／頭胴長,尾率という)が 25% であるが,長い地域集団での尾率は 30-40% におよぶ(Heptner et al., 1967;Sheffield and King, 1994).

また,季節的変化として,夏毛と冬毛への換毛をあげることができる.夏毛では背側が茶褐色,腹側は白色である(図 5.2).冬毛については,北方の集団では真っ白になるが,南方の集団では部分的に茶褐色が残るか,または茶褐色のままである.尾の先には,オコジョに見られるような黒色の体毛はない.夏毛には,亜種 M. n. nivalis によく見られる「nivalis タイプ」,ならびに別の亜種 M. n. vulgaris に見られる「vulgaris タイプ」が知られている(Frank, 1985;Sheffield and King, 1994).「nivalis タイプ」の夏毛の詳細

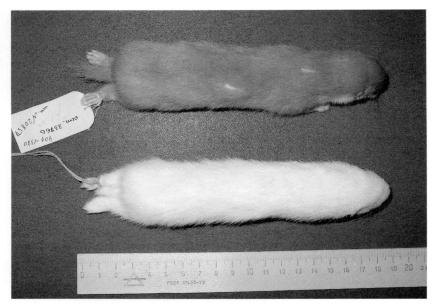

図 5.2 イイズナの夏毛（上）と冬毛（下）（ロシア科学アカデミー動物学研究所所蔵標本，撮影：アレクセイ アブラモフ）．

な特徴は，背側の茶褐色と腹側の白色の境界線が直線状になっていることであり，ときとして胸のあたりの境界線に数個の斑点が見られることもある．このグループの冬毛は真っ白である．それに対し，「vulgaris タイプ」の体毛では，背側の茶褐色と腹側の白色の境界線が直線上ではなく，茶褐色と白色が多様なまだら模様を形成している．「vulgaris タイプ」の冬毛は真っ白にならない．このような「vulgaris タイプ」に対して，「nivalis タイプ」は劣性で祖先型と考えられている（Frank, 1985）．

（2） 分布

　イイズナは，ヨーロッパ全域，アジア北部，北米を含む北半球北部に生息し，もっとも広い分布域を持つ哺乳類の1種である（図5.3；McDonald et al., 2016）．アジアでは，中国中央部，ベトナム北部，台湾高山帯，サハリン，千島列島（クリル列島）のなかのシュムシュ島，パラムシル島，国後島に分布する．また，イイズナは，地中海周辺の島々，西アフリカの島々，ニ

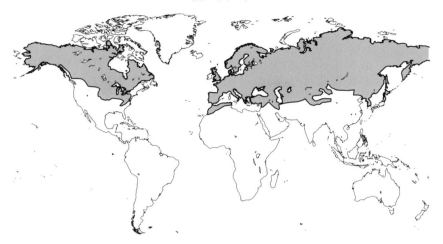

図 5.3 北半球におけるイイズナの分布（McDonald *et al.*, 2016 より）.

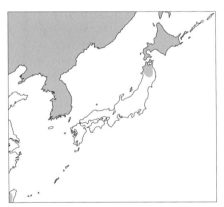

図 5.4 日本におけるイイズナの分布（Masuda 2008a より）.

ュージーランドなどへ人工的に導入された.

　日本列島では，北海道ならびに本州の東北地方（青森県，岩手県，秋田県など）に分布している（図 5.4；Masuda, 2008a）. 小原ほか（1997）は，従来の標本・採集・文献の記録を収集し，青森県内の詳細なイイズナの分布状況を報告している. Kurose *et al.* (1999) は，日本産イイズナのミトコンドリア DNA（mtDNA）の分子系統を報告したが，その分析は秋田県，岩手県，北海道の標本を用いている.

## （3）　行動・食性・生息環境

　イイズナは，日中も夜間も，数時間ごとに断続的に活動する．春季には，メスはオスよりも活動性が低いことが知られている．それは，妊娠のためにエネルギーを保持する必要があるためであり，巣で過ごしたり，餌の隠し場所の餌を食べたりして生活する．これまでの報告をまとめると，イイズナは比較的好んで小型齧歯類を捕食し，ときには，鳥類の卵，魚類，トカゲ類，両生類，無脊椎動物，動物死体の肉なども食べる（Sheffield and King, 1994）．ハタネズミ類，ハツカネズミ類，レミング類がイイズナによって捕食される齧歯類である．イイズナがネズミの首に噛みつく行動は特異的なものである．上顎の長い犬歯はネズミの頭骨後部または椎骨に突き刺さり，下顎の犬歯は耳または喉の下方に侵入するため，その捕獲は瞬時のできごとである（King and Powell, 2007）．イイズナは，ときには自身よりも大型の哺乳類（たとえばノウサギ）を襲うこともある．その際には，ジャンプして獲物の背中に飛び乗り，首をねらう．または，獲物の体の下側から保護されていない場所をねらう．これらの行動は，数秒から1分間以内のできごとである．また，国内の記録として，青森県三沢市の仏沼湿原において，イイズナが小型鳥類オオセッカの巣を襲い，その雛を捕食したことが報告されている（高橋ほか，2010）．

　イイズナは，おそらく嗅覚，聴覚，視覚の順で獲物を探しあてると思われる（King and Powell, 2007）．イイズナの小さく細い体形は，ネズミ類の狭い巣穴に侵入するのに適している．寒冷地の冬季では，積雪の環境下でネズミ類を探している．イイズナは大型の天敵に襲われないように，隠れ場所がない開けた場所を生息地としては利用しない．

　イイズナの動きはきわめて敏捷で，たえず動きながら周辺の穴やくぼみで餌を探している．しばしば後脚で立ち上がり，獲物や天敵の気配に注意を払っている．典型的な動きとしては，平均 12-32 cm の距離を飛び跳ね，すばやく移動する（King and Powell, 2007）．イイズナは木に登ることができ，鳥やリスの巣を見つけることがある．しかし，水中での遊泳は遅い．

　イイズナの生息域は，極域のツンドラから砂漠，さらに高山帯（標高3900 m まで）など多様な地域におよぶ．その生息地の選択は，そこに生息

する齧歯類の分布状況に影響を受けている．具体的な分布環境は，森林，農耕地，草原，牧場，河岸の林，高山の草原や森林，低木林，砂漠地帯，プレーリー，海岸の砂丘地帯などである（Sheffield and King, 1994）．とくに，ツンドラや積雪地域に適応し，極域や高山帯の森林限界域まで生息している．寒い雪でさえ，イイズナの分布，獲物の捕獲，通常の行動にはほとんど妨げにはなっていないようだ．

日本のイイズナは，本州の東北地方では山岳地帯に分布している．一方，北海道には広く分布し，山地にのみでなく，海岸の草原や農耕地でも見られ，札幌市のような平地の森林にも分布している（Kurose *et al.*, 1999；Masuda, 2008a）．

イイズナは単独性の動物であり，成獣ではつがいで行動しない．繁殖期を除いて，ほとんど年間を通じて雌雄は別々に生活する．行動圏は，性別，生息環境，個体群密度，季節，獲物の密度などによって異なるが，1頭あたり約1-30 haである（King and Powell, 2007）．とくに，メスはネズミ類の巣穴のなかで餌の捕獲にオスよりも時間をかけるため，メスの行動圏は比較的小さい．イイズナのねぐらとなる巣は，ネズミ類の巣，樹木の穴，樹木の根の下，積み重なった丸太，地面の溝などにつくられている．

### （4）　繁殖

出産は年間を通じて行われるが，春および晩夏に集中している．極域では，小型齧歯類が豊富ならば，イイズナは冬期間の積雪の下で出産する．通常，餌が豊富な地域では，夏の後半または秋に2回目の出産を行う．1回目の出産から育った若いメスは成熟し，この時期に出産することもある．次節で述べるオコジョとは対照的に，イイズナでは着床遅延が見られない．妊娠期間は34-36日である．1腹の平均数は4-5頭で，1-11頭までの幅がある．親離れの時期は，出産後3-4カ月である．ほとんどの野生個体の寿命は1-2年以内であるが，飼育下では10年ほど生きた記録がある．

北米では，イイズナは希少種である．ユーラシアでは，比較的普通に見られるがそれほど頻繁に見かけるわけではない．餌が豊富なときには，1 haあたりの個体数は0.2-1.0頭である．しかし，広い生息域を考慮した際には，100 haあたり1-7頭ほどである．個体数変動は季節ごと，年ごとに見られ，

ときには約 10 倍に変化することもある．それは，小型齧歯類の増加と同時または増加後の 9 カ月以内に見られ，その後，6-18 カ月ほど継続することがある（Sheffield and King, 1994）．

イイズナの天敵は，猛禽類，ヘビ類，キツネ，ネコ，イヌ，そしてヒトである．

イイズナには，あまり経済的な価値はないと思われる．家畜を襲うことは知られていない．ハツカネズミ，ドブネズミなどの人家周辺に生息するネズミを捕食してくれることで人間に利益をもたらしている．海外において，歴史的に，イイズナは，ネズミ類駆除，食料，毛皮，伝統的な薬への利用のために飼育された．現在でも，モロッコではこのような目的で飼育されている（Lebarbenchon *et al.*, 2010）．日本では，人間の生活にはほとんど利用されていない．

## （5） 地理的変異・系統地理・分類学的考察

明瞭な性的二型および地理的な変異や個体変異により，イイズナには種々な種名がつけられてきた．Abramov and Baryshnikov（2000）は，イイズナの全分布域から集められた 765 個体の頭骨 21 カ所の形態，および 1769 個体の毛皮の特徴を分析した．その結果，とくにヨーロッパでは，北方から南方へ向かうにしたがい，そして，東方から西方へ行くにしたがって，頭骨の平均サイズが大きくなる傾向があることを見出した．大型のイイズナは，ヨーロッパ南部，北西アフリカ，小アジア，中央アジアに分布する．小型のイイズナでは，オス成獣であっても，頭骨は一般的に幼獣の特徴を持っている．しかし，大型イイズナでは雌雄ともに，頑強な頭骨を有し，後眼窩間最小幅や矢状稜の形態が明瞭である．また，性的二型も明確であり，オスの頭骨は，つねにメスの頭骨よりも大きい．体サイズの大きい亜種での性的二型は，体サイズの小さな亜種に比べ，より明瞭である．

体サイズ，尾率，尾長と後脚長の関係は，地理的変異や亜種の分類にとって重要な指標となる．これらのサイズや比率も，分布域の北方から南方へ，東方から西方へ向かうにしたがい増大する傾向にある．日本産イイズナのサイズは，概してシベリアのイイズナのサイズと類似している．本州産イイズナのサイズは，北海道産イイズナより小さい傾向にある．また，本州産の尾

は北海道産のものより長い．サハリンと国後島のイイズナの体サイズは，シベリア産イイズナと似ている．サハリン産イイズナの尾率は，西シベリア産と極東産のイイズナの中間値を示す．国後島のイイズナは比較的短い尾を持ち，東シベリア産と類似している．北海道産と千島産のイイズナの尾（尾率14%）は，典型的な亜種 *pygmaea*（尾率 10%）に比べて長い尾を持っているので，岸田（1936）は独立亜種 *yesoidsuna* と命名した．

　Abramov and Baryshnikov（2000）は，さらに，イイズナの頭蓋の形態，体サイズと尾率，夏毛の模様にもとづき，19 亜種を 3 つのグループに分けた．その 3 つのグループとは，「大型・長尾・"nivalis" 毛色」グループ，「中型・比較的長尾・"vulgaris" 毛色」グループ，そして「小型・短尾・"nivalis" 毛色」である（"nivalis" 毛色および "vulgaris" 毛色とは，5.1 節（1）項で述べた毛色パターンを示す）．この分類にもとづくと，北海道，サハリン，国後島のイイズナは，すべてユーラシアに広く分布する亜種 *M. n. nivalis* に位置づけられる．本州産イイズナは，亜種 *M. n. namiyei* に分類される．この本州産亜種 *namiyei* の染色体数は $2n = 38$ であるのに対し，これまで調査されたその他の亜種の染色体数は $2n = 42$ であることが報告されている（小原，1991）．さらに，小原（1991）は頭骨における種々な部位の形態に違いを見出し，とくに最小口蓋骨幅に有意な差があることを報告している．そして，そのデータにもとづき，北海道産を大陸産と同じ亜種（*M. nivalis nivalis*）とし，本州産を独立種（*M. namiyei*）にすることを提案している．一方，ミトコンドリア DNA 分析による系統地理的研究も進んでいる．ミトコンドリア DNA チトクロム *b* 遺伝子分析（Masuda and Yoshida, 1994）およびコントロール領域分析（Kurose *et al.*, 1999）では，本州産イイズナと北海道産イイズナの遺伝的分化が報告され，亜種レベルの分類が支持された．その後は，これ以上の分類学的考察はなされていない．

　海外での研究に目を向けると，エジプト産の集団は *Mustela subpalmata* と別種に分類されていたが（Abramov and Baryshnikov, 2000；Wozencraft, 2005），ミトコンドリア DNA の分子系統解析（Rodrigues *et al.*, 2016）では別種の分類は支持されず，亜種レベルの変異にとどまった．

　さらに，Abramov and Baryshnikov（2000）は頭蓋骨の形態にもとづき，ベトナム北部産の"トンキンイタチ"をイイズナの 1 亜種 *M. n. tonkinensis*

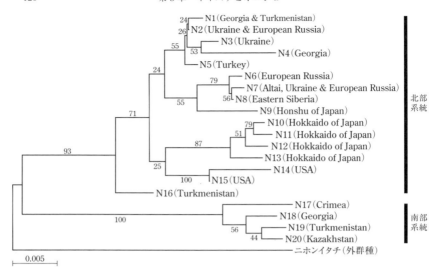

**図 5.5** ユーラシアを中心とするイイズナのミトコンドリア DNA コントロール領域塩基配列の近隣結合法による分子系統樹．樹上の数値は 1000 回反復したブーツストラップ値 (%)．棒線は遺伝距離を表す（Kurose *et al.*, 2005 より改変）．

に，中国産の"四川イタチ"を亜種 *M. n. russelliana* に位置づけた．一方，Groves（2007）は，系統学的種の概念にもとづいて各々を独立種とし，*M. tonkinensis* および *M. russelliana* とした．1990 年代末に台湾中央部の山岳地帯で発見されたイタチの仲間は，発見者によってオコジョに近縁な新種と考えられたが，その後，イイズナの 1 集団と見なされた（Abramov, 2006）．最近では，この台湾の小型イタチは，イイズナの亜種 *M. n. formosana* と記載された（Lin *et al.*, 2010）．Hosoda *et al.*（2000）は，ミトコンドリア DNA チトクローム *b* の分子系統解析を行い，この台湾の小型イタチがイイズナのクレードに含まれることを報告した．

　ユーラシア北部と北米におけるイイズナについて，ミトコンドリア DNA コントロール領域の分子系統解析を行った結果，後述のオコジョに比べて，より高い遺伝的多様性が見出された（図 5.5；Kurose *et al.*, 2005）．さらに，イイズナは北部系統と南部系統の 2 系統に分けられた．1 つはユーラシアから北米にまたがって広く分布する系統，そして，もう 1 つは南東ヨーロッパ・コーカサス・中央アジアに分布する系統である．これらの結果は，南東

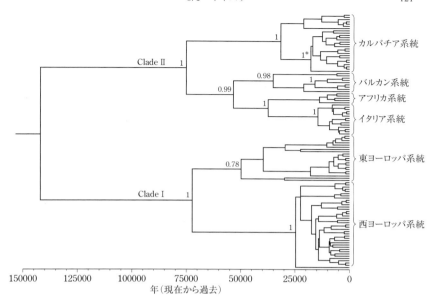

図 5.6 新旧大陸に分布するイイズナのミトコンドリア DNA チトクロム *b* 遺伝子による分子系統樹．BEAST 法による（McDevitt *et al.*, 2012 より改変）．

ヨーロッパ・コーカサス・中央アジア間での遺伝的交流，または，この地域に祖先的多型が残っていることを示している．Lebarbenchon *et al.*（2010）および McDevitt *et al.*（2012）は，さらに広範囲のイイズナのミトコンドリア DNA 分子系統を解析し，イイズナ系統には高い多様性があることを報告するとともに（図 5.6），地中海の島々やモロッコのイイズナは東ヨーロッパのカルパチア系列と同じ起源を持つことを示した．

さらに，Nishita *et al.*（2017）は，イイズナ集団の機能的遺伝子解析として，主要組織適合遺伝子複合体（MHC）クラス II *DRB* 遺伝子の対立遺伝子を分析し，北ユーラシアに広く分布する対立遺伝子，地域に限定されて分布する対立遺伝子を見出した．加えて，イイズナとほかの *Mustela* 属とを比較すると，種を超えた多型性（trans-species polymorphism）が見られる一方，*Mustela* 属の他種であるニホンイタチ（*M. itatsi*）およびシベリアイタチ（*M. sibirica*）の MHC とは遺伝距離が大きいことも明らかとなった．今後，イタチ類における機能遺伝子から見た進化研究も進展していくであろう．

## 5.2 オコジョ

### （1） 形態的特徴

オコジョも小型のイタチ類で，典型的なイタチ類の形態，すなわち，胴長，短尾，長い首，扁平で長い頭，長くて丸い耳，長いひげを有している（学名：*Mustela erminea* Linnaeus, 1758 英名：ermine or stoat；本書のカバー写真，図5.7）。前節で紹介した短い尾を持つイイズナに比べて，オコジョの尾は長く，その先端部には黒い毛があることが特徴である。頭骨の特徴は，長い脳室，短い顔，ふくらんだ耳骨胞である．オコジョの陰茎骨の形態は，*Mustela* 属中でもっとも単純である．

頭胴長は，オスでは185-320 mm，メスでは160-270 mmの幅がある．ユーラシア大陸産は北米産より大きい傾向が見られる．尾は比較的長く，胴長の35-40%（尾の先にある黒い毛も含めると最大50%）を占める．

夏毛の色は，背側が茶色で，腹側が白色または黄白色である（図5.8）．また，毛色には地理的変異が知られている．背側は茶系統の一色であるが，個体によって，その色には濃い赤茶色から薄い茶色までの多様性がある．腹側の毛色についても，個体によって，真っ白からクリーム色や黄色までの多様性が見られる．春と秋には換毛する．温帯に分布する個体では，冬毛は厚

図5.7　夏毛のオコジョ（ロシア・アルタイ山脈にて．撮影：アレクセイ　アブラモフ）．

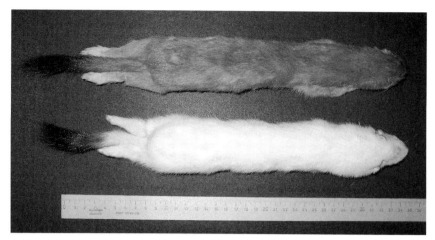

図 5.8 オコジョの夏毛（上）と冬毛（下）．尾の先の黒い毛が特徴である（ロシア科学アカデミー動物学研究所所蔵標本，撮影：アレクセイ アブラモフ）．

いが，毛色は部分的に変化するか，または，まったく変化しない．一方，北方や高山帯では，冬毛は完全に白色で春（3月から4月）にはまた茶色に戻る．秋には，腹側から換毛が始まり，次に脇腹，背中，そして頭部が換毛していく．春には，頭部，胴体，腹部へと茶色になっていく．このように，季節ごとに換毛が進む．尾の先の黒い毛は1年を通して生えている．このような先端が黒い尾は，襲いかかる猛禽類の気をそらすために進化したと考えられている（King, 1983；King and Powell, 2007）．

日本のオコジョに関する文献は数少ないが，そのなかで，野紫木（1995）が，約10年にわたり長野県志賀高原において，野生個体を個体識別しながら詳細な行動観察を行い，その成果を報告している．そのなかで，換毛の進行状態についても，個体の背面と側面から見た紋様を詳細に記載し，さらに換毛に個体差があることも述べている．

（2） 分布

オコジョの分布は，イイズナの分布と同様に，ユーラシアと北米を含む北半球北部の広い地域にまたがっている（図5.9；Reid *et al.*, 2016）．南欧と地中海周辺を除くヨーロッパおよび島々には広く分布している．しかし，ア

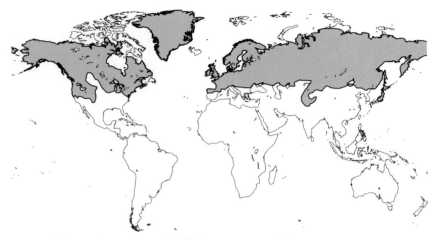

図 5.9　世界におけるオコジョの分布域 (Reid *et al.*, 2016 より).

図 5.10　日本におけるオコジョの分布域 (Masuda, 2008b より).

　イスランド，スバールバル，大西洋北部の小さな島々には分布しない．東ユーラシアでは，シベリア北部から中国北部あたりまで分布するが，中央アジアの盆地や砂漠地帯には生息しない．さらに，インド，パキスタン，アフガニスタンにまたがるヒマラヤ山脈の限られた地域にも分布する (Reid *et al.*, 2016)．北米では，アラスカ，グリーンランド，カナダ南部からアメリカ合衆国北部を経て，五大湖および北米コルディレラ (North American Cordillera) の南部にかけて分布する．ニュージーランドへはヒトによって移入さ

れた.

　日本では，北海道において広く分布する一方，本州の東北地方から中部地方にかけての高山帯では飛び石的に分布している（図5.10；Masuda, 2008b）.

### （3）　行動・食性・生息環境

　オコジョは昼夜を問わず活動する．これまでの報告にもとづき，オコジョの食性を概説すると，齧歯類のような小型哺乳類を好んで捕獲するが，ときには，鳥類の卵，魚類，トカゲ類，両生類，無脊椎動物，果物のベリー類，そして死肉を食べることもある（King, 1983）．また，自身よりずっと大型であるノウサギの成獣を襲うこともある．冬季には食物を地下に隠しておくこともある．オコジョの生息地は多様である．彼らは，開けたツンドラから森林まで生息し，植物が生える地域や岩場も好むようである．さらに，餌となる小型齧歯類やウサギ類が生息する地域に合わせて生活している．一般的に，深い森や砂漠を避ける傾向にあり，森林の端，低木林，湿地帯，水辺の林，標高4000 mほどまでの高山の草原などに分布している．日本の本州では，オコジョは山岳地帯の森林や岩場に生息している（Masuda, 2008b）.野紫木（1995）の調査地である志賀高原の「おたの申す平」は，標高1730 mで約200 haの広さがあるが，そこで得られたオコジョの糞分析により，ノウサギ，ヒメネズミ，トガリネズミ類，ヤチネズミ，アカネズミ，ヘビ類，カエル類，トカゲ類，クロサンショウウオ，カタツムリ類，野鳥の卵，昆虫類を食べていることが報告された.

　オコジョは単独行動する．行動圏は約1-200 haであるが，性別や地域によって異なる（King and Powell, 2007）．個体群密度は餌の豊富さによって変動する．餌が豊富にあれば，10 haに1頭の割合で生息する．オスの行動圏のほうが広いので，それはメスの行動圏を含んでいる．定着している個体は，雌雄にかかわらず，排他的ななわばりをもっている．なわばりの境界領域はいつも見まわりとにおいつけ（マーキング：放尿や臭腺の分泌物でにおいをつける）が行われ，個体どうしが出会うことを回避している．志賀高原のオコジョでも，マーキングが観察されている（野紫木, 1995）.

　野紫木（1995）は，志賀高原において，野生のオコジョに対し，色つきテ

ープの小片をマーカーとして混合した肉を与え，野外で採集された糞に含まれるマーカーを指標にして行動圏を調べた（餌マーキング法）．さらに，目撃や自動カメラ撮影のデータも含めて検討した結果，冬季を除くオスの行動圏は約 40-83 ha，そしてメスでは約 18-50 ha であった．

巣として，木の穴，地面の穴，岩の割れ目，ときには獲物の巣が利用される．行動圏内に複数の巣を有しており，その内部には乾燥した植物の葉や枝，または，獲物の毛皮や羽が敷きつめられている．オコジョはおもに地面を歩くが，泳ぎも得意である．また，高木にも容易に登ることができ，鳥類やリス類の巣を襲うこともある．オコジョは，50 cm ほど跳躍しながらジグザグ行動して獲物を狩る．雪の上で容易に走ることができるが，雪の下を移動することもある．一晩で 10-15 km を移動することもあるが，平均して移動距離は 1.3 km ほどである．細長い体型をしているため，獲物の巣穴へ敏捷に侵入することができる．

捕獲されるオコジョにおいて，オスが 60-65% を，そして，幼獣が 90% までを占めている．高頻度にオスが捕獲されることは，わなを仕掛ける場所に依存していると考えられる．つまり，オスは広い行動圏を持っているのに対し，メスはより獲物の巣穴に入って狩りをする．よって，オスのほうがより頻繁にわなに仕掛けてある餌を見つけやすいと考えられる（King, 1983）．

### （4） 繁殖・個体数

年 1 回繁殖するが，その時期は，地域ごとに 3 月から 9 月にかけてまちまちである．オコジョには着床遅延が見られ，その期間は 240 日から 390 日である．1 腹の産子数は 2-18 頭までの幅があり，平均すると 6-8 頭である．オコジョの個体数は食物，とくに小型哺乳類の個体数の変動に大きく影響される（King, 1983）．オコジョとその獲物の個体数変動は，北方の生息域にいくほど，顕著になる傾向がある．多くの生息域では，オコジョは普通に見られる種であるが，アジアの南部においては，希少種となっている地域もある．

志賀高原のオコジョは，4 月下旬から 5 月上旬に出産し，42 日から 56 日（2 カ月近く）で子は巣の外に出てくると報告されている（野紫木，1995）．

## （5） 毛皮の利用

オコジョは，めったに家禽を襲うことはなく，ネズミ類を捕食してくれるので，ヒトには有益である．純白の冬毛の毛皮は長い間，装飾されたコートやストールなどに使用されてきた．事実，筆者（増田）は，ロンドンのハイドパーク西部にあるケンジントン宮殿で，多数のオコジョの毛皮でつくられた王様のガウンが展示されているのを見たことがある．オコジョは，ロシアでは現在も狩猟獣となっており，小規模ではあるが毛皮に利用されている．

## （6） 地理的変異・分子系統

オコジョの地理的変異は，イイズナに比べるとそれほど顕著ではない．しかし，オコジョの体サイズは北方へ行くにしたがい大型化し（イイズナでは逆の傾向がある），島嶼集団は小型化している．分類学的にはこれまで大きな変化はなく，34-37 の亜種に分類されているが（King, 1983；Wozencraft, 2005），亜種間の外部形態の変異幅は大きくないと思われる．

日本のオコジョは 2 つの亜種に分類されている．1 つは北海道産集団（エゾオコジョ）が *M. e. orientalis* として，もう一方の本州産（ホンドオコジョ）が *M. e. nippon* として記載されている（Masuda, 2008b）．一方，ミトコンドリア DNA の分子系統解析では，両亜種間の遺伝的分化は小さいものであった（Kurose *et al.*, 1999）．大陸産の染色体数は $2n=44$ である（King, 1983）．日本のオコジョの染色体数も同数である（小原，1991）．イイズナのような本州産と北海道産との間での核型（染色体の数や形態的特徴）の違いは見られない．核型をほかのイタチ類と比較すると，オコジョの染色体は祖先的であると考えられている．

さらに，ミトコンドリア DNA コントロール領域の塩基配列解析にもとづき，ユーラシアと北米のオコジョの系統地理が報告されている（Kurose *et al.*, 2005）．その報告では，大陸間・内でもオコジョの遺伝的変異は小さく，地域集団間の地理的構造が見られるほどには遺伝的に分化していなかった（図 5.11）．この結果は，オコジョが最終氷期以後の短期間に分布域を広げたことを示唆している．

また，北半球に広く分布するミトコンドリア DNA 系列が，ユーラシアと

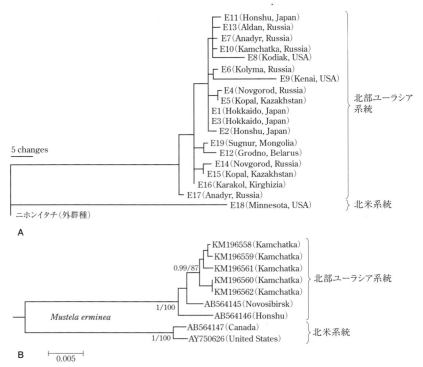

**図 5.11** A：オコジョのミトコンドリア DNA コントロール領域塩基配列を用いた最節約法による分子系統樹（Kurose *et al.*, 2005 より改変）．B：オコジョのミトコンドリア DNA の NADH デヒドロゲナーゼ 2（*ND2*）遺伝子塩基配列を用いた近隣結合法による分子系統樹．樹上の数値は，[ベイズ法による事後確立]／[100 回反復したブーツストラップ値（%）] を示す．棒線は遺伝距離を表す（Malyarchuk *et al.*, 2015 より改変）．

北米の北部（アラスカと沿岸部の島嶼群）に分布することが報告されている．そして，北米にはほかのミトコンドリア DNA タイプも分布している（Martinkova *et al.*, 2007；Dawson *et al.*, 2014；Malyarchuk *et al.*, 2015）．2 つのミトコンドリア DNA 遺伝子と 4 つの核遺伝子を用いた系統地理・個体群動態の解析により，北米のイイズナ集団には高い多様性があることが見出された（Dawson *et al.*, 2014）．

以前には，オコジョは，ほかのいくつかの *Mustela* 属のイタチ類と一緒にした動物群や亜属に位置づけられていた．しかし，染色体の特徴，生化学的

特徴，長い着床遅延のような生理的特徴，形態的特徴により，オコジョは*Mustela*属内でも基本的に独立種であることが確認された（Abramov, 2000）.分子系統解析により，オコジョは*Mustela*属の他種から早期に分岐し，より祖先的な位置を占めていることが報告された（Masuda and Yoshida, 1994；Kurose *et al.*, 2000）．オコジョとほかの*Mustela*属との分岐年代は，約500万年から300万年前と推定されている．よって，*Mustela*属内の種の多様化は，中新世末期から鮮新世にかけて始まったと思われる（Kurose *et al.*, 2000, 2008）.

## 5.3　オコジョ・イイズナの同所的分布と今後の研究課題

オコジョと前節で紹介したイイズナの世界的な分布様式は類似しており，両者の間の競合や共存の仕組みの解明は，イタチ科の生態を考えるうえでたいへん興味深い課題である．両種では，食性，生息環境，捕食様式，生活時間などもよく似ている（King and Powell, 2007）．そして，分布域も旧北区および新北区というように広い範囲で重なっている．しかし，類似した特徴を持つ複数種が共存できないということは，生態学の基本的な考え方の1つである．しかし，オコジョとイイズナのように形態学的および生態学的に類似した種が北半球の広い地域において共存できるメカニズムとして，さまざまなことが考えられる．たとえば，種間での生息域の選択，行動，食性などの違いである．オコジョとイイズナが共存している地域では，両者がわずかに異なる生態的地位を持っていると考えられる．すなわち，小型のイタチ類は小型の齧歯類を獲物とする一方，比較的大型のイタチ類は大型の齧歯類やウサギ類をより好んで獲物としているのかもしれない．異なる体サイズを持つ多様な獲物が生息する多様な自然環境において，両種の生態的地位の重なりは最低限となるため，両種は長年の間，たがいの競合を避けることができたのではないかと考えられる．日本において，オコジョの生息域は高山帯が主であり，また，両種とも体が小さいことや開けた場所に出ることが少ないために，その生態にも不明な点が多く，これまで研究対象になる機会が少なかった．しかし，本章で見てきたように，かれらはたいへん興味深い動物であることが明らかである．今後は，同所的に生息する両種およびほかの食肉

類との比較生態学的な側面からの研究も加えて，イイズナとオコジョに関する研究の進展が望まれる．

## 引用文献

Abramov, A. V. 2000. A taxonomic review of the genus *Mustela* (Mammalia, Carnivora). Zoosystematica Rossica, 8：357-364.

Abramov, A. V. 2006. Taxonomic remarks on two poorly known Southeast Asian weasels (Mustelidae, *Mustela*). Small Carnivore Conservation, 34-35：22-24.

Abramov, A. V. and G. F. Baryshnikov. 2000. Geographic variation and intraspecific taxonomy of weasel *Mustela nivalis* (Carnivora, Mustelidae). Zoosystematica Rossica, 8：365-402.

Dawson, N. G., A. G. Hope, S. L. Talbot and J. A. Cook. 2014. A multilocus evaluation of ermine (*Mustela erminea*) across the Holarctic, testing hypotheses of Pleistocene diversification in response to climate change. Journal of Biogeography, 41：464-475.

Frank, F. 1985. Zur Evolution und Systematic der kleine Wiesel (*Mustela nivalis* Linnaeus, 1766). Zeitschrift für Säugetierkunde, 50：208-225.

Groves, C. 2007. On some weasels *Mustela* from eastern Asia. Small Carnivore Conservation, 37：21-25.

Heptner, V. G., N. P. Naumov, P. B. Yurgenson, A. A. Sludskiy, A. F. Chirkova and A.G. Bannikov. 1967. Mammals of Soviet Union, Vol. 2 (1) Sea Cows and Carnivora. Vysshaya Shkola, Moscow.

Hosoda, T., H. Suzuki, M. Harada, K. Tsuchiya, S. H. Han, Y. P. Zhang, A. P. Kryukov and L. K. Lin. 2000. Evolutionary trends of the mitochondrial lineage differentiation in species of genera *Martes* and *Mustela*. Genes and Genetic Systems, 75：259-267.

King, C. M. 1983. *Mustela erminea*. Mammalian Species, 195：1-8.

King, C. M. and R. A. Powell. 2007. The Natural History of Weasels and Stoats：Ecology, Behavior, and Management, 2nd ed. Oxford University Press, Oxford.

岸田久吉．1936．近時注意せる 2，3 の哺乳動物に就て．動物学雑誌，48：175-177.

Kurose, N., R. Masuda and M. C. Yoshida. 1999. Phylogeographic variation in two mustelines, the least weasel *Mustela nivalis* and the ermine *Mustela erminea* of Japan, based on mitochondrial DNA control region sequences. Zoological Science, 16：971-977.

Kurose, N., A. V. Abramov and R. Masuda. 2000. Intrageneric diversity of the cytochrome *b* gene and phylogeny of Eurasian species of the genus *Mustela* (Mustelidae, Carnivora). Zoological Science, 17：673-679.

Kurose, N., A. V. Abramov and R. Masuda. 2005. Comparative phylogeography between the ermine *Mustela erminea* and the least weasel *M. nivalis* of Palaearctic and Nearctic regions, based on analysis of mitochondrial DNA control region sequences. Zoological Science, 22 : 1069–1078.

Kurose, N., A. V. Abramov and R. Masuda. 2008. Molecular phylogeny and taxonomy of the genus *Mustela* (Mustelidae, Carnivora), inferred from mitochondrial DNA sequences : new perspectives on phylogenetic status of the back-striped weasel and American mink. Mammal Study, 33 : 25–33.

Lebarbenchon, C., F. Poitevin, V. Arnal and C. Montgelard. 2010. Phylogeography of the weasel (*Mustela nivalis*) in the western-Palaearctic region : combined effects of glacial events and human movements. Heredity, 105 : 449–462.

Lin, L.-K., M. Motokawa and M. Harada. 2010. A new subspecies of the least weasel *Mustela nivalis* (Mammalia, Carnivora) from Taiwan. Mammal Study, 35 : 191–200.

Malyarchuk, B. A., G. A. Denisova and M. V. Derenko. 2015. Molecular dating of intraspecific differentiation of stoats (*Mustela erminea*) based on the variability of the mitochondrial ND2 gene. Russian Journal of Genetics : Applied Research, 5 : 16–20.

Martinkova, N., R. A. MacDonald and J. B. Searle. 2007. Stoats (*Mustela erminea*) provide evidence of natural overland colonization of Ireland. Proceedings of the Royal Society B : Biological Sciences, 274 : 1387–1393.

Masuda, R. 2008a. *Mustela nivalis* Linnaeus, 1766. *In* (Ohdachi, S. D., Y. Ishibashi, M. A. Iwasa and T. Saitoh, eds.) The Wild Mammals of Japan. pp. 244–245. Shoukadoh, Kyoto.

Masuda, R. 2008b. *Mustela erminea* Linnaeus, 1758. *In* (Ohdachi, S. D., Y. Ishibashi, M. A. Iwasa and T. Saitoh, eds.) The Wild Mammals of Japan. pp.246–247. Shoukadoh, Kyoto.

Masuda, R. and M.C. Yoshida. 1994. A molecular phylogeny of the family Mustelidae (Mammalia, Carnivora), based on comparison of mitochondrial cytochrome *b* nucleotide sequences. Zoological Science, 11 : 605–612.

McDevitt, A. D., K. Zub, A. Kawalko, M. K. Oliver, J. S. Herman and J. M. Wojcik. 2012. Climate and refugial origin influence the mitochondrial lineage distribution of weasels (*Mustela nivalis*) in a phylogeographic suture zone. Biological Journal of the Linnean Society, 106 : 57–69.

McDonald, R. A., A. V. Abramov, M. Stubbe, J. Herrero, T. Maran, A. Tikhonov, P. Cavallini, A. Kranz, G. Giannatos, B. Krystufek and F. Reid. 2016. *Mustela nivalis*. The IUCN Red List of Threatened Species 2016 : e. T70207409A45200499.

Nishita, Y., P. A. Kosintsev, V. Haukisalmi, R. Väinölä, E. G. Raichev, T. Murakami, A. V. Abramov, Y. Kaneko and R. Masuda. 2017. Diversity of MHC class II *DRB* alleles in the Eurasian population of the least weasel, *Mustela nivalis* (Mustelidae : Mammalia). Biological Journal of the Linnean Society, 121：28-37.

小原良孝．1991．進化と核型．（朝日稔・川道武男，編：現代の哺乳類学）pp. 23-44. 朝倉書店，東京．

小原良孝・笹森耕二・向山満．1997．青森県におけるイイズナの生息記録と分布状況．哺乳類科学，37：81-85.

Reid, F., K. Helgen and A. Kranz. 2016. *Mustela erminea*. The IUCN Red List of Threatened Species 2016：e.T29674A45203335.

Rodrigues, M., A. R. Bos, R. Hoath, P. J. Schembri, P. Lymberakis, M. Cento, W. Ghawar, S. O. Ozkurt, M. Santos-Reis, J. Merilä and C. Fernandes. 2016. Taxonomic status and origin of the Egyptian weasel (*Mustela subpalmata*) inferred from mitochondrial DNA. Genetica, 144：191-202.

Sheffield, S. R. and C. M. King. 1994. *Mustela nivalis*. Mammalian Species, 454：1-10.

高橋雅雄・蛯名純一・宮彰男・上田恵介．2010．本州産ニホンイイズナ *Mustela nivalis namiyei* による絶滅危惧鳥類オオセッカ *Locustella pryeri* のヒナの捕食．哺乳類科学，50：209-213.

Wozencraft, W. C. 2005. Order Carnivora. *In*（Wilson, D. E. and D. M. Reeder, eds.）Mammal Species of the World：A Taxonomic and Geographic Reference, 3rd ed. pp. 532-628. The Johns Hopkins University Press, Baltimore.

野紫木洋．1995．オコジョの不思議．どうぶつ社，東京．

# III
## 本州・四国・九州

# 6
## ニホンイタチ
### 在来種と国内外来種

#### 鈴木 聡

　ニホンイタチは，本州，四国，九州および周辺島嶼に自然分布する日本固有種で，日本人にとってもっとも身近な食肉類の1種である．しかし，全国的には今でも普通種であるうえ，普段あまり人目につかないため，注目されることの少ない動物でもある．明治以降，北海道，琉球列島，伊豆諸島などに非意図的あるいはネズミ駆除などの目的で意図的に導入された．その結果，種々の動物の在来種が捕食され生態系に深刻な影響が出ている地域も少なくない．一方で，西日本や関東地方の都市部など自然分布域の一部では個体数が減少していると考えられている．その原因として，都市化および近縁種シベリアイタチの分布拡大があげられているが，実際の生息状況はほとんど把握されていない．

　本章では，これまでの研究により明らかになったニホンイタチの形態的・生態的特徴およびその進化史のほか，近代以降のヒトとの関わりを紹介するとともに，基礎生物学的および保全生物学的に重要な今後のニホンイタチ研究の課題について述べる．

## 6.1　分類

　イタチ科（Mustelidae）は約60種からなる食肉目中でもっとも種数の多い科である．そのなかでもニホンイタチ（*Mustela itatsi*；図6.1，図6.2）を含むイタチ属（*Mustela*）は最大の属であり，その属に含まれる現生種は16種が知られている（アメリカミンク *Neovison vison* をイタチ属に含めれば17種）．

図 6.1 水田で採餌するニホンイタチ（夏毛）（2017 年 6 月 27 日，神奈川県平塚市岡崎，撮影：菊川雅哉）．

図 6.2 ニホンイタチの剥製標本（左：オス，右：メス）（神奈川県立生命の星・地球博物館所蔵，撮影：鈴木聡）．

現在日本固有種とされている哺乳類のなかには，かつてアジア大陸に生息する近縁種と同種として扱われていた種が多い．ニホンイタチもそのうちの 1 種で，オランダ・ライデン博物館のテミンクにより 1844 年に新種として記載されたが，20 世紀後半までシベリアや東アジアに広く分布するシベリアイタチ（*M. sibirica*）と同種として扱われることが多かった（たとえば

Ellerman and Morrison-Scott, 1951). しかし，この20年ほどの間に遺伝学的研究が進んだことで，ニホンイタチとシベリアイタチとの間では遺伝的差異が大きいことが明らかになり，別種であることが支持されている（Masuda and Watanabe, 2015). ロシアにおけるイタチ科の種間交雑実験において，ニホンイタチはシベリアイタチと交配しなかったことから，生物学的種概念上も別種である可能性が高い（Ternovsky and Ternovskaya, 1994). また，形態学的にも2種間の特徴が明瞭に異なることが報告されている（Abramov, 2000；Suzuki *et al.*, 2011).

　ニホンイタチは最大で3亜種に分けられることがある．すなわち，屋久島・種子島に生息するものをコイタチ *M. i. sho*（Kuroda, 1924），伊豆大島のものをオオシマイタチ *M. i. asaii*（Kuroda, 1943）とし，それ以外がすべて基亜種のホンドイタチ *M. i. itatsi* Temminck, 1844 とされる．2亜種を記載した黒田長礼が，屋久島・種子島および伊豆大島の島嶼個体群を本土個体群とは別の亜種とした根拠は，体サイズと頭骨が小さいこと，および毛色が暗色であることである（今泉, 1949). しかし，本土の山地にも島嶼個体群と似た形態のものがいるとされており，亜種の存在は疑問視されてきた（今泉, 1949, 1960). 最近の文献では，亜種を認めないことが多い（たとえば Larivière and Jennings, 2009).

## 6.2　形態

　イタチ属の特徴として，体が細長く，四肢が短く，耳介が小さく，臭腺が発達していること，オスの体サイズがメスに比べて顕著に大きいことがあげられる．また，ニホンイタチを含めて，イタチ属の一般的な歯式は I3/3＋C1/1＋P3/3＋M1/2 で，歯の数は合計34本である．

　ニホンイタチの体重は，オスで300–700 g，メスで150 g 程度である（Masuda and Watanabe, 2015). ほかのイタチ属のメスでは体重がオスの64%程度，頭胴長がオスの82%程度であるのに対し，ニホンイタチのメスは体重がオスの3分の1，頭胴長がオスの73%ともっとも性的二型が顕著である（図6.3). メスの頭骨はオスに比べて相対的に脳頭蓋が大きく，頬骨弓の側方への張りと乳様突起の発達が弱く，オコジョ（*M. erminea*）と似ている

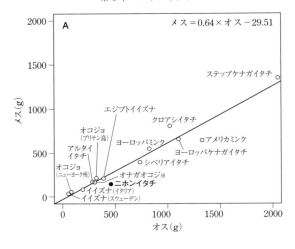

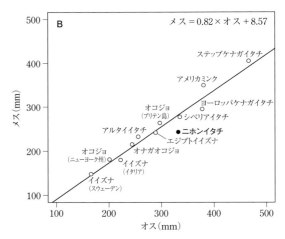

**図 6.3** イタチ属における雌雄の体サイズの関係．A：体重，B：頭胴長（Larivière and Jennings, 2009；King and Powell, 2007 および Masuda and Watanabe, 2015 のデータをもとに作成）．

（図 6.4）．体色は雌雄で同じで，冬毛は黄色を帯びた褐色ないし赤褐色，夏毛は冬毛に比べて著しく粗く濃色（暗褐色ないし黒褐色；図 6.1）であるが，下面は夏冬とも体上面よりもやや淡色である．顔はほかの部分よりも濃い黒褐色で口辺部は白色である．幼獣の体毛色は全体的に黒味がかっており，暗灰褐色を呈する（御厨, 1969）．

近縁種のシベリアイタチ（第10章参照）と比較すると，同性において外部形態ではほとんどの計測部位においてニホンイタチのほうが小さいほか，尾率が50%以下である点や頬から耳にかけての毛色が胴体と異なり灰色である点で異なっている．しかし，性別，季節，成長段階によって変化する形質もあるため，識別には複数の形質を用いて総合的な判断をする必要がある（佐々木，2011）．頭骨の比較でも，雌雄ともにニホンイタチのほうがシベリアイタチよりも小さく，オスどうしの比較ではニホンイタチで頭骨のサイズに対する頭骨各部位の特徴は以下のとおりである．硬口蓋が長い，顔面頭蓋が細い，脳頭蓋の幅が広く短い，裂肉歯が小さい，下顎骨は短く，下顎体の高さが低く，下顎枝が小さい（Suzuki *et al.*, 2011）．

## 6.3　進化

ニホンイタチとシベリアイタチの分岐年代は，ミトコンドリアDNA全配列の分子系統解析により約236万年前と推定されている（Shalabi *et al.*, 2017）．化石は，*Mustela sibirica* として山口県の生雲，住友，安藤において中期更新世中期（約40万年前）の地層からの記録があるが（河村ほか，1989），前述のように20世紀後半までニホンイタチがシベリアイタチと同種として扱われることが多かったこと，および推定分岐年代を考慮すれば，それらの化石はすべてニホンイタチかもしれない．現生と化石の標本比較にもとづく検討が必要である．ミトコンドリアDNAのコントロール領域を用いた分子系統解析によれば，ニホンイタチが本州（伊豆大島を含む）の系統と四国・九州（屋久島・種子島を含む）の系統に分けられ，地理的分布境界は瀬戸内海と考えられた（Masuda *et al.*, 2012）．また，より広い分布域を持つ本州系統の変異幅が四国・九州系統のそれとほとんど違っていないことから，本州集団の分散のほうが短期間に進んだことが示唆された．これは，本州系統が最終氷期には本州南部まで分布を後退させたが，最終氷期後の縄文時代において温暖化が進み，広葉樹林帯が関東地方や東北地方へと北上するのに合わせて，ニホンイタチも北上を果たし，津軽海峡（ブラキストン線）まで達したことを示している．さらに，Shalabi *et al.* (2017) によるミトコンドリアDNA全配列を用いた分子系統解析は，コントロール領域の解析ではわ

からなかった屋久島・種子島集団と九州本土集団との違い，九州と四国集団との違い，本州の西部，東部，北部の系統地理的歴史を明らかにした．また，Nishita *et al.* (2015) は，ニホンイタチの免疫系の機能遺伝子である主要組織適合遺伝子複合体（MHC）を分析し，種に特異的な対立遺伝子，ならびに，シベリアイタチと対立遺伝子を共有する種を超えた多型性（trans-species polymorphism）という現象を見出し，両種間の近縁性を示した．

　分子系統地理学的知見が急速に蓄積されている一方で，環境に応じても変化しうる形態の変異について詳細に検討した研究は少ない．今泉（1960）によれば，頭骨最大長は関東平野で大きく，山地では小さい．また，藤原（1962）は広島県比和町（現庄原市）産のニホンイタチのオス 28 頭の頭骨を宮城県河北町（現石巻市）産 5 頭，岩手県安代町（現八幡平市）産，長野県大町市産各 1 頭の頭骨と比較したところ，宮城県産の標本は頭骨全長が大きかった．これらのことから，分布域全域的に平野部の個体群は頭骨が大きく，山地に生息する個体群の頭骨は小さい可能性がある．

　多くの哺乳類の種，属，科レベルで，高緯度に生息するものほど体サイズが大きくなる傾向が知られている（ベルクマンの規則）．その生理学的説明として，体重が大きいほうが体重に対する体表の面積の割合が小さくなるので，体熱の発散量が小さくなり，恒温動物が寒冷地で体温保持するには都合がよいとされている．ニホンイタチではこれがあてはまらない（図 6.5）．ベルクマンの規則にしたがう傾向が見られないことから，ニホンイタチの体サイズは，気候に応じて変化するのではなく，むしろ利用できる餌生物のサイズや量に依存して変化するのかもしれない．ただし，今泉（1949）によれば，北海道（導入）と長野県産のニホンイタチは，東京・千葉付近のものよりも頭骨が短く幅広いが，体は逆に小さい．一般的には体サイズと頭骨サイズは相関しており，標本を用いた地理的変異に関する研究では，頭胴長の代わりに頭骨のサイズを用いることがある（たとえば Meiri *et al.*, 2004）．ニホンイタチの地理的変異においては，この点について注意が必要である．

　毛色にも地理的変異があり，冬毛の背中央の色は，北海道・東北産は褐色，新潟産は赤みの強い赤褐色，近畿産は東北産と同様，九州産は灰赤褐色であるとされている（今泉，1949）．環境や遺伝的変異との関連性は不明である．

　導入個体群において，新しい環境に対応してもとの個体群とは異なる形態

6.3 進化 141

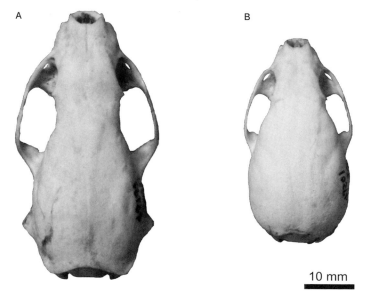

図 6.4 ニホンイタチの頭骨（背面観）．A：オス，B：メス（北海道大学植物園所蔵，撮影：鈴木聡）．

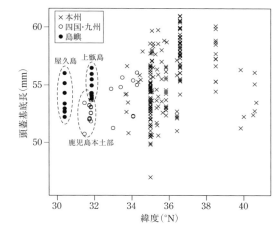

図 6.5 ニホンイタチ・オスの頭蓋基底長と緯度との関係（鈴木，未発表）．

的特徴を獲得することが，同属のオコジョなどで知られている（King and Powell, 2007）．ニホンイタチにおいて，北海道などに導入された個体群が，導入元の個体群から形態的に分化しているかどうかは明らかでない．

ニホンイタチは，前述の屋久島，種子島，伊豆大島以外にも多くの島嶼に生息している．島嶼という特殊環境における哺乳類の体サイズの進化に関しては，1964年にケニア・東アフリカ大学（当時，現在のナイロビ大学）のフォスターが島嶼ルールを提唱して以来多くの研究者が注目してきた（鈴木，2014）．ニホンイタチは環境の異なる多くの島嶼に生息していることから，島嶼化研究に適した研究材料だと考えられるが，研究がほとんど行われていない．筆者が鹿児島県本土部と屋久島および甑島列島の上甑島産のニホンイタチの頭骨標本を比較したところ，これら2島の個体は鹿児島県本土部よりも頭骨が大きかった（鈴木，未発表；図6.5）．食肉目のなかでも小型のニホンイタチにとって，面積の小さい島で餌生物の種数や個体数が少ないことは体サイズの制限要因にならず，むしろ競争種がいないことにより大型化したのかもしれない．島嶼におけるニホンイタチの体サイズの進化要因を明らかにするためには，さらに多くの島嶼個体群を形態学的および生態学的観点から比較する必要がある．

南北に長い日本列島の複雑な地史的変遷や気候変動を経て広く分布を拡大し，多くの島嶼にも生息するニホンイタチの進化を解明するためには，遺伝学や形態学の知見のさらなる集積が必要である．

## 6.4 分布

ニホンイタチの自然分布は，本州，四国，九州と周辺島嶼（伊豆大島，小豆島など）であるが，意図的または非意図的に周辺地域に導入されて分布を拡大し，現在では，サハリン，北海道，琉球列島，伊豆大島を除く伊豆諸島の島嶼などにも生息している（Masuda and Watanabe, 2015）．現在の分布が寒冷なサハリンから温暖な琉球列島まで幅広い気候帯を含むことは，生理的には多様な温度環境に生息可能であることを示している．しかし，地質学的時間スケールで見れば，ニホンイタチの祖先は朝鮮半島経由で陸橋を通って日本本土に侵入したが，北海道やトカラ列島以南の琉球列島には分布を広

げられなかった.

　北海道には，1870年ごろに津軽海峡を航行する船舶の積荷にまぎれて本州から函館市に侵入し，その後鉄道の線路沿いなどを伝って全道に分布を拡大したと考えられている（鈴木，2005）．佐渡島や五島列島では，在来個体群の記録があるものの導入個体による遺伝的撹乱が起きている可能性がある（両津郷土博物館，1997；安田・上田，2016）．ほかの島嶼についても在来か導入かの議論がある（たとえば隠岐諸島の島後および知夫里島；植松ほか1986）．また，新潟県の粟島や山口県の見島など小型哺乳類の調査において，聞き取りにより生息が確実と考えられる島もある（宮尾ほか，1981, 1982）．ニホンイタチの島嶼における分布やその由来については不明な点が多く，分布調査および遺伝的調査が必要である.

　垂直分布に関しては，海岸線から低山帯の海抜1700 m程度までと考えられているが（今泉，1949），日本アルプス地方では，海抜2000 m以上の山小屋付近にも出没する（御厨，1969）．

　ニホンイタチは河川敷など水辺を好む（今泉，1949）．西日本では，シベリアイタチが侵入する以前は標高の低い農村地域に生息していたが，現在は山間部にしか残っていないと考えられている一方，東日本では現在も低地に広く分布していると考えられる（Masuda and Watanabe, 2015）．


## 6.5　生態

　ニホンイタチの食性については，多くの研究がある（御厨，1969；Kaneko *et al.*, 2013 など）．一般的には，ネズミ類を多く捕食すると考えられているが，広島県庄原市の山間部ではネズミ類の比率が著しく低くヤマアカガエル（*Rana ornativentris*）を高頻度に捕食している（御厨，1969）．また，これらの研究で糞や胃の標本で雌雄がわかっているものに関しては，大部分がオスであるため，食性の雌雄差はほとんどわかっていなかった.Kaneko *et al.* (2013) は，1995年から2008年の間に茨城県内で収集されたニホンイタチの死体の胃内容物を調査した結果にもとづき，オスの食性は哺乳類と甲殻類に特化しているのに対し，メスはジェネラリストであると推察している．ただし，メスの例数は4個体であるため，今後より多くのサンプ

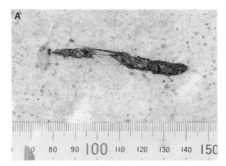 

**図 6.6** ニホンイタチのフィールドサイン．A：糞，B：足跡（足羽川河川敷［福井県福井市］，撮影：鈴木聡）．

ルを用いた分析が必要である．

　生態を理解するためには，捕獲は必要な手段である．しかし，野外での捕獲調査においてメスの捕獲率が極端に低い．和歌山県，滋賀県南部，大阪府北部における捕獲調査では，捕獲数の雌雄比がそれぞれ 1：27, 2：9, 2：9 であった（渡辺ほか，2007）．筆者もこれまでに国内数カ所で捕獲調査を行ってきたが，メスが捕獲されない（たとえば鈴木，2018）．その理由として，体サイズの小さいメスは行動圏面積が小さいことが考えられる（佐々木，1990）．また，利用環境がオスと異なっている可能性もある．メスがモグラの坑道で捕獲された例があることから（川田，2001），体の大きいオスが利用できない狭い空間を積極的に利用している可能性もある．

　行動圏面積についてのデータは少ない．多摩川河川敷における 26 日間のテレメトリー調査では，オスの行動圏面積を 35 ha と推定している（東，1988）．

　一方，ニホンイタチのフィールドサイン（足跡，糞）を発見するのは容易であり，これらも生態や行動を知る手がかりとなりうる（図 6.6）．糞に含まれる DNA を用いれば，種同定，性判定，個体識別なども可能である（金子ほか，2009）．

## 6.6　生活史

　繁殖生態については，毛皮や放獣目的で飼育されていた時期に蓄積された飼育下でのデータを含め報告が多数ある（御厨，1969）．本州中部・関東地方では，発情最盛期が3-5月ごろであり，この時期に1頭のメスをめぐって複数頭のオスが追求し，闘争するといわれている．配偶様式は①1雌多雄説，②1雄1雌説，③1雌多雌説，があり，条件によって変わる可能性がある．交尾の持続時間は通常90-120分である．雌は交尾排卵型で，1回の交尾で受胎するのが普通である．交尾が終われば，雄はその後の育児などの繁殖行動には一切関与しない．妊娠期間は平均37.3日（最短36日，最長40日）である．1腹の産子数は最多8頭，最少1頭で平均4.36頭であり，性比はほぼ1：1である．生まれた子は目が閉じていて，毛がほとんどなく，頭胴長はオスで52-53 mm，メスで49-51 mmで，体重は3-4 g程度ある．生後10日前後で灰白色の産毛が伸び，約20日で暗灰色の毛で完全に覆われる．幼獣の開眼は生後約28日で，生後40日前後には離乳し，生後70-80日で体重が成獣並みになる．独立時期は，関東地方では10月下旬から11月上旬ごろと推定されている．性成熟期間については，早いものでは生後10-11カ月で発情の兆候が現れ，満1歳で分娩可能である．寿命は飼育下では，最大で8歳だが，平均寿命は1.4年，生後1年間に64.7%がなんらかの原因によって死亡している（柴田・山本，1977）．野生では，死亡率がもっと高いことが推測される．

　ニホンイタチには，さまざまな内部寄生虫が知られている．線虫ではスクリャビン線虫（*Skrjabingylus nasicola*）のほか，*Filaroides martis*, *Capillaria putorii* が寄生することが知られている（Masuda and Watanabe, 2015）．しかし，寄生虫の寄生率や死亡率との関係はほとんどわかっていない．スクリャビン線虫はヨーロッパではイイズナ（*M. nivalis*）やオコジョに寄生することが知られており，頭骨標本には前頭骨に穴の開いているものが多く見られる（King and Powell, 2007）．兵庫県丹波地方で捕獲されたニホンイタチ196頭の頭骨の観察においては，少なくとも11頭（5.6%，明らかに前頭骨が変形しているもの）にスクリャビン線虫の寄生が見られた（Suzuki *et al.*, 2012；図6.7）．御厨（1969）によれば寄生率は，千葉で23.1%，茨城で

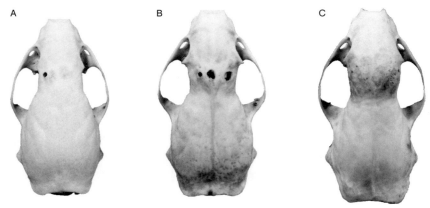

図 6.7 スクリャビン線虫により前頭部に穴の開いたニホンイタチの頭骨（安倍みき子博士所蔵，撮影：鈴木聡）．A：小さな穴が1つ開いている個体，B：大きな穴が複数開いている個体，C：穴は開いていないが，前頭部が顕著にふくらんでいる個体．

10.9%，静岡で25.7%と地域差がある．これらの値は，ヨーロッパのイタチ属（イイズナやオコジョ）に見られる寄生率がほぼ100%に達することがあるのに比べれば，かなり小さい．ヨーロッパにおける寄生率の地域差は，気候や個体群動態と関係していると考えられている．すなわち，湿度の高い地域で中間宿主の陸生軟体動物の個体数が多いことや，待機宿主であるネズミ類やトガリネズミ類とイタチ属の個体群動態の関係が寄生率の地域差を生み出している可能性がある．スクリャビン線虫の寄生がもたらす個体への影響はよくわかっていないが，骨が変形することによる脳にかかる圧力の変化，脳周辺での線虫の徘徊は，健康状態や行動になんらかの影響をおよぼすと考えられる．

　スクリャビン線虫を含め，寄生虫は個体群動態に影響を与える可能性があるが，ニホンイタチではそういった研究がまだない．保全や管理のためにも，寄生虫に関する研究は今後必要である．

## 6.7　ヒトとイタチ

　近代以降のヒトとニホンイタチの関係について以下の3つをあげることが

できる.

①ヒトによるニホンイタチの毛皮の利用

②ニホンイタチが農林水産業に与える被害

③農林業害獣をコントロールするためのニホンイタチの利用

①について，イタチの毛皮は，遅くとも1899（明治32）年には欧米に輸出されていた（御厨，1969）．しかし，アメリカミンクの養殖が進むにつれて価格は下がり輸出は停滞した（朝日，1979）．それを反映して，捕獲数は1951年度10万頭を超えていたものが1975年度では1万8000頭と減少している．1930年代のイタチの捕獲数は15万頭ないし16万頭であった．1940年代前半には6万頭に落ち込んだが，戦後再び10万頭まで増加した．野生個体の捕獲に依存することで生息数が減少したためか，飼育繁殖による毛皮生産も試みられたため，1929年から1967年までに少なくとも養殖関係の文献が24件発表されている（御厨，1969）．現在もオスは狩猟獣であるが，1928年以降メスは非狩猟獣として保護されている．現在ニホンイタチが狩猟目的で捕獲されることはほとんどなく，環境省が公開している狩猟関係統計（https://www.env.go.jp/nature/choju/docs/docs2.html）によれば，1996年度から2014年度までの日本全国での狩猟者登録を受けたものによる年間捕獲数は，202頭（2008年度）-990頭（1996年度）で，減少傾向にある（集計上はニホンイタチのオスだが，シベリアイタチも含まれていると考えられる．2004年度まではニホンイタチとシベリアイタチが区別して扱われていなかった）．

②について，ニホンイタチはヒトにとって害獣と見なされることがある（今泉，1949；御厨，1969）．ニワトリやウサギなどの家禽・家畜を襲って全滅的被害を与えることや，養殖魚を襲うことがある．近似種のシベリアイタチは，民家に侵入して糞尿による悪臭，尿が染み込むことによる天井の変色などの被害をもたらすが（佐々木，2011），ニホンイタチによるそのような被害はほとんどないようである.

③について，ニホンイタチはネコなどと同様に家屋に侵入したり，農作物を食害したりする家ネズミ（ハツカネズミ *Mus musclus*，ドブネズミ *Rattus norvegicus*，クマネズミ *R. rattus*）や植林地で幼齢木の樹皮，枝葉，根を食害する野ネズミ（エゾヤチネズミ *Myodes rufocanus bedfordiae*，ハタ

ネズミ *Microtus montebelli*，アカネズミ *Apodemus speciosus* など）を捕食
するという点からは益獣と見なされる．

第2次世界大戦後，野ネズミによる農山林被害の拡大にともない，野ネズ
ミの最高位の天敵であるニホンイタチを人工増殖して，国有林の野ネズミ被
害地へ放獣し，森林資源の被害軽減を図る趣意のもと，1959年に農林省
（当時）により日光に有益獣増殖所が設置された（御厨，1969）．当時，太平
洋の島々にニホンイタチを放ち，鼠害をコントロールしようという国際的な
検討も行われていたが（Uchida, 1968；御厨，1969），実現はしていない．

有益獣増殖所で生まれたイタチは，北海道におけるエゾヤチネズミによる
植林地の食害や島嶼における農作物への被害を軽減するために，養殖され，
放飼された（御厨，1969）．ニホンイタチは，明治時代から意図的あるいは
非意図的に，本来分布していなかった地域に導入されたが，とくに1950年
代以降，日本国内のさまざまな島嶼で放獣されている（Uchida, 1968；御厨，
1969；鈴木，2005；表6.1）．導入されたすべての島において定着したわけ
ではないが，定着した島ではニホンイタチによるネズミ類の個体数抑制の効
果はあったと考えられる．しかし，生態系に大きな影響をおよぼすことが多
く，伊豆諸島，トカラ列島，奄美諸島などでは，爬虫類や鳥類の絶滅や著し
い減少が報告されている（Hasegawa and Nishikata, 1991；Nakamura *et al.*,
2014）．最初の侵入は非意図的であった北海道にも，意図的に何度かニホン
イタチが導入されている．ニホンイタチの侵入にともない，オコジョが減少
したと考えられている．その後，アメリカミンクが分布を拡大すると，ニホ
ンイタチの個体数も減少したようである（鈴木，2005）．そのほか，少数で
はあるが九州，中国地方など在来の分布域にも日光有益獣増殖所などで生ま
れた個体が放獣されており，遺伝的攪乱が生じているおそれがある．

このように本来生息していなかった地域で定着した場合には，生態系に深
刻な影響を与えている．一方で，本来の生息地では個体数が減少していると
考えられる地域もあり，2016年には国際自然保護連合のレッドリストで準
絶滅危惧種に指定された（Kaneko *et al.*, 2016）．とくに西日本や首都圏など
の都市化が進んだ地域で減少していると考えられ，都道府県版のレッドリス
トでは，1府2県で絶滅危惧II類，1都（東京都の区部と北多摩）11県で準
絶滅危惧に指定されている（図6.8）．一方，山梨県，岡山県および宮崎県

## 6.7 ヒトとイタチ

**表 6.1** ニホンイタチの導入年表 (Uchida, 1968；御厨, 1969 および鈴木, 2005 をもとに作成).

| 導 入 年 | 地　　域 | 導 入 目 的 |
|---|---|---|
| 1868-1872 ごろ | 北海道 | 非意図的 (船舶の積荷にまぎれて潜入) |
| 1925-1927 | 鹿児島県・トカラ列島 | 野ネズミ駆除のための放獣 |
| 1932-1940 | サハリン島 | 野ネズミ駆除のための放獣 |
| 1933 | 北海道・利尻島 | 野ネズミ駆除のための放獣 |
| 1940, 1943-1944 | 北海道・礼文島 | 野ネズミ駆除のための放獣 |
| 1942 | 鹿児島県・喜界島 | 野ネズミ駆除のための放獣 |
| 1948 | 北海道・奥尻島 | 野ネズミ駆除のための放獣 |
| 1949 | 鹿児島県・沖永良部島 | |
| 1950-1952 | 北海道・焼尻島 | 野ネズミ駆除のための放獣 |
| 1952 | 鹿児島県・沖永良部島 | 野ネズミ駆除のための放獣 |
| 1954 | 鹿児島県・奄美諸島, 徳之島 | |
| 1954, 1957 | 鹿児島県・枝手久島 | 野ネズミ駆除のための放獣 |
| 1956 | 鹿児島県・与論島 | |
| 1957-1958 | 沖縄県・座間味島, 阿嘉島, 慶留間島 | 野ネズミ駆除のための放獣 |
| 1959-1963 | 東京都・八丈島 | 野ネズミ駆除のための放獣 |
| 1965-1967 | 沖縄県・北大東島 | 野ネズミ駆除のための放獣 |
| 1965-1968 | 沖縄県・石垣島 | 野ネズミ駆除のための放獣 |
| 1966 | 沖縄県・伊江島 | 野ネズミ駆除のための放獣 |
| 1966-1967 | 沖縄県・南大東島, 来間島 | 野ネズミ駆除のための放獣 |
| 1966-1968 | 沖縄県・西表島, 波照間島, 小浜島, 伊良部島, 下地島 | 野ネズミ駆除のための放獣 |
| 1967 | 沖縄県・宮古島, 鹿児島県・沖永良部島 | 野ネズミ駆除のための放獣 |
| 1967-1968 | 沖縄県・池間島, 伊平屋島, 久米島 | 野ネズミ駆除のための放獣 |
| 1976-1977 | 東京都・三宅島 | 野ネズミ駆除 (オスのみ試験的放獣) |
| 1982 | 東京都・三宅島 | 野ネズミ駆除のための放獣 |

のレッドリストでは，情報不足となっており，調査が進めば準絶滅危惧種または絶滅危惧 II 類と評価される可能性が高い．西日本には，形態的に類似したシベリアイタチが外来種として分布しており，ニホンイタチよりも体サイズの大きいシベリアイタチとの競争により生息地がせばめられているといわれてきたが，シベリアイタチが侵入していない東日本の都市部でもニホンイタチが少ないことから，都市化による影響のほうが大きいという見解もある (佐々木, 2011). これらの「イタチ」2 種の種間関係についてはまだわかっていないことが多く，さらなる調査が必要である．

図 6.8 都道府県版レッドリストにおけるニホンイタチのランク.

## 6.8 今後の課題

　ニホンイタチは身近で，かつ日本固有の哺乳類でありながら，正確な分布や野生下におけるメスの生態などわかっていないことが多い．現在，都市化による河川敷や水田などの環境が失われることにより，個体数が減少している地域がある．ニホンイタチの保全のためには，生息環境の保全が必要なことはいうまでもないが，生態学的知見の集積を続けていくことが必要だろう．一方で，導入された島嶼におけるニホンイタチの生態系への影響の評価を行うことは急務である．

## 引用文献

Abramov, A. V. 2000. The systematic status of the Japanese weasel, *Mustela itatsi* (Carnivora, Mustelidae). Zoologicheskii Zhurnal, 79：80-88 (in Russian).

朝日稔. 1979. タヌキ，テン，アナグマ，イタチおよびキツネの捕獲数の変動. 哺乳動物学雑誌, 7：324-340.

東英生. 1988. 多摩川河川敷におけるイタチの生息状況の把握ならびに行動圏の調査（ラジオテレメトリー調査による）．（財）とうきゅう環境浄化財団助成研究報告書, 115：1-50.

Ellerman, J. R. and T. C. S. Morrison-Scott. 1951. Checklist of Palaearctic and Indian Mammals 1758-1946. British Museum (Natural History), London.

藤原仁. 1962. イタチ雑記 (II). 比婆科学, 59：20-22.

Hasegawa, M. and S. Nishikata. 1991. Predation of an introduced weasel upon the lizard *Eumeces okadae* on Miyake-jima, Izu Islands. Natural History Research, 1：53-57.

今泉吉典. 1949. 日本哺乳動物図説——分類と生態. 洋々書房, 東京.

今泉吉典. 1960. 原色日本哺乳類図鑑. 保育社, 大阪.

金子弥生・塚田英晴・奥村忠誠・藤井猛・佐々木浩・村上隆広. 2009. 食肉目のフィールドサイン，自動撮影技術と解析——分布調査を例にして. 哺乳類科学, 49：65-88.

Kaneko, Y., K. Yamazaki, S. Watanabe, A. Kanesawa and H. Sasaki. 2013. Notes on stomach contents of Japanese weasels (*Mustela itatsi*) in Ibaraki, Japan. Mammal Study, 38：281-285.

Kaneko, Y., R. Masuda and A. V. Abramov. 2016. *Mustela itatsi*. The IUCN Red List of Threatened Species 2016：e. T41656A45214163.

川田伸一郎. 2001. モグラ用罠により捕獲されたイタチ科食肉類2種. Special Publication of Nagoya Society of Mammalogists, 3：39-40.

河村善也・亀井節夫・樽野博幸. 1989. 日本の中・後期更新世の哺乳動物相. 第四紀研究, 28：317-326.

King, C. M. and R. A. Powell. 2007. The Natural History of Weasels and Stoats：Ecology, Behavior, and Management, 2nd ed. Oxford University Press, Oxford.

Larivière, S. and A. P. Jennings. 2009. Family Mustelidae (weasels and relatives). *In* (Wilson, D. E. and R. A. Mittermeier, eds.) Handbook of the Mammals of the World. Vol. 1. Carnivores. pp. 564-656. Lynx Edicions, Barcelona.

Masuda, R., N. Kurose, S. Watanabe, A. V. Abramov, S. H. Han, L. K. Lin and T. Oshida. 2012. Molecular phylogeography of the Japanese weasel, *Mustela itatsi* (Carnivora: Mustelidae), endemic to the Japanese islands, revealed by mitochondrial DNA analysis. Biological Journal of the Linnean Society, 107：307-321.

Masuda, R. and S. Watanabe. 2015. *Mustela itatsi* Temminck, 1844. *In* (Ohdachi,

S. D., Y. Ishibashi, M. A. Iwasa, D. Fukui and T. Saitoh, eds.) The Wild Mammals of Japan, 2nd ed. pp. 248-249. Shoukadoh, Kyoto.

Meiri, S., T. Dayan and D. Simberloff. 2004. Carnivores, biases and Bergmann's rule. Biological Journal of the Linnean Society, 81：579-588.

御厨正治. 1969. いたち——有益獣増殖所設立10周年記念. 農林省宇都宮営林署, 宇都宮.

宮尾嶽雄・花村肇・酒井英一・植松康・子安和弘・高田靖司. 1981. 山口県見島および六島諸島の哺乳動物相. 哺乳動物学雑誌, 8：203-210.

宮尾嶽雄・高田靖司・酒井英一・植松康・子安和弘・花村肇. 1982. 新潟県粟島の哺乳動物相. 哺乳動物学雑誌, 9：37-41.

Nakamura, Y., A. Takahashi and H. Ota. 2014. A new, recently extinct subspecies of the Kuroiwa's leopard gecko, *Goniurosaurus kuroiwae* (Squamata: Eublepharidae), from Yoronjima island of the Ryukyu Archipelago, Japan. Acta Herpetologica, 9：61-74.

Nishita, Y., A. V. Abramov, P. A. Kosintsev, L. K. Lin, S. Watanabe, K. Yamazaki, Y. Kaneko and R. Masuda. 2015. Genetic variation of the MHC class II DRB genes in the Japanese weasel, *Mustela itatsi*, endemic to Japan, compared with the Siberian weasel, *Mustela sibirica*. Tissue Antigens, 86：431-442.

両津郷土博物館. 1997. 郷土を知る手引き佐渡——島の自然・くらし・文化. 両津郷土博物館, 両津.

佐々木浩. 1990. シリーズ日本の哺乳類技術編哺乳類の捕獲法——中型哺乳類3 チョウセンイタチとニホンイタチの捕獲法. 哺乳類科学, 30：79-83.

佐々木浩. 2011. シベリアイタチ——国内外来種とはなにか.（山田文雄・池田透・小倉剛, 編：日本の外来哺乳類——管理戦略と生態系保全）pp. 259-283. 東京大学出版会, 東京.

Shalabi, M. A., A. V. Abramov, P. A. Kosintsev, L. K. Lin, S. H. Han, S. Watanabe, K. Yamazaki, Y. Kaneko and R. Masuda. 2017. Comparative phylogeography of the endemic Japanese weasel (*Mustela itatsi*) and the continental Siberian weasel (*Mustela sibirica*) revealed by complete mitochondrial genome sequences. Biological Journal of the Linnean Society, 120：333-348.

柴田義春・山本時夫. 1977. 下顎骨の年層によるイタチ類の齢査定. 森林防疫, 26(7)：9-11.

鈴木欣司. 2005. 日本外来哺乳類フィールド図鑑. 旺文社, 東京.

鈴木聡. 2014. 島嶼効果研究のモデル動物としての小型食肉類. 生物科学, 66：15-23.

鈴木聡. 2018. 神奈川県西部の狩川下流部におけるニホンイタチの生息状況. 神奈川県立博物館研究報告（自然科学）, 47：89-92.

Suzuki, S., M. Abe and M. Motokawa. 2011. Allometric comparison of skull from two closely related weasels, *Mustela itatsi* and *M. sibirica*. Zoological Science, 28：676-688.

Suzuki, S., M. Abe and M. Motokawa. 2012. Integrative study on static skull variation in the Japanese weasel (Carnivora: Mustelidae). Journal of Zoology, 288 : 57-65.

Ternovsky, D. V. and Y. G. Ternovskaya. 1994. Ecology of Mustelids. Nauka, Novosibirsk (in Russian).

Uchida, T. A. 1968. Observations on the efficiency of the Japanese weasel, *Mustela sibirica itatsi* Temminck & Schlegel, as a rat-control agent in the Ryukyus. Bulletin of the World Health Organization, 39 : 980-986.

植松康・酒井英一・宮尾嶽雄. 1986. 隠岐諸島および島根半島の小哺乳類相. 哺乳類科学, 53 : 59-69.

渡辺茂樹・谷垣岳人・好廣眞一. 2007. 滋賀県南部におけるイタチ類2種の分布について――2006年の調査より. (龍谷大学里山学・地域共生学オープンリサーチ・センター, 編:里山から見える世界2006年度報告書) pp. 168-180. 龍谷大学, 京都.

安田雅俊・上田浩一. 2016. 九州の島嶼における中型哺乳類相の復元. 九州森林研究, 69 : 119-120.

# 7
## ニホンテン
### 日本固有種

大河原陽子

　ニホンテンは日本固有種の1つである．本章では，ニホンテンの分類，分布，生態，および生態系のなかで担う役割について，これまでにわかっている情報にもとづいて概観する．ニホンテンは特定の資源に固執することなく，さまざまな餌資源や環境を利用するジェネラリストである．したがって，本種の生態を把握するためには，さまざまな環境条件下における食性や利用環境を明らかにする必要がある．限られた国内の事例だけでなく，海外のさまざまな環境に生息するテン属に関する研究報告と比較することによって，ニホンテンの生態の柔軟性について考察する．

## 7.1　ニホンテンとは

### （1）　ホンドテンとツシマテン

　ニホンテン（*Martes melampus*：図7.1）は，イタチ科テン属に属する中型食肉目である．地上や地中，樹上，水中などのさまざまな環境に適応したイタチ科のなかで，テン属（*Martes*）はとくに木登りが得意であり，地表面から樹上まで縦横無尽に駆けまわり，多様な環境を利用することができる．ニホンテンのほかにテン属に分類される種として，ヨーロッパ北東部からロシア，北海道にかけて分布するクロテン（*M. zibellina*），ヨーロッパに生息するマツテン（*M. martes*），ヨーロッパから中央アジアにかけて分布するイシテン（またはムナジロテン；*M. foina*），北米大陸に生息するアメリカテン（*M. americana*），朝鮮半島や中国，東南アジアに生息するキエリテン

## 7.1 ニホンテンとは

図7.1 ニホンテン．九州産ホンドテンの冬毛（A）と夏毛（B）（岡田, 2009より），および ツシマテンの冬毛（C）と夏毛（D）（撮影：琉球大学動物生態学研究室）．

(*M. flavigula*)，インドの一部の地域に分布するニルギリキエリテン（*M. gwatkinsii*）があげられる（Proulx *et al.*, 2000；図7.2）．このようにテン属は，北半球を中心に広く分布する．なお，北米に分布するフィッシャー（*M. pennanti*/*Pekania pennanti*）はこれまでテン属に分類されていたが，Koepfli *et al.* (2008) をはじめとする複数の研究によって1属1種とする説が提唱されている．

ニホンテンは，本州や九州，四国に生息するホンドテン（*M. m. melampus*）と長崎県対馬にのみ生息するツシマテン（*M. m. tsuensis*）の2亜種に分類される（図7.1）．ホンドテンの体サイズについては，十分な個体数にもとづいて公表されたものがない．ツシマテンの体重はオス1.56±0.27 kg，メス1.01±0.19 kgであり，テン属の他種と同様に性的二型を示す（表7.1；Tatara, 1994a）．また，両亜種を対象に，遺伝的な比較解析も行われている．Sato *et al.* (2009) は，ミトコンドリアDNAの分子系統解析から

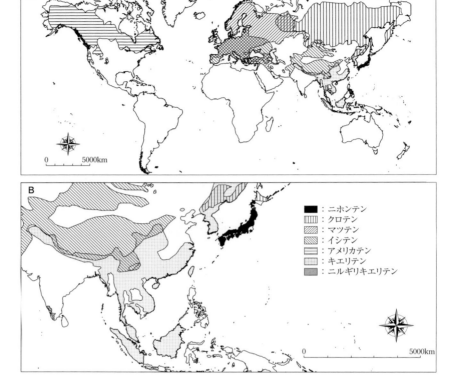

**図 7.2** テン属の分布．世界各地におけるテン属の分布（A），ならびに極東から東南アジアにかけての分布（B）（IUCN, 2017 より作成）．凡例は A, B 共通．

ツシマテンの遺伝的分化を報告している．さらに Kamada *et al.*（2012）は，マイクロサテライト遺伝子分析により，ツシマテンの遺伝的分化，ならびに対馬における上島と下島間の地理的隔離による遺伝的違いを明らかにした．

　冬季のホンドテンには大きく分けて2つの毛色パターンが見られ，キテンおよびスステンとよばれている（図 7.3）．キテンでは，冬季には頭が真っ白に，体は鮮やかな黄色や黄色を帯びた明るい茶色になる．一方，スステンは，冬季でも夏季と同様に首元の黄色い模様以外はほぼ全身が濃い茶色を呈する．このように，両者の毛色は明瞭に異なる．そのため，かつては別亜種とされていたこともあり，その分類学的な位置づけは混乱した．両者の分布

## 7.1 ニホンテンとは

**表 7.1** テン属の体重と行動圏の雌雄差.

| 種 | 体重 (kg) オス | 体重 (kg) メス | 行動圏 (km²) オス | 行動圏 (km²) メス | 出典 |
|---|---|---|---|---|---|
| ニホンテン | 1.56±0.27 | 1.01±0.19 | 0.77 | 0.67 | Tatara (1994a) |
| マツテン | 1.32±0.06 | 0.96±0.03 | 23 | 6.5 | 体重：Wereszczuk and Zalewski (2015)<br>行動圏：Powell (1994) |
| イシテン | 1.50±0.03 | 1.23±0.03 | 1.7 | 1.4 | 体重：Wereszczuk and Zalewski (2015)<br>行動圏：Powell (1994) |
| アメリカテン | 1.08±0.19 | 0.74±0.13 | 8.1 | 2.3 | 体重：Smith and Schaefer (2002)<br>行動圏：Powell (1994) |

**図 7.3** 1992 年 2 月 7 日に和歌山県にてほぼ同一時刻に撮影された冬毛のキテン（A）とスステン（B）（細田・大島，1993 より）.

を見てみると，キテンは北日本から九州までほぼ全国にわたって分布しているのに対して，スステンは四国，紀伊半島，九州南部のみで確認されている（細田・大島，1993；Funakoshi *et al*., 2017）．また，スステンの分布域ではキテンも見られ，和歌山では，キテンとスステンがほぼ同一時刻に同一地点に現れたことが記録されている（細田・大島，1993：図 7.3）．ただし，キテンとスステンの分布比率は地域間で異なる．標本観察の結果，四国や紀伊半島ではスステンが優占したのに対し（細田・大島，1993），鹿児島における自動撮影調査ではキテンの撮影枚数が多数を占めた（Funakoshi *et al*., 2017）．このように，両者は同所的に生息している．そうすると，異なる毛

色の個体どうしが繁殖する可能性はあるのだろうか．そこで，細田・大島 (1993) および Sato *et al.* (2009) が両者のリボソーム RNA 遺伝子やミトコンドリア DNA の特徴を調べたところ，両者の間には明瞭な遺伝的な差異はないことが明らかになった．

さらに，キテンの飼育実験によって意外な仮説が示された．Funakoshi *et al.* (2017) によると，1 日あたりの光への曝露時間の長さがニホンテンの換毛に影響する重要なファクターであり，スステンは夏毛のまま換毛せずに冬を迎えた個体である可能性があるという．この飼育実験では，2 つの方法で飼育し，それぞれ雌雄のキテン 2 個体（計 4 個体）の毛色の変化を観察した．どちらの方法でも室温で実験を行っており，実験の前半では照度と光周期を一定にし，実験の後半では自然光条件下で観察している．1 つめの方法では，実験期間を通して雌雄 2 個体を一緒のケージで飼育した．照度や光周期が一定のときには，季節的な気温の変動とは関係なく，2 個体の換毛時期は年を追うごとにずれたり，明瞭な毛色の変化が見られなくなった．しかし，自然光条件下に移すと換毛のタイミングが個体間で同調するようになった．2 つめの方法では，別々のケージを用いてたがいの姿が見えない状態で飼育した後に，窓を設置してたがいの姿が確認できるようにした．すると，オスでは窓の設置以前から 1 日あたりの活動時間がメスよりも長い傾向にあり，数年間にわたって換毛することなく黒い夏毛を維持した．しかし，窓を設置すると，メスの活動時間も長くなり，日中にも活動するようになった．この結果，メスでもオスと同様に換毛が見られなくなり，夏毛を維持するようになった．ところが，その後自然光条件下にケージを移動させると，両個体とも換毛するようになった．以上の結果から，野外のスステンは，秋に 1 日あたりの活動時間が長かったために光への曝露時間が長くなり，夏毛のまま換毛しなかった個体である可能性が示唆された（Funakoshi *et al.*, 2017）．

ツシマテンの夏毛も，首元の黄色い模様以外は黒に近い濃いこげ茶色になる．一方で冬毛は，頭部では灰白色に，目のまわりでは黒く，そして胴体では全体的に黄色みを帯びた明るい茶色，背筋ではやや濃い茶色になる（図 7.1）．この冬毛の特徴から，対馬では冬毛のツシマテンのことを「わたぼうしかぶり」ともよぶ．ツシマテンの場合，ホンドテンとは異なり，冬季における毛色のバリエーションの例はほとんど知られていない．ただし，2018

年1月4日には，全身の毛色が夏毛と同じ個体が観察，撮影されている（岩下明生，私信）．

## （2） 韓国における分布の記録

日本以外でのニホンテンの分布については，Kuroda and Mori（1923）による韓国における分布の報告が唯一の記録である．このほかに情報がないため，韓国における分布は現在のところ不明である．Kuroda and Mori（1923）は，韓国忠清南道の天安および成歓において2個体のニホンテンの毛皮を入手し，ニホンテンの亜種コウライキテン（*M. m. coreensis*）として原記載した．しかし，そのサンプルの入手方法は明記されていない．最近までこの毛皮は空襲で焼失したと考えられていたが，記載に用いられた2個体のうち，参考標本として使用された1個体の毛皮が，英国自然史博物館に保管されていたことがわかった（平田ほか，2017）．今後，この標本からさらなる詳細が明らかになることに期待したい．したがって現状では，ニホンテンの分布が確実であるのは本州，四国，九州と対馬のみということになる．

## （3） 国内外来種

第6章のニホンイタチと同様に，ニホンテンも国内外来種として北海道南西部や佐渡島に人為的に移入されている．移入の経緯は，地域によって異なる．

北海道のニホンテンは，毛皮の養殖業者によって第2次世界大戦末期に持ち込まれたものが起源だと考えられている．その後，分布を拡大し，現在では石狩低地帯から南西部に分布しているが（平川ほか，2015），今後分布拡大が進むのも時間の問題かもしれない．さらに，ニホンテンとクロテンは生態的地位（ニッチ）が重複するために，体サイズの大きなニホンテンによってクロテンが駆逐される可能性が懸念される（平川ほか，2015）．ニホンテンの北海道集団について，Inoue *et al.*（2010）はミトコンドリアDNAの分子系統解析を行いその多様性を報告したが，本州産の特徴と比較してもその起源を突き止めることはできなかった．また，Kamada *et al.*（2013）は，マイクロサテライト分析により，北海道のニホンテンは複数の起源集団に由来していることを明らかにしている．

佐渡島のニホンテンは，植栽したスギに食害を与えるサドノウサギの駆除のために，1960年前後の数年間にわたって導入された．2010年には佐渡島にある環境省トキ保護センターにおいて，ニホンテンがトキの飼育ケージに侵入してトキを殺傷するという事故が起こった．この事故は全国的に報道され，佐渡島のニホンテンは一躍有名になってしまった．しかし，その後の調査では佐渡島のニホンテンは果実や節足動物をおもに利用していることが明らかになっており（箕口，2004），ニホンテンによるトキの個体数への影響はほとんどないと考えられる．さらに，そもそも佐渡島に自然分布していた当時のトキの個体数は，ニホンテンの導入以前からすでに減少していたことが確認されている（箕口，2004）．

このようにニホンテンは，分布の北限を超えた北海道や，島嶼においても個体群を維持している．それを可能にするニホンテンの柔軟な生態について，海外のテン属と比較しながら以下で紹介する．なお，テン属のなかでもとくに研究が進められているのはマツテン，イシテン，アメリカテンの3種である．

## 7.2　社会性

### （1）　空間配置

個体の行動圏の配置や重複の程度（空間配置）に関する間接的な情報を用いることで，個体間の社会的な相互作用を推定することができる．テン属は単独で行動し，同性間で排他的な行動圏を持つ（Powell, 1994）．また，一般的にテン属では体サイズに加えて行動圏サイズにも雌雄間の差が見られ，オスの行動圏は複数のメスの行動圏と重複する（Powell, 1994）．一方で，ツシマテンの行動圏サイズは，海外のテン属に比べて非常に小さい（Tatara, 1994a；表7.1）．さらに，ツシマテンの体サイズには性的二型が見られるにもかかわらず，雌雄の行動圏サイズには交尾期を除いてほとんど差が見られない（Tatara, 1994a；表7.1）．交尾期には，オスの行動圏サイズがほかの季節に比べて拡大したが，複数個体のメスと行動圏が重複するほど大きくなることはなかった．Tatara（1994a）は，ツシマテンの行動圏サイズが雌雄

ともに小さい理由として，ツシマテンの生息環境における餌資源が他種のテン属に比べて豊富である可能性をあげている．このほかにも，周辺個体との関係や個体群密度の違いなどによって，異なる結果が得られる可能性がある．しかし，ニホンテンの行動圏サイズや空間配置について調べた研究例はほとんどない．Tatara（1994a）とは異なる条件下において，調査する必要がある．

（2） 繁殖生態

テン属のすべての種において，着床遅延（交尾後に受精卵が着床しないまま子宮内で浮遊し，条件が整ってから着床に至るという生理機構）が見られる（Mead, 1994）．これまでに，ツシマテンについては繁殖に関する断片的な情報が得られている．Tatara（1994b）は，ツシマテンの睾丸サイズや野外での観察事例から，交尾期は7月下旬から8月中旬ごろであり，出産期は4月中旬から5月上旬と推定した．筆者は，2016年3月2日に交通事故死体として回収された妊娠個体（大河原，私信），2014年4月8日に開眼していない幼獣と出産巣（大河原，私信），2016年4月11日には開眼していない幼獣の保護（越田雄史，私信）を確認している．テン属の着床後の妊娠期間は一般的に24–30日程度であること（Mead, 1994），および幼獣が開眼するまでの期間は13–22日程度であること（Tatara, 1994b）にもとづくと，ツシマテンはおおむね4月上旬ごろから出産期を迎えると考えられる（図7.4）．

着床遅延の適応的意義については議論が続いている．食肉目のなかで着床遅延が見られるのは，イヌ亜目に分類されるうちのイタチ科，スカンク科，クマ科，レッサーパンダ科，アザラシ科，アシカ科，セイウチ科であり，イタチ科のなかには着床遅延する種としない種が混在する（Lindenfors *et al.*, 2003；第5章参照）．これらのことは，着床遅延という現象がイヌ亜目において単系統的に獲得されたものであること，およびイタチ科のなかでこのシステムの維持や消失が起こったことを示唆している．イタチ科のなかで着床遅延する種は，着床遅延しない種に比べて体サイズが大型で（Lindenfors *et al.*, 2003），寿命が長い（Thom *et al.*, 2004）．また，Ferguson *et al.*（2006）は環境要因とイタチ科の着床遅延における有無について解析した．その結果，

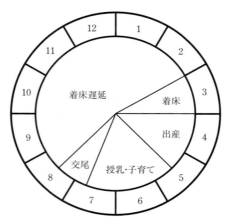

**図7.4** ニホンテンの繁殖スケジュール．円周の数字は各月を表す（Tatara, 1994bより改変）．

　各種の生息地域における季節性（蒸発散量の季節変化），気温，積雪，緯度，一次生産量のなかでも，とくに季節性が着床遅延の有無をもっともよく説明できる環境要因であり，季節間のバリエーションが大きい地域に生息する種であるほど着床遅延が見られることがわかった．したがって，イタチ科のなかでは小型で寿命が短い種にとっては着床遅延がコストになる一方で，季節間のバリエーションが大きな地域においては進化的に有利であると考えられる．

　テン属の場合，着床遅延をすることによって得られるメリットとして，温帯に分布する類似した体サイズの他種のイタチ科よりも早期に出産できる点があげられる（Mead, 1994）．冬季は利用可能な餌メニューが限られ，低温や積雪によって体温維持や活動にかかるコストが増加すると考えられる．いち早く子育てが開始できることによって，環境条件の厳しくなる冬季までに幼獣がハンティングスキルを磨く時間的猶予ができ，幼獣の生存率向上などにつながる可能性がある（Mead, 1994）．かりにテン属が着床遅延することなく早期の出産を達成しようとした場合には，親となる個体は晩冬や初春などの早い時期に交尾を行う必要がある．テン属にとって，積雪などの厳しい環境条件下で交尾相手を探すことは大きなコストになると考えられる．それよりも，餌や気温の条件がよい夏季に交尾を行い，着床遅延することによっ

て早期の出産を実現するほうが，より適応的であると考えられる（Mead, 1994）．

　テン属の産子数は，報告がないキエリテンやニルギリキエリテンを除いて平均2.5-3個体程度（最少1個体，最多6個体）である（Mead, 1994）．ツシマテンの場合，10件の観察例で確認されている幼獣はすべて2個体である（Tatara, 1994b；大河原，私信）．また，対馬では，同程度の体サイズの2個体が一緒に行動している姿がたびたび観察される．血縁関係や齢などに関する調査はこれまでに行われていないため，2個体の関係は不明である．ただし，筆者は自動撮影調査によって，首輪を装着した個体が他個体と一緒に行動しているところを3例確認した．撮影された6個体のうち4個体が首輪をつけた個体であり，首輪装着時に確認した精巣や犬歯の状態から，すべてオスの亜成獣と考えられた（大河原，未発表）．首輪をつけていない2個体のうち，1個体は睾丸が撮影され，オスであることが確認できた．メスについては情報がないため詳細は不明だが，ツシマテンでは，親から独立した分散途中の亜成獣は2個体で行動している可能性がある．

## 7.3　食性

### （1）　テン属の一般的な食性

　テン属の活動域は地表から樹上まで幅広く，多様な動植物を採餌する．テン属の食性をまとめたZhou *et al.* (2011) によると，テン属は哺乳類や植物，無脊椎動物をおもな餌としている（表7.2）．これらの餌に次いで，鳥類もよく利用される．一方，大型哺乳類の死肉（体サイズの小さなテンがハンティングすることはむずかしいと考えられるため，死体を採餌していると思われる）や，両生爬虫類，魚類などが餌になることはまれである．哺乳類のなかでは齧歯目がもっとも主要な餌となっており，植物質の餌のほとんどは果実である．テン属の食性を地域間で比較すると，アジアのテン属は北米に比べて哺乳類の利用が少なく，植物や無脊椎動物の利用が多い傾向を示し，ヨーロッパに比べると鳥類の利用が少ない．テン属全体ですべての文献の傾向を見ると，標高の高い地域では食性の多様度が低かった．また，緯度の低い

**表7.2** テン属の食性. それぞれの餌の値は相対出現頻度（＝［「ある餌が出現した糞の数」／「1つの糞から出現したすべての餌項目数の総計」］×100）を示す. 参考文献数が同一の分類群内で異なるのは, 同じ調査地に複数の参考文献が存在し, 食性データを用いた文献数と緯度や標高のデータを用いた文献数が異なるため（Zhou *et al.*, 2011 より改変）.

| 地域 | | アジア | | ヨーロッパ | | 北 米 |
|---|---|---|---|---|---|---|
| 種 | テン属 | ニホンテン | クロテン | マツテン | イシテン | アメリカテン |
| 哺乳類 | 38.88 ± 2.95 | 15.08 ± 3.14 | 67.16 | 31.77 ± 2.95 | 28.09 ± 3.44 | 66.85 ± 3.59 |
| 大型哺乳類の死肉 | 1.81 ± 0.43 | 1.06 ± 1.06 | 1.91 | 3.54 ± 1.37 | 1.58 ± 0.52 | 0.70 ± 0.25 |
| 鳥 類 | 8.78 ± 0.66 | 5.35 ± 1.16 | 5.59 | 10.91 ± 1.22 | 9.27 ± 1.39 | 7.77 ± 0.75 |
| 両生爬虫類 | 1.72 ± 0.37 | 1.99 ± 0.37 | 0.80 | 3.25 ± 0.87 | 1.74 ± 0.75 | 0.19 ± 0.18 |
| 無脊椎動物 | 18.97 ± 1.72 | 31.92 ± 3.12 | 11.59 | 21.69 ± 2.47 | 20.96 ± 3.10 | 9.26 ± 2.82 |
| 植物質の餌 | 27.75 ± 2.11 | 43.83 ± 4.68 | 12.81 | 27.38 ± 3.75 | 35.17 ± 3.24 | 13.29 ± 2.05 |
| その他 | 2.08 ± 0.52 | 0.78 ± 0.35 | 0.16 | 1.46 ± 0.83 | 3.19 ± 1.11 | 1.94 ± 1.02 |
| 緯 度 | 46.87 ± 1.00 | 34.78 ± 0.44 | 48.10 | 51.52 ± 1.51 | 44.73 ± 1.05 | 49.88 ± 2.17 |
| 標 高（m） | 643 ± 75 | 767 ± 245 | 875 | 263 ± 65 | 533 ± 85 | 1097 ± 188 |
| Shannon の多様度指数 H' | 1.78 ± 0.05 | 1.83 ± 0.09 | 1.48 | 2.08 ± 0.07 | 1.88 ± 0.05 | 1.38 ± 0.09 |
| Levin のニッチ幅指数 B | 2.96 ± 0.11 | 2.98 ± 0.18 | 2.07 | 3.69 ± 0.19 | 3.17 ± 0.13 | 2.07 ± 0.16 |
| 参考文献数 | 59 または 57 | 6 | 2 | 15 または 14 | 21 | 15 または 14 |

地域では哺乳類の割合が低く, 逆に果実は高い傾向が見られた. 各地域のテン属の食性にこのような傾向が見られる理由として, 餌の資源量や利用できる期間の長さの違い, 積雪がある地域では多量の積雪によって特定の餌に対するアクセスがむずかしくなることなどが考えられる.

## （2） ニホンテンの食性の地域間比較

テン属全体で比較すると, 分布の緯度や標高によって食性が異なるように, ニホンテンの食性も地域間で異なっている. 中村ほか（2001）は, 異なる環境で行われたニホンテンの食性に関するいくつかの既報研究を比較した. 比較に用いられた研究結果は, 都市近郊域である東京都日の出町・あきる野市, 島嶼である長崎県対馬, 山岳地域である栃木県表日光と, 長野県木曾駒ケ岳の4地域で行われたものである. 比較の際には, 哺乳類, 鳥類, 両生爬虫類, 昆虫, 果実の相対出現頻度（＝［「ある餌が出現した糞の数」／「1つの糞から出現したすべての餌項目数の総計」］×100）から類似度指数を算出し, クラスター分析を行っている. それによると, 秋季にはどの地域でも果実が出現

する頻度が高くなったために，類似度がもっとも高くなった．また，春季の長野と栃木，冬季の長野を除いたすべての地域で類似度が高く，同じグループと見なすことができた．したがって，中村ほか（2001）は，このグループでおもな餌だった果実，昆虫，哺乳類がニホンテンの主要な餌であると結論づけている．冬季の長野，および春季の長野と栃木が異なるグループに分類された理由として，長野では積雪によって運動能力の落ちたノウサギ（*Lepus branchyurus*），栃木では冬季に死亡したニホンジカ（*Cervus nippon*）などの哺乳類が頻繁に糞から出現したことがあげられている．このような食性の違いは，長野と栃木の環境が山地帯から亜高山帯のため積雪があり，一般的に果実や昆虫の資源量が少ないためと考えられた．一方で，これらの地域に比べると，東京と対馬は低標高域に位置し，気温や植生などの環境条件が比較的似ているために，テンの食性の類似度が高くなったと考えられた．

　このようにニホンテンは亜高山帯から都市近郊地域まで広く分布するが，ヒトの生活圏の近くであっても残飯などのヒト由来の餌に依存することは少なく，自然の環境条件に応じた食性を示す．中村ほか（2001）は，食性の地域間比較だけでなく，ヒト由来の餌に関する調査として，東京都奥多摩町，檜原村，あきる野市のキャンプ場へのアンケート調査も行っている．それによると，ニホンアナグマ（*Meles anakuma*），タヌキ（*Nyctereutes procyonoides*），およびキツネ（*Vulpes vulpes*）はキャンプ場の残飯を漁っているという情報が得られた．一方，ニホンテンでは，個体の目撃情報があるにもかかわらず，残飯を漁っているという情報は得られなかった．さらに，1995年から2016年までに採集されたツシマテン120個体の胃内容物を分析した結果（図7.5；詳細は後述），ヒト由来の餌であると考えられた魚肉ソーセージとネコの缶詰のような加工された肉片が，それぞれ1頭のみの胃から出現した（大河原，未発表）．このほかには，複数の個体の胃から，比較的大型の魚類の骨や皮，鳥類の足，スイカの種が，ネットやゴムなどの人工物と一緒に出現した．これらの個体がそれぞれの餌を実際に採餌した当時の状況を推測することはむずかしいが，ヒトの生活圏の近くでこれらの餌を採餌した可能性がある．しかし，どの季節においても，これらの餌が出現した胃の数やその量は限られていた．以上のことから，やはり，ニホンテンのヒト由

来の残飯などへの依存性はかなり低いと考えられる.

### （3） ツシマテンの食性の量的評価

ツシマテンは，対馬の沿岸低地部から標高 600 m ほどの山地部にかけて，また原生林から集落の内部まで，さまざまな環境に生息する．これまでの研究から，果実や昆虫類，次いで小型哺乳類がツシマテンの糞から頻繁に出現している（Tatara and Doi, 1994）.

しかし，これらの餌には種子や果皮，外骨格，体毛，骨などの未消化物が多く含まれるために，糞分析では過大評価している可能性があった．そこで筆者は，120 個体の交通事故死体の胃内容物を用いて，ツシマテンが採餌した餌の量について調べた（Okawara *et al.*, 2018）．この分析ではそれぞれの餌の出現の有無と湿重量を記録した．その結果，年間で出現したすべての餌のうち，昆虫類と果実がもっとも多くの個体の胃から出現しており，これらがツシマテンのおもな餌であることがあらためて確かめられた（図 7.5）．とくに，果実は年間でもっとも多量に採餌された餌だった．このほかにも，春季にはムカデ，夏季と秋季にはミミズ，冬季にはカエルや魚類などが，季節的におもな餌の 1 つとしてツシマテンの胃から出現した．このなかでも，ミミズはこれまであまりニホンテンの餌として考えられていなかった．もっとも一般的な食性分析手法である糞分析では，ミミズの体表面に生えている細かな繊毛が糞に含まれているかどうかを確かめる必要がある．ニホンテンの食性を調べた従来の文献には，ミミズの繊毛に関する記述が見られない．したがって，ミミズの利用を報告している Tatara and Doi（1994）と山本（1994）を除き，これまでに行われたニホンテンの食性研究では，そもそもミミズが分析の対象になっていない可能性がある．Tatara and Doi（1994）では，対馬の 2 つの地域において年間でそれぞれ 9.9%, 12.9% の糞から，山本（1994）でも，年間で 18.9% の糞からミミズが出現している．山本（1994）の調査地は，標高 1600-2000 m，最大 1 m の積雪を記録する長野県入笠山であり，標高 0-600 m 程度で積雪のほとんどない対馬とは環境が大きく異なる．このように異なる環境であっても，ミミズがニホンテンの糞から年間を通して出現したことから，各地のニホンテンにとって，ミミズはごく一般的な餌メニューであるかもしれない．

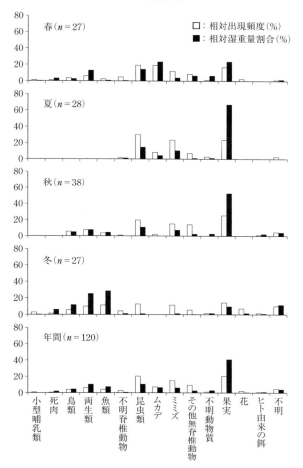

図 7.5 ツシマテンの胃内容物分析結果．カッコ内の数字は分析に用いた胃の数を示す（Okawara *et al.*, 2018 より改変）．

## 7.4 環境利用

### （1） テン属は森林のみで生活しているのか

テン属は森林をよく利用することから，森林のみで生活すると考えるのが一般的であった．実際にテン属が森林をおもな生息環境として利用すること

はまちがいないが，近年になって，環境条件次第では必ずしも森林のみに固執するわけではないことが明らかになってきた．テン属の環境利用に影響する要因として，餌に対する選好性や餌の資源量，気候条件，地域的な捕食者相の違い，隙間の多い環境（たとえば，樹洞のある大型の樹木や倒木）の有無などがあげられる（Virgós *et al.*, 2012）．隙間の多い環境では，テン属の休息場が多数提供されるだけではなく，アメリカテンによる餌の捕獲効率が高くなることがわかっている（Andruskiw *et al.*, 2008）．これはテンが餌を探す際に，倒木の下や岩の隙間などを探索するためと考えられている．とくに老齢林はこのような条件を満たす好適な環境であるために，テン属は森林を好んで利用する傾向があると考えられる．しかし，上記の条件がそろえば，テン属は森林だけではなくさまざまな環境を利用する．たとえば，捕食者が限られる島嶼に生息するマツテンやアメリカテンでは，捕食者が分布する大陸に比べるとオープンな環境も利用するようになる（Hearn *et al.*, 2010；Caryl *et al.*, 2012）．とくに，イシテンはさまざまな環境を利用する．たとえば，中央ヨーロッパでは，ヒトの手が加わった農村部や都市部などの環境を好んで利用する（Virgós *et al.*, 2012）．この理由として，イシテンの分布域のなかでも寒冷な地域において，気密性の高い暖かい建物内で休息できる点や，ほぼ年間を通して果実（園芸品種を含む）が採餌できる点，捕食者が少ない点があげられている（Virgós *et al.*, 2012；Wereszczuk and Zalewski, 2015）．

## （2） ニホンテンの環境利用

ニホンテンが利用する環境についても，他種のテン属と同様に，餌や休息場の量や質が関連していると考えられる．ツシマテンは広葉樹林を選好し，針葉樹人工林やオープンな草地を忌避する（Tatara, 1994a）．ホンドテンもまた，広葉樹林を好んで利用している（Tsujino and Yumoto, 2014）．ニホンテンが広葉樹林を選好する理由として，広葉樹林には豊富な餌資源が存在する可能性があげられる（Tatara, 1994a；Tsujino and Yumoto, 2014）．また，ツシマテンの行動圏サイズは林縁部を多く含むほど小さい傾向がある（Tatara, 1994a）．林縁部はエッジ効果（複数の環境の境界部分で，異なる環境条件の影響を受けて生じる物理的，生態的作用のこと）によって，森林

とオープンな環境に生息する昆虫や植物がどちらも見られる．林縁でこれらの餌の多様度が高くなることで，昆虫類や果実をおもな餌として利用するツシマテンにとって，林縁はよい採餌環境となっているものと思われる（Tatara, 1994a）．

　餌資源だけでなく休息場についても，広葉樹林にはニホンテンが休息するのに適した環境が豊富に存在すると考えられる．Tatara（1994a）によると，発信機を装着して追跡したツシマテンの休息場と考えられたほぼすべての地点が広葉樹林内に位置したという．さらに，その地点を踏査したところ，そこで発見された樹洞や積み重なった倒木の隙間，地面の穴や岩の裂け目が休息場として利用されていると考えられた．広葉樹林について，Tsujino and Yumoto（2014）は，さらにヒトによる撹乱の程度によって植生タイプを区別している．ホンドテンは，林冠がシラカンバ（*Betula platyphylla* var. *japonica*）や若い広葉樹によって構成され，太く成長した老齢木が見られないような「高撹乱林」よりも，林冠がおもにブナ（*Fagus crenata*）やミズナラ（*Quercus crispula*），アカイタヤ（*Acer pictum* subsp. *mayrii*），トチノキ（*Aesculus turbinata*），サワグルミ（*Pterocarya rhoifolia*）のような高木落葉広葉樹によって構成され，ヒトによる撹乱が最小限である「低撹乱林」に対してより高い選好性を示した．このことは，広葉樹林を構成する樹木のなかに果実をつける種が含まれていたこと（Tsujino and Yumoto, 2014）に加えて，大型の樹木や老齢木からなる低撹乱林において，休息場として利用できる空間が豊富だった可能性が考えられる．なお，ツシマテンの休息場として，筆者は上記の例のほかに，広葉樹林に隣接する2棟の倉庫を確認している（大河原，未発表）．どちらの例でも自動撮影カメラと目視によって，ツシマテンが休息場として利用していたことを確かめている．倉庫のなかにはちぎった段ボールでつくられた巣や多量の糞が見られた．

　ツシマテンがオープンな草地を忌避する理由については明らかになっていない．一般的に，捕食者から隠れることができるカバーのない環境に対して，被食者が忌避反応を示すことが想定される．しかし，対馬にはツシマテンを捕食するような大型の捕食者はほとんどいない．一方，先にも述べたとおり，対馬と同様に捕食者が少ない島嶼に生息するマツテンやアメリカテンでは，大陸に比べてオープンな環境も利用するという報告がある（Hearn *et al.*,

2010；Caryl *et al.*, 2012）．これらの島嶼個体群がオープンな環境を利用する
理由としては，捕食者の種数が限られることに加えて，テンが利用する餌が
オープンな環境に分布することがあげられている（Hearn *et al.*, 2010；Ca-
ryl *et al.*, 2012）．したがって，対馬の場合，捕食者が不在であってもオープ
ンな環境には十分な資源が分布しないために，ツシマテンはオープンな環境
を積極的に利用しないのかもしれない．たとえば，オープンな草地には休息
場として適した環境が豊富にあるとは考えにくい．また餌資源も，ツシマテ
ンが選好する広葉樹林や林縁付近に集中的に分布しており，草地にはあまり
分布していない可能性が考えられる．ただし，ニホンテンの環境利用に関す
る研究は，空間配置に関する研究と同様に非常に限られるため，さまざまな
環境条件下での検討が必要である．

## 7.5　生態系のなかのニホンテン

　近年ではニホンテン自体の生態のみならず，日本の生態系においてニホン
テンが担う役割についても注目が集まっている．ニホンテンは果実をよく利
用することから，おもに2000年代以降，種子散布者としての機能を検証す
る研究が活発に行われている（図7.6）．種子散布は，訪問，持ち去り，移
動，散布の4つの段階に分けることができる．ニホンテンの種子散布につい
ても，それぞれのプロセスの検証が進められている．Koike *et al.*（2012）で
は，ホンドテンやツキノワグマ（*Ursus thibetanus*），ハクビシン（*Paguma
larvata*）といった樹上へのアクセスが可能な種が，キツネやシカ，イノシ
シ（*Sus scrofa*）などの果実食者に比べて，結実したヤマザクラ（*Prunus
jamasakura*）にいち早く到来することが示されている．また，筆者は，各
種果実の日々の結実状況の変化に対してツシマテンが日単位ですぐに反応し，
実際に到来，採餌していることを自動撮影カメラと糞分析によって明らかに
した（大河原，2013）．Tsuji *et al.*（2016）は，ホンドテンの平均種子散布
距離を770mと推定している．これはツキノワグマ（1250m）に比べると
短く，その他の果実食者であるニホンザル（*Macaca fuscata*；301-500m）
やタヌキ（115-411m），オコジョ（*Mustela erminea*；10-80m），鳥類であ
るヤマガラ類（*Parus* spp.＜50m）に比べ長い．したがって，ホンドテン

図 7.6 果実の種子が多量に含まれるツシマテンの糞（対馬にて，撮影：大河原陽子）．

は本州において中距離程度の種子散布者であると推定される．なお，ホンドテンによって散布された種子のほとんどは，糞から出現する際に破壊されていないことが目視で確認されているが（Koike et al., 2008），散布された種子のその後の発芽率などに関する詳細な検討はこれからの課題である．

日本列島は南北に長く，山地部が豊富で気候条件もさまざまであるため，ニホンテンの食性や利用環境には地域によって違いが見られることが予想される．本章ではいくつかの地域において断片的に得られた情報から，ニホンテンの生態について考察してきた．ニホンテンの柔軟な生態を検討するうえで，行動に直接的に働きかける環境条件に関する情報は重要である．それにもかかわらず，ニホンテンの生態情報と並行して環境条件に関するデータを収集・分析した研究例は非常に限られる（たとえば大河原，2013；足立ほか，2016）．今後は各地のさまざまな環境において，ニホンテンの生態に関する情報が環境条件に関するデータとともに解析・蓄積されることが望まれる．

## 引用文献

足立高行・桑原佳子・高槻成紀．2016．福岡県朝倉市北部のテンの食性──シカの増加に着目した長期分析．保全生態学研究，21：203-217．

Andruskiw, M., J. M. Fryxell, I. D. Thompson and J. A. Baker. 2008. Habitat-mediated variation in predation risk by the American marten. Ecology, 89：2273-2280.

Caryl, M. F., C. P. Quine and K. J. Park. 2012. Martens in the matrix : the importance of nonforested habitats for forest carnivores in fragmented landscapes. Journal of Mammalogy, 93 : 464–474.

Ferguson, H. S., J. W. Higdon and S. Larivière. 2006. Does seasonality explain the evolution and maintenance of delayed implantation in the family Mustelidae (Mammalia : Carnivora)? Oikos, 114 : 249–256.

Funakoshi, K., A. Nagasato, S. Takenouchi, R. Kannonji, M. Kikusui, A. Uchihara and K. Tamai. 2017. Annual molting cycle and photoperiods that affect seasonal coat color changes in the Japanese marten (*Martes melampus*). Mammal Study, 42 : 209–218.

Hearn, B. J., D. J. Harrison, A. K. Fuller, C. G. Lundrigan and W. J. Curran. 2010. Paradigm shifts in habitat ecology of threatened Newfoundland martens. Journal of Wildlife Management, 74 : 719–728.

平川浩文・木下豪太・坂田大輔・村上隆広・車田利夫・浦口宏二・阿部豪・佐鹿万里子. 2015. 拡大・縮小はどこまで進んだか――北海道における在来種クロテンと外来種ニホンテンの分布. 哺乳類科学, 55 : 155–166.

平田逸俊・下稲葉さやか・川田伸一郎. 2017. コウライムササビ (*Petaurista leucogenys hintoni*) とコウライキテン (*Martes melampus coreensis*) の原記載に用いられた標本の再発見. 哺乳類科学, 57 : 111–118.

細田徹治・大島和男. 1993. ニホンテン *Martes melampus melampus* Wagner の毛色の変異. 南紀生物, 35 : 19–23.

Inoue, T., T. Murakami, A. V. Abramov and R. Masuda. 2010. Mitochondrial DNA control region variations in the sable *Martes zibellina* of Hokkaido Island and the Eurasian Continent, compared with the Japanese marten *M. melampus*. Mammal Study, 35 : 145–155.

IUCN. 2017. IUCN Red List of Threatened Species. Version 2017. 2. http://www.iucnredlist.org/ (Accessed 4 November 2017).

Kamada, S., S. Moteki, M. Baba, K. Ochiai and R. Masuda. 2012. Genetic distinctness and variation in the Tsushima Islands population of the Japanese marten, *Martes melampus* (Carnivora: Mustelidae), revealed by microsatellite analysis. Zoological Science, 29 : 827–833.

Kamada, S., T. Murakami and R. Masuda. 2013. Multiple origins of the Japanese marten *Martes melampus* introduced into Hokkaido Island, Japan, revealed by microsatellite analysis. Mammal Study, 38 : 261–267.

Koepfli, K.-P., K. A. Deere, G. J. Slater, C. Begg, K. Begg, L. Grassman, M. Lucherini, G. Veron and R. K. Wayne. 2008. Multigene phylogeny of the Mustelidae : resolving relationships, tempo and biogeographic history of a mammalian adaptive radiation. BMC Biology, 6 : 10.

Koike, S., H. Morimoto, Y. Goto, C. Kozakai and K. Yamazaki. 2008. Frugivory of carnivores and seed dispersal of fleshy fruits in cool-temperate deciduous forests. Journal of Forest Research, 13 : 215–222.

Koike, S., H. Morimoto, S. Kasai, Y. Goto, C. Kozakai, I. Arimoto and K. Yamazaki. 2012. Relationships between the fruiting phenology of *Prunus jama-sakura* and timing of visits by mammals : estimation of the feeding period using camera traps. *In*（Zhang, X., ed.）Phenology and Climate Change. pp. 53-68. InTech, London.

Kuroda, N. and T. Mori. 1923. Two new and rare mammals from Corea. Journal of Mammalogy, 4 : 27-28.

Lindenfors, P., L. Dalèn and A. Angerbjörn. 2003. The monophyletic origin of delayed implantation in carnivores and its implications. Evolution, 57 : 1952-1956.

Mead, A. R. 1994. Reproduction in *Martes*. *In*（Buskirk, S. W., A. S. Harestad, M. G. Raphael and R. A. Powell, eds.）Martens, Sables, and Fishers : Biology and Conservation. pp. 404-422. Cornell University Press, New York.

箕口秀夫. 2004. 佐渡島におけるテンの生息に関する研究. 平成15年度受託研究費（新潟県）成果報告書.

中村俊彦・神崎伸夫・丸山直樹. 2001. 東京都日の出町，あきる野市におけるニホンテンの食性の季節的変化. 野生生物保護，6 : 15-24.

岡田徹. 2009. 飯田高原におけるテンの季節的な体毛の変化. Naturel History わたしたちの自然史，108 : 15-18.

大河原陽子. 2013. 果実のフェノロジーに応じたツシマテン（*Martes melampus tsuensis*）の採餌生態. 琉球大学大学院理工学研究科修士論文.

Okawara, Y., N. Nakanishi and M. Izawa. 2018. Different seasonal diets of the Tsushima marten *Martes melampus tsuensis* revealed by quantitative assessment of stomach contents. Mammal Study（in press）.

Powell, A. R. 1994. Structure and spacing of *Martes* populations. *In*（Buskirk, S. W., A. S. Harestad, M. G. Raphael and R. A. Powell, eds.）Martens, Sables, and Fishers : Biology and Conservation. pp. 101-121. Cornell University Press, New York.

Proulx, G., K. Aubry, J. Birks, S. Buskirk, C. Fortin, H. Frost, W. Krohn, L. Mayo, V. Monakhov, D. Payer, M. Saeki, M. Santos-Reis, R. Weir and W. Zielinski. 2000. World distribution and status of the genus *Martes* in 2000. *In*（Harrison, J. D., A. K. Fuller and G. Proulx, eds.）Martens and Fishers（*Martes*）in Human-Altered Environments. pp. 21-76. Springer, New York.

Sato, J. J., S. P. Yasuda and T. Hosoda. 2009. Genetic diversity of the Japanese marten（*Martes melampus*）and its implications for the conservation unit. Zoological Science, 26 : 457-466.

Smith, C. A. and J. A. Schaefer. 2002. Home-range size and habitat selection by American marten（*Martes americana*）in Labrador. Canadian Journal of Zoology, 80 : 1602-1609.

Tatara, M. 1994a. Social system and habitat ecology of the Japanese marten *Martes melampus tsuenesis*（Carnivora ; Mustelidae）on the islands of Tsushima. Ph. D. thesis, Kyusyu University.

Tatara, M. 1994b. Notes on the breeding ecology and behavior of Japanese martens on Tsushima Islands, Japan. Journal of the Mammalogical Society of Japan, 19 : 67–74.

Tatara, M. and T. Doi. 1994. Comparative analyses on food habits of Japanese marten, Siberian weasel and leopard cat in the Tsushima islands, Japan. Ecological Research, 9 : 99–107.

Thom, D. M., D. D. P. Johnson and D. W. Macdonald. 2004. The evolution and maintenance of delayed implantation in the Mustelidae (Mammalia: Carnivora). Evolution, 58 : 175–183.

Tsuji, Y., T. Okumura, M. Kitahara and Z. Jiang. 2016. Estimated seed shadow generated by Japanese martens (*Martes melampus*): comparison with forest-dwelling animals in Japan. Zoological Science, 33 : 352–357.

Tsujino, R. and T. Yumoto. 2014. Habitat preferences of medium/large mammals in human disturbed forests in Central Japan. Ecological Research, 29 : 701–710.

Virgós, E., A. Zalewski, L. M. Rosalino and M. Mergey. 2012. Habitat ecology of *Martes* species in Europe. *In* (Aubry, B. K., W. J. Zielinski, M. G. Raphael, G. Proulx and S. W. Buskirk, eds.) Biology and Conservation of Martens, Sables, and Fishers : A New Synthesis. pp. 255–266. Cornell University Press, New York.

Wereszczuk, A. and A. Zalewski. 2015. Spatial niche segregation of sympatric stone marten and pine marten-avoidance of competition or selection of optimal habitat? PlOS ONE, 10 : e0139852.

山本祐治. 1994. 長野県入笠山におけるテン, キツネ, アナグマ, タヌキの食性比較. 自然環境科学研究, 7 : 45–52.

Zhou, Y. B., C. Newman, W. T. Xu, C. D. Buesching, A. Zalewski, Y. Kaneko, D. W. Macdonald and Z. Q. Xie. 2011. Biogeographical variation in the diet of Holarctic martens (genus *Martes*, Mammalia : Carnivora : Mustelidae) : adaptive foraging in generalists. Journal of Biogeography, 38 : 137–147.

# 8
## ニホンアナグマ
### 群れ生活も行うイタチ科大型種

### 金子弥生

　アナグマ属は，イタチ科のなかでも土を掘る方向へ進化し，その行動は巣穴中心で，おもに夜行性である．掘削能力とトレードオフした走行が遅く，巣穴から一定距離の範囲内で餌を探す行動の特徴がある．おもな餌項目はミミズであり，加えて季節的に利用可能な餌である果実や昆虫などを利用する．冬の穴ごもりから春先にかけての餌の減少時期を補うための体脂肪蓄積のために，秋に体重が急増する．アナグマの社会について，同属のヨーロッパアナグマでは，ペアを基本単位として，高密度のときには血縁個体どうしで巣穴などの空間を共有する群れ生活を行うことが知られている．ニホンアナグマでは，基本単位は母親と子どもであり異なるが，餌条件がよければ，ヨーロッパアナグマと同様に血縁からなる小さな群れを形成すること，また群れ内と群れ間の臭腺によるコミュニケーションの存在が，筆者の研究から明らかになった．アナグマは繁殖力があまり高くないため，保全にあたっては人間との軋轢を背景とした過剰な捕獲による地域絶滅を予防することが肝要である．すなわち，アナグマ専用の管理技術（個体数推定手法，被害防除システム，地域社会への普及啓蒙内容）を確立する必要がある．

## 8.1　アナグマはどういう動物か

### （1）　分類と分布

　ニホンアナグマ（*Meles anakuma*）は，長い間ユーラシアアナグマ（*Meles meles*）の地理的亜種（*Meles meles anakuma*）とされてきたが，2005 年

に Wilson と Reeder により独立種と位置づけられた（Kaneko *et al.*, 2016）．
ニホンアナグマは日本国内にのみ分布し，さらに本州，四国，九州，小豆島
に分布するが，北海道やほかの島嶼部には分布しない．また，本州，四国，
九州の個体のマイクロサテライト DNA 分析結果より（Tashima *et al.*,
2010），四国は，本州や九州と比較して特異的であることが明らかになった．
四国が本州や九州から分離したのは，瀬戸内海が成立した約 7000 年前，九
州が本州から分離したのは約 5000 年前であることから，個体群の分離時期
が遺伝的特徴の決定に影響したと考えられる．さらに，同分析による本州内
部の集団構造ではミトコンドリア DNA の結果と同様に（Tashima *et al.*,
2011），明確な地理的な特徴は見られなかった．

## （2）　外貌

　イタチ科のなかでも土を掘る方向へ進化したアナグマは，前肢が大きく発
達し，鋭い爪のある大きな前足を有する（図 8.1）．*Meles* 属のほかの 3 種，
ヨーロッパアナグマ（*Meles meles*）やアジアアナグマ（*Meles leucurus*），
コーカサス地方の *Meles canesiens*（Marmi *et al.*, 2006）の体色は灰褐色で
あるのに対し，ニホンアナグマの体色は全体的に薄いクリーム色であり，し
かも黒い縦縞が薄く目のまわりに広がるのが特徴である（図 8.1）．脚の毛
は黒褐色である．
　顔の黒い縦縞には，個体差が見られる．目のまわりだけに黒い色がついて，
その他は淡い縞の個体から，ヨーロッパアナグマのように白黒が明確で頭の
頂点部まで縞模様がかかっている個体もいる（図 8.2）．東京都日の出町の
捕獲調査では，夏毛と冬毛に被毛タイプが分かれ，換毛時期は 5 月下旬と 9
月中旬である．鼻の色は，ピンク，黒，2 色の混合の 3 タイプが見られる．
生活のおもな部分は地中の巣穴で過ごすため，主として嗅覚に頼っており，
ほかのイタチ科動物と比較して鼻が大きく発達している．

## （3）　生態

### 行動圏と巣穴

　アナグマの行動圏は 5-407 ha まで幅を持つことが報告されている（山本，
1995；Tanaka *et al.*, 2002；Kaneko *et al.*, 2006, 2014）．行動圏は季節によっ

## 8.1 アナグマはどういう動物か

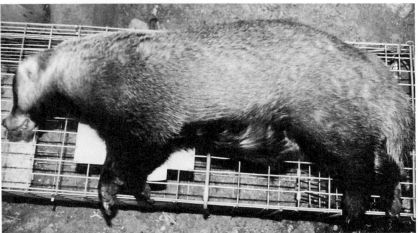

**図 8.1** 東京都日の出町で捕獲されたニホンアナグマ（いずれも撮影：金子弥生）．体色は全体的に薄いクリーム色であり，足と腹の毛は黒褐色である．イタチ科のなかでとくに土を掘る方向へ進化したため，前肢から肩にかけて骨格と筋肉がとくに大きく，がっちりとした体型である（上図）．横から見ると，四肢が短いイタチ科の体型の特徴がよくわかる（下図）．尾は長さ15 cm程度，興奮したときは尾の毛を逆立てるため，尾が丸く大きく見える．これは，尾の付け根にある臭腺からの分泌物の拡散と関係があるかもしれない．

図 8.2 東京都日の出町のアナグマの顔の模様のバリエーション（いずれも撮影：金子弥生）．目のまわりだけが黒い個体（上），はっきりとした縦縞の個体（中），縦縞が頭の上部でつながっている模様（下）と，さまざまなタイプがある．いずれの場合でも，アジアアナグマ（*M. leucurus*）と同様に，縞は耳の上でなく，耳より内側にかけて伸びている（ヨーロッパアナグマ *M. meles* では耳の上にかかっている）．

て変化し，冬眠時期はほとんど動かない．また，長野県入笠山，山口県山口市，東京都日の出町の各地域で，いずれもオスの行動圏はメスよりも大きいことがわかっている．日の出町では，成獣メスの行動圏が 19.8±10.2 (SD) ha であるのに対し，成獣オスは通常 33.0±18.1 (SD) ha と 1.5 倍近い面積を示した（Kaneko *et al.*, 2006）．オスは交尾期間になると通常の 2 倍近くの行動圏サイズとなり，複数のオスがメスのいる地域へ入り込む（Kaneko *et al.*, 2014）．山口県の個体群では，オスが最大 3 頭までのメスの行動圏を内包する排他的な行動圏を有する（Tanaka *et al.*, 2002）．

行動圏のなかには，約 300 m 間隔で巣穴が掘られている（金子，2008）．アナグマは掘削能力の発達と走行能力をトレードオフしたため走行は遅い．巣穴から出歩く距離は，走行が遅くても安全に戻れる距離の範囲内と思われ，それがおおよそ 150 m なのだろう．巣穴は入口が 1 つから 10 カ所以上まで多様である．メスは子育てと関連して 1 カ所の巣穴に定住する傾向があるが，オスは初夏や夏には巣穴外の藪のなかや岩陰などで休息することもある（Kaneko *et al.*, 2006）．巣穴は，自分で掘るほか，キツネが放棄した子育て穴や，都市近郊では民家の床下の使用例もある（山本，1986；Kaneko *et al.*, 2006）．

#### タメ糞

個々の行動圏内に，タメ糞が複数ある．タメ糞は巣穴の入口そばや，5 m 以内，けもの道の交差点などで見られる．タヌキのタメ糞との区別方法としては，アナグマは下に深さ 15 cm，直径 20 cm ほどの小さな穴を掘り，そのなかに数個の糞をする（図 8.3）．規模の大きなタメ糞では，この小さな穴が 3-5 カ所，10 cm から 1 m ほどの間隔で散在している．巣穴の入口のタメ糞は，巣穴の利用者を知らせる．けもの道上のタメ糞は，行動圏内の移動に関する情報表示，また外から入ってくる個体に対する定住個体の存在のアピールの意味合いがあるものと考えられる．

#### 食性

長野県（山本，1991），山口県（田中，2002），東京の日の出町で調べられたアナグマの食性の結果では，おもな採食物はミミズであった．日の出町で

180　第8章　ニホンアナグマ

図 8.3　巣穴（上）とタメ糞（下）（東京都日の出町，いずれも撮影：金子弥生）．タメ糞は直径 20 cm ほどの穴を掘り，そのなかに糞が複数排泄されている．このような穴が，1つのタメ糞に 1-3 カ所程度見られる．

8.1　アナグマはどういう動物か　　　181

の調査（Kaneko *et al.*, 2006）では，哺乳類（ネズミ類など）の利用は春にわずかに見られるのみで，春から夏はミミズをよく利用していた．初夏はミミズに加えて，甲虫類（オサムシ類，ゴミムシ類）やノイチゴ類を頻度高く利用する（図8.4）．しかし秋になると，これらの食べものの利用は減り，柿の実の利用が圧倒的に多くなる．世界的に *Meles* 属の食性を見ても，ミミズ，昆虫類，ノイチゴなどの果実類をおもに利用し，利用可能性に合わせて採食項目をスイッチするジェネラリストである（Roper, 2010）．

　ミミズをたくさん食べたときの糞はタール状でかたちを形成していない場合もあり，なかにミミズの体のなかにあった土をたくさん含むため，黒っぽく見える．また，分析のために水洗すると，内容物がほとんど見あたらずに土が大量に出てくる．ミミズは消化がよいため，一見するとなにもないように見えるが，洗浄水のなかにミミズの体表の毛が含まれているため，20-30倍で検鏡すると発見することが可能である（詳細は山本，1986；Kruuk, 1989 を参照）．

　このほかに，機会があればアナグマは人為的食物も利用する．農耕地では，畑の隅に捨てた自家用の生ゴミ捨て場や，コンポスト，また外飼いのネコの餌にアナグマが訪れるという話をよく聞く．日の出町では餌付けされて毎日餌をもらいに訪れるようになり，ヒトの体に前足を乗せて餌ねだりをする当年子も見かけた．しかし，穴ごもり期間があるためか，幼獣のうちはヒトに慣れていても，翌年の穴ごもりが過ぎると餌はもらっても，ヒトに近寄ってくる成獣個体は見なかった．日の出町では，春にもっとも人為物の利用頻度が多くなるが（80% 程度；Kaneko *et al.*, 2006），これは春先に餌となる食物が少ないことと関係しているものと思われる．

　餌付け場で観察を行った結果では，アナグマの食欲は秋になるととくに活性化した．穴ごもりの前に体重を 50% 以上増加させるためである（金子，2008）．餌の入った器の前に座り込んで食べ，満腹になるとその場で眠り，30 分ほど眠ると，起きてまた食べ始めるといった，消化を優先させるような行動も観察された．穴ごもりの間は餌をほとんど食べない．飼育下で観察を行った際は，10 日ほど続けて眠り，ときどき起きてわずかに水を飲む程度であった．

182　第8章　ニホンアナグマ

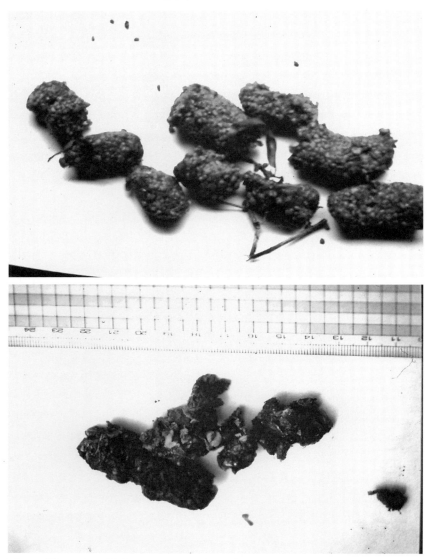

図 8.4　夏にノイチゴを食べたアナグマの糞（上）とほかの自然の餌を食べたアナグマの糞（下）（いずれも撮影：金子弥生）．ミミズや甲虫類などが含まれている場合が多い．

## （4） 繁殖・生理

　ニホンアナグマの生活環と栄養生態については金子（2008）にまとめた．地域変異にはまだ不明の部分が多いが，日の出町の研究では，10月半ばから3月下旬ごろまでが穴ごもりの時期であるから覚める個体が出始め，4月上旬に出産，7月末まで授乳を行う（金子，2008；図8.5，図8.6，図8.7）．穴ごもりは長期間1カ所の巣穴で動かずにほとんど眠って過ごす点においては冬眠と似ているが，体温低下が見られず，危険がある場合はすぐに動き出すことができる．1腹あたりの産子数は平均2.5±1.2（SD）頭（1-4頭），母親メスどうしの行動圏は排他的であり，重複は見られない．その他に，オスよりも餌の密度が高い地域（日の出町の場合は，主要な餌であるミミズ，ノイチゴ類，柿の木へのアクセスがよい，森林と農耕地の林縁の単位面積あたりの密度）を占める傾向にある．オスとの間に餌資源をめぐる競争が起きないためのメカニズムと考えられる．

　交尾期は4月から5月にかけてピークとなり，7月ごろまでに終了する．その後，早い個体では10月上旬，遅い個体では11月上旬ぐらいまでに穴ごもりとなる（金子，2008）．メスの飼育下での観察もふまえて（金子，2001），ニホンアナグマでは着床遅延が生じることがわかっている．交尾期のピークと考え合わせると，長い個体だと4月上旬から2月中旬の平均的な着床時期までの10カ月間，短い個体だと交尾期の終わりの7月下旬からの7カ月間遅延する．交尾は，オスがメスの巣穴を訪問し，巣穴の入口付近の外で行われる．山口県の田中浩氏によるビデオカメラを用いた研究（田中，2002）では，行動圏内の成獣オス2頭どうしが，繁殖メスの訪問をめぐり闘争（威嚇，嚙みつき，ひっかきなど）する様子が記録された．交尾期はメスの子育て中であるが，着床遅延するため，巣穴から出てきてその場で交尾を行う．


# 8.2　ニホンアナグマの社会構造

## （1）　*Meles* 属の社会

1983年に，オックスフォード大学のディビット・マクドナルド（David

184　第8章　ニホンアナグマ

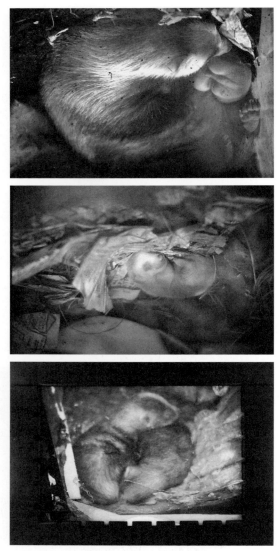

図 8.5　生まれたばかりのアナグマ（上，中）と生後1カ月（下）（いずれも撮影：金子弥生）．目のまわりの黒い模様は，生まれたときからついている．

図 8.6 生後53日の様子（上）．まだ母親からの授乳のみで栄養を得ている．8月に日の出町の民家餌付け場に現れたアナグマ母子（下：左が母親，中央と右が子ども）（いずれも撮影：金子弥生）．

第8章　ニホンアナグマ

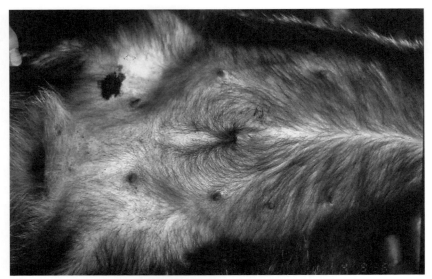

図 8.7　メスアナグマの乳頭式（撮影：金子弥生）．通常は3対であるが，この個体は左上部にもう1つ乳頭が見られる．日の出町では，このような個体が全体の1割程度いた（左上の後ろ足内側の黒い点は，個体識別のための入れ墨の処置をしたため）．

Macdonald）博士は，食肉目動物の社会形成を生態学の観点を入れて説明する資源分散仮説（Resource Dispersion Hypothesis；RDH；Macdonald, 1983；Macdonald and Newman, 2017）を発表した．RDHによると，食肉目動物が利用するなんらかの資源（多くは食物）はパッチ状で分散分布しており，しかも季節などの無機的環境要因の影響を受けて量が変わるので，利用する餌項目の入れ替えが起こる．それらの資源の状態により，各個体の行動圏のなかで生活可能となる余剰の個体数は制約を受ける．行動圏の重複，つまり同じ巣穴などの空間を共有する「空間グループ」の個体間には，通常は行動学的な強弱関係が生じない．しかし，資源量が少なくなる時期に，餌場を共有しあうかたちで持ちこたえようとするため，共同関係が自然と発生し，群れという社会形成が行われるとした．この仮説では，食物の確保（food security）のために，それぞれの個体が利用する食物タイプの多様性は重要であり，たとえばある季節にあるタイプの食物が大量にある場合に，各個体が余剰の餌資源を脂肪エネルギーとしてストックし，寒さや洪水などの餌の少

ない時期に向けて備える．餌が少ないときには，個体間競合が起こり，群れサイズに制約がかかることもあるが，それを緩和する戦略として冬眠や穴ごもりはうまく機能している．

　その後，共同行動が少ないのに群れ形成をしているヨーロッパアナグマでも RDH があてはまるかどうかという検討が行われた．その結果，各群れのなわばり内の資源の分散程度には，群れサイズとなわばりの面積のバランスがもっとも関係することが明らかになった．さらに，アナグマ属の群れ形成の特徴をテン属と比較すると（Newman *et al.*, 2011），この 2 属は雑食性という食性の特徴や，イタチ科に属する分類上の類似性は高いものの，テン属では，個体どうしが行動圏を共有しても食物資源の確保は達成されないということが明らかになった．なぜならば，テン類はネズミ類を捕食する特性が強く，さらに餌が少なくなる時期に備えた体脂肪蓄積はアナグマほどにはなされないため，同種個体との間で行動圏の共有はむしろリスクが大きいからである．テン類は，ものを食べないでいられるのは 72 時間までであり（Buskirk and Harlow, 1989），アナグマのような半年近い絶食による冬眠状態になることはない．

　地下空間の利用，すなわち巣穴の利用は，アナグマが生まれた巣穴で性成熟するまで成長する際に，同所的にすむための知恵を発達させた要因の 1 つである．雑食性の食性の特徴と，採餌物を臨機応変に変更する行動は重要な役割を果たした．肉食性の強いほかの食肉目では，群れで狩猟の成功率が高いというメリットがあったとしても，性成熟すると生まれた群れから分散する．そのことで近親繁殖を避けることが可能となるわけだが，アナグマなどの体重が 15 kg 以下の食肉目の場合は，移動能力の制約もあり，生まれた巣穴のある地域を性成熟後もシェアして過ごし，そのために生じる餌の欠乏のリスクは体脂肪蓄積によって乗り越える．つまり，アナグマの中型の体サイズは，体脂肪消費と群れ生活による巣穴や餌場などの資源の共有をすれば，絶妙なバランスがとれ，生活を維持できる大きさなのである．

　以上のヨーロッパアナグマにおいて議論されてきたアナグマの社会構造の特徴は，ニホンアナグマをはじめとするアジアのアナグマ類にも共通する部分がある．

## （2） ニホンアナグマの社会とは

　ニホンアナグマの社会構造については，Tanaka *et al.*（2002）が山口県山口市でラジオテレメトリー法により4頭のアナグマを繁殖期に追跡した調査が，長い間唯一といってよい考察であった．その研究で田中らは，ニホンアナグマの成獣オスは，最大3頭までの成獣メスの行動圏を内包し，その行動圏を防衛しているという結果を発表した．ヨーロッパアナグマが示すような，ペアを基本的社会単位として栄養的な条件が許せば血縁の余剰個体が行動圏内に居残って大きな群れを形成する社会ではなく，オスがメスと別に生活しているイタチ科に特有の単独生活という点を打ち出した．ヨーロッパの研究者たちにとって，田中の発見は画期的であった．イギリスのアナグマ研究の第一人者の1人であるサセックス大学のローパー（Timothy Roper）教授は，その結果を引用して，「日本の *Meles* 属は，ヨーロッパと完全に異なる社会構造を有する」と著書のなかで表現した（Roper, 2010）．

　筆者はその後，東京都日の出町で8年間に52頭を調査し（ラジオテレメトリー追跡は21頭），DNA分析も入れて，東京の里山地域のアナグマの社会構造について考察を行った（Kaneko *et al.*, 2014）．社会構造の研究テーマについて，筆者は生態学的な観点を取り入れた構想を描いていた．社会の考察を行動面からだけで行っても，風景を描いた1枚の絵画のようなもので，社会形成の理由には迫れないと思っていたからである．そして，調査の終わった1997年からアナグマの社会を考察するための日の出町の生態学的特徴を，生活環，食性，環境選択，タメ糞場の利用と1つずつ論文化していって，社会の考察の論文は最後に書いた．だから，田中氏よりも早く調査を始めたにもかかわらず，論文としてまとめあげたのはずっと遅れた．しかも，2000年以降は国際誌のトレンドも移り変わっていった時期で，社会生態の分野でも，かつてのような個々の動物の行動をていねいに観察やテレメトリーで追った研究を疎んじて，統計により個体群としての特徴を浮き立たせる研究がより高く評価されるようになった．低密度のアナグマの調査地でほとんど全頭捕獲のような識別状況で，その約半分をテレメトリー追跡したにもかかわらず，論文のなかに個体レベルでの動物の動きを少しでも書くと嫌がられて，掲載は難航した．そして最初の投稿から8年も経ってからその論文（Kaneko *et al.*, 2014）は受理された．

　それでも長年取り組んだだけのことはあって，日の出町のデータは，穴ごもり時期を除く3季節のデータが大部分で，加えて入れ墨による個体識別のデータによって，個体の動きや血縁関係による長期追跡でしかわからない内容も含まれている．詳細は論文に書いてあるので，ここでは要点を述べることにする．第1の疑問は，ニホンアナグマの基本社会単位はペアなのか，単独なのかということである．答えは，単独である．ニホンアナグマのオスとメスの生活はまったく異なる．成獣メスは自分だけがすむ巣穴で4月に出産し，そのまま授乳をしながら6月ごろまで1頭で子育てをする．そして子どもが離乳時期になると，母親1頭で子どもを1頭ずつ連れ歩くようになり（ほかの子どもは巣穴のなかへ残しておく．おそらく，いない間に子どもが出歩かないように，巣穴の入口を土や巣材で軽くふさぐのだろう），子どもたちが慣れてくると全頭を連れて採食へ出かけるようになる．

　オスは，基本的に子育てには一切関わらない．メスが普段はまったくいない地域にすんでいるオスもいる．5-7月の交尾のときだけ，メスのいる地域へ集合する．このときに，タメ糞を使った情報収集が行われる．オスは頻繁に行動圏の境界にあるタメ糞場を訪問し，ある日，2-3日の「巣穴訪問旅行」へ出かける．そして，メスのいる巣穴の近くに滞在し，巣穴近くのタメ糞を頻繁にチェックする行動が見られる．このときに，メスをうまく巣穴の外に呼び寄せて，交尾を成功させようとする努力も行っているに違いない．成功するとは限らないので，オスは近隣の巣穴へこのような短期訪問を複数パターン行う．訪問期間の合間は自分のもとの行動圏に戻る．そして秋になると訪問は終了，冬眠前の餌をたっぷりと食い込む時期に入る．

　既存研究になかった新規性は，単独の社会単位には，場合によってオプションもあることを明らかにした点である（図8.8，図8.9）．それは，メスとその年生まれの子アナグマ1-4頭の母子単位に，前年生まれや成獣オスが加わって形成される「小グループ」である．前年生まれの子どもは，子ども時代の初めての冬眠が終わると，母親の巣穴にとどまることを許されない．春の初めに威嚇されて追い出される．しかし，テレメトリー追跡により，この若いメスやオスが母親の行動圏と一部の地域や巣穴を共有し，ときには母親の巣穴を訪問しながら，近隣にとどまって緩い関係を続けていることがわか

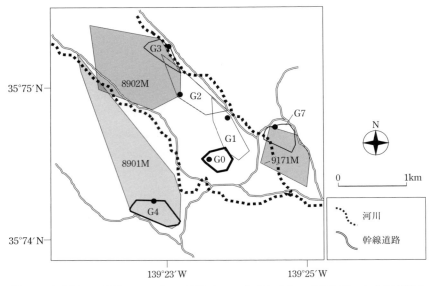

**図 8.8** 東京都日の出町のアナグマの母子グループ (G0–G7) の空間配置,および成獣オス 3 頭 (8902M, 9171M, 8901M) の行動圏 (Kaneko *et al.*, 2014 より改変).

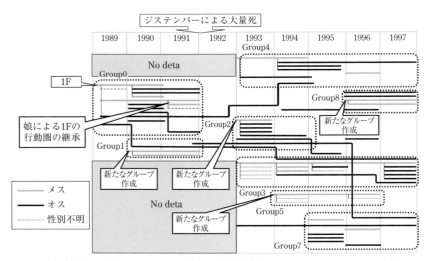

**図 8.9** 東京都日の出町のアナグマの群れの経時的変化 (Kaneko *et al.*, 2014 より改変).

った．生まれて2年目のこの時期は，オスは交尾に参加しているが，メスは交尾するまでで出産にはまだ至っていない．冬眠の後に採食を十分にできる餌場の確立，初めての交尾活動への参加，困ったときに「実家」を頼りたくなるのはアナグマも同じなのかもしれない．

しかし若いアナグマたちは，親をあてにしているばかりではない．捕獲調査のために母親を丸一日拘束した初夏のある日，その母親の巣穴に張り付いて撮影を行っていたテレビ局のカメラマンの話によると，近くにすんでいるテレメトリー追跡中の若い息子が，子どもたちをともなっていつもの餌付け場に現れたという．息子アナグマはときどき実家巣穴へ行っているから，子どもたちにとってはありがたい留守番役がいて，もしそのまま母親がいなくなったとしても，離乳後であれば生活を手伝ってもらって，そのまま一緒に暮らして子どもたちを巣立ちまで面倒見てもらえるのかもしれない．低密度のアナグマの生活では，血縁関係にある若い子どもは，血統の維持に大きな役割を担っているように思う．

また，アナグマの分散行動のデータを何例も得ることができた．オスアナグマの生活は単独とはいっても，季節的にかなり変化する．つまり，春から初夏の交尾時期は各所のメスの訪問ツアー，夏は交尾時期が終わると仲のよいメスのグループに合流して採食を一緒にしていることがある．これは生まれた場所の家族と同じ場合もあれば，違う場合もある．そして秋は自分の普段の行動圏で暮らし，冬はそのなかで眠る．この季節ごとに行動圏が大きく変化する生活を繰り返すなかで，オスの分散先はさまざまである．すなわち，交尾ツアーの訪問先で定着したり，実家近くで長く暮らしたり，あるいは幹線道路を越えて大きく離れた地域へ行ったりである．後に，北海道大学の増田隆一教授のチームのマイクロサテライトDNA分析によって，このオスアナグマの変化の大きい生活が，地域個体群としての遺伝的多様性を維持している要因であるという確証も得られた．

一方，メスアナグマの生活はかなり保守的である．巣立った子育て前の時期の若いメスは，だいたいが母親の行動圏に隣接する地域にいる．不思議なのは，オスの子どもほどには，メスは実家巣穴への立ち入りを許されていないということだ．母親メスにとっては，子どもを育てるための十分な餌資源が集中的にある行動圏を，ほかのメスから排他的に守っているという基本姿

勢がある．娘といえども，同性が，餌だけでなく巣穴資源までも共有しよう
とするのは，子育てにとってのリスクなのかもしれない．翌年に子どもを産
む年齢になった娘は，例外なく母親と異なる行動圏に暮らしていた．比較的
餌の豊富な農耕地の多い地域では，隣接地域にタメ糞で区切った行動圏を持
っているが，3年目に調査地域からこつ然と消える娘アナグマも多かった．
もっと遠くへ分散したのだろうと思っているが，このあたりはもっと研究し
てみたかった部分である．また，長い間には母親メスが死んだ例もあった．
調査地に一時期流行ったジステンパーの後，すぐに娘アナグマがまったく同
じ位置の行動圏で暮らしていたことがあった．別の，アナグマがたくさん死
んだ地域は，しばらくの間はだれもすまない時期が3年ほど続いた後に，新
しいメスがきて，それを追うオスが合流し，以前とまったく同じ位置に行動
圏が形成された．

　以上をまとめると，日の出町のアナグマの社会は，基本的には繁殖メスを
中心とする母子に，条件が許せば血縁関係のオスや，分散してきた非血縁の
オスが季節的に合流する，流動的な群れ生活である．この社会構造は，
*Meles* 属のほかのアナグマ，少なくともイギリス南部の高密度アナグマと変
わらない．ローパー教授が検討した後，2011年以降にイギリスのアナグマ
研究はさらに進み，DNA分析による裏づけを得て，母子を中心とする群れ
とオスが大きく分散や交尾のための訪問をする社会であることを結論づけた．
イギリス南部では日本の10倍以上の高密度が見られるので，群れ形成はさ
らに複雑である．高密度状態で交尾適齢期の雌雄のアナグマ複数が同所的に
すまざるをえなくなると，オスどうし，メスどうしに別々の社会的順位がで
き，上位のアナグマどうしのみが子どもを設ける．上位のアナグマどうしが
仲むつまじく巣穴の手入れを一緒に行ったり，一緒に採食場に出かける姿は，
観察ではペアともとれる．しかし，DNA分析の結果によると，メスが産む
子どもは必ずしも仲のよい上位オスばかりが父親ではなく，イヌ科の群れの
ペアとはまったく違うシステムである．日本のデータを論文にするまでにか
かった生態面の成果発表の長い時間のおかげで，図らずも，自分のデータを
技術革新のDNA分析にもかけることができ，またヨーロッパ地域の考察と
の比較を熟成させることができた．もっとも，日の出町の調査だけで日本の
アナグマの社会を決定づけることはできない．とくに，四国や九州などの，

餌が豊富にありアナグマが越冬しやすい温暖な環境でも調査されることで，ニホンアナグマの社会についてより深い考察を行うことができるようになるだろう．

### （3） 臭腺分泌物によるコミュニケーション

アナグマのにおいによるコミュニケーションについて，英国のヨーロッパアナグマの研究では，複数の臭腺からの分泌物に種特有の化学成分が存在し，しかも性，個体，季節によって異なることがわかっている（Buesching and Stankowich, 2017）．東京都八王子市のアナグマの成獣オス 1 個体，成獣メス 1 個体の尾下腺（sub-caudal gland）の分泌物を，ガスクロマトグラフィーにより化学成分について分析した．その結果，英国南部ワイタムのアナグマにおいて既知の種特異的な 21 の化学成分は，すべてニホンアナグマの結果と一致した．しかし，それらの含有割合は異なっており，またオスではオレイン酸が多量に含まれ，メスでは特定の成分に偏らずに多様性が高い傾向が見られた（金子ほか，2011）．

行動面では，自動追跡装置を用いた調査により（Kaneko *et al.*, 2009），アナグマがタメ糞を訪問する頻度は，自分の行動圏内で 1 週間に一度程度，隣接する家族グループとの境界のタメ糞では 2-3 日に一度程度の頻度であることがわかった．家族グループ内のオスと性成熟前のメスが連れ立ってタメ糞へ訪れる行動も見られており，訪問頻度は交尾時期のほうが高くなった．低密度個体群では，なわばりの標識よりも，隣接する地域の個体との情報交換の役割を果たしており，たとえばオスが行動圏を拡大しメスを探す場合のメス発情個体の空間的な情報を得ることが可能になっているものと思われる．

## 8.3　アナグマと人間の共存

ニホンアナグマを含むアナグマ類 は，6 属 16 種から構成され（Macdonald *et al.*, 2017），イタチ科 65 種のおよそ 25% の種数を占める．ブタバナアナグマ属（*Arctonyx*）に 3 種，ユーラシアアナグマ属（*Meles*）に 4 種，イタチアナグマ属（*Melogale*）が 5 種，その他にミツアナグマ属（*Mellivora*），アメリカアナグマ属（*Taxidea*），stink badger 属（*Mydaus*）にそれぞれ 1

種ずつである．これらのアナグマ類の分布を見ると，大部分の地域で1大陸に1種が生息している点が特徴的である．北米にアメリカアナグマ，アフリカにミツアナグマ，ユーラシアにユーラシアアナグマ，台湾と東南アジアの島嶼部にイタチアナグマや stink badger が1地域に1種ずつ，そして日本にニホンアナグマ．例外的なのは，アジア南西部であり，中国中央部にはブタバナアナグマ，ユーラシアアナグマが同所的に分布し，中国南部にはブタバナアナグマとイタチアナグマが同所的に分布している．

　保全上の考え方としては，大部分の地域において1地域に1種であるため，それぞれの地域でのアナグマ保全策の実施は，データ取得も含めてそれほど困難なことではないと思う．一番の問題は，アナグマと人間の関係がどうあるべきかという，人間側の考え方である．アナグマの保全がもっとも進んだ地域であるヨーロッパ北西部やイギリスでは，アナグマは保護獣であり，生息地の破壊，巣穴の攪乱までもが法規制されている．この法律を実行するための仕組み（保護団体，監視システム）も充実している．ほかの地域，すなわちヨーロッパ中央部，東部，ロシア，アフリカ，アメリカでは，農作物被害対策，アナグマの狩猟による管理や管理状況のコントロールがされている地域が大部分である．問題なのは，経済状況の変化している地域や，狩猟文化や管理システムのあまり発達してない地域での，過剰な捕獲（密猟を含む）によるアナグマの絶滅である．筆者は，アフリカ，中国，韓国，東南アジア，日本が該当すると考えている．ここでは，日本のアナグマを例にとり，問題点を説明する．

## （1）　ニホンアナグマの保全と問題点

　昨年，筆者は九州のアナグマの過剰捕獲が急速に進行しつつあることを知った（Kaneko *et al.*, 2017）．環境省発表の「鳥獣関係統計」（http://www.env.go.jp/nature/choju/docs/docs2.html）によると，2008 年度までの捕獲頭数（全国）は年間 1500 頭程度であったが，2013 年度には 8744 頭に増加，2014 年度は 9733 頭を示した．とくに増加が著しいのは九州地域であり，2013-2015 年度の3年間で約1万頭を駆除した．そのなかでも鹿児島県はとくに捕獲数が多く，2015 年度に捕獲数が 4354 頭を示した．鹿児島県のアナグマの生息頭数の調査などはないものと思われるが，3年間の捕獲数密度は

1.5-2.3 頭/km$^2$（島嶼部以外の全域に生息——好適ハビタットの農地と森林に生息として計算）となっている．この数値をアナグマが豊富に生息する東京都日の出町の生息密度 4 頭/km$^2$ と比較すると，生息頭数の 37-57% を駆除したこととなり，低密度で生息する長野県入笠山 2 頭/km$^2$ と比較すると 75-115% を駆除したことに該当する．現時点において筆者の考える課題は以下のとおりである．

　［課題1］駆除事業の実施の可否や内容を決定するための個体数調査がない．

　アナグマの繁殖能力について，①産子数が平均 2 頭と少なく，②社会構造の特徴として，高密度ではメスのなかの順位制のために，順位の高い個体しか子どもを産まない．したがってアナグマは，食肉目動物のなかでも，個体数が爆発的に増加するタイプの動物ではない．鹿児島県でアナグマの捕獲数が，数年で年間 100 頭から 4000 頭のレベルにまで増加したという現象は，過剰な捕獲圧がかかっていることが考えられる．しかし，鹿児島地域ではアナグマの学術的な個体数調査がなく，被害実態調査や被害予防するための防御策の実施もなされていない（舩越・松元，2018）．アナグマは日本固有の在来種であるため，駆除により絶滅するようなことがあってはならないが，「加害動物の種の判別」，「個体数調査」がなされていないことは，保全上のもっとも大きな問題である．

　［課題2］駆除されたアナグマの死体の食肉利用の前提条件として，「食品としての安全性の検査」が必要．

　アナグマだけをとってみても，十数種類の内部寄生虫が寄生していることが，学術的な研究によりわかっている．アナグマの食品としての流通は，あまり例が見られないため，早急に行うべきこととして，食品としての安全性の試験を行うべきである．

　［課題3］欧米のアナグマ愛護団体との軋轢が，将来的に生じる可能性がある．

　近縁種のヨーロッパアナグマは，イギリスなどの西欧地域では保護獣であり，カリスマ性のある魅力的な野生動物として非常に人気がある．近年，アナグマが牛結核のキャリアーであることを理由として，農業維持の観点から大規模駆除する事業がイギリスなどで行われている．しかし，このように人

気のある動物を駆除することで，愛護団体や民間有志による反対運動や駆除の差し止めデモがさかんに行われている．

世界全体で見るとアナグマ類の個体数が増加している地域はほとんどないことから，アナグマを根拠なく駆除，また食肉利用の対象とすることは，国際的に受け入れられにくいと考えるべきである．動物福祉面においても，とめさしナイフを用いる現状のアナグマの殺処分の方法については，国際社会のなかで動物の扱いがなっていないとして，批判にさらされる可能性が高い．

### （2）　日本におけるアナグマと人間の共存へ向けて

アナグマが人間活動との間で起こす軋轢について，アナグマは種特有の社会構造の特徴から高密度になることがあっても，大規模な餌不足になるようなレベルに陥ることがなく，人間が受ける被害の規模は小さい．そのうえ，アナグマの身体能力の特徴を考え合わせると，専用柵などのわずかな工夫をすれば，簡単に防御できるものばかりである．しかし，九州のアナグマの事例でわかるように，「アナグマが被害を起こす」ということ自体を，ほんの少しでもがまんできないという人間側の考え方，そして解決を目的としているはずの人間活動のあり方が本質とずれているように思う．九州のアナグマの事例では，報奨金の請求に動物を利用しようという別の目的が潜んでいる．このような被害防除策のシステム設計自体に問題があるにもかかわらず，駆除の主体を地域住民に置くように法律を設定して，問題が起こると責任は地元や地方自治体の関係者の不手際として片づけようとする，政府関係者の意図が見え隠れしている．

筆者が住んでいる東京都では，アナグマは1970年までの高度経済成長期に分布が大きく退行し，西部の山林に細々と生息しているのみの状態となった．しかし，2000年を過ぎたころから，アナグマが都市の思いがけない地域にまで出現していることがわかってきた．三鷹市の国際基督教大学で初めて生息が確認されたのが2008年，翌年には繁殖も行われた．その後，立川市において確認され，さらに2014年には府中市の筆者の勤務する東京農工大学府中キャンパスにも，アナグマが存在することがわかった（長光・金子, 2017）．冬眠するアナグマが，このような都市域に出現していることは驚き

である．生息が可能となっている生態学的要因や，そもそもどこからやってきたのかなど，不明な点はまだ多い．1ついえることは，多摩丘陵（八王子市）のアナグマの体重を調べたところ，体重が日の出町などの従来の生息域の同時期の値を上回っており，栄養状態がよいことがわかってきた（蔵本・金子，2012）．そしていずれの地域でも，アナグマの餌付けを行う民家の存在がある．

都市に進出したアナグマたちが今後どのようになっていくのかは，筆者にも予測できない．いずれにしても，都市の小さなよく管理された緑地に，ねぐらを設け，それらが人間やペットにより攪乱されず，ねぐらから近い距離に食べる餌が確保できる条件が，半自然であれ人工であれ，うまくあるのだろう．イヌやネコとのようなコミュニケーションは，アナグマはにおい中心で行うために，人間が理解しにくいが，イタチ科にしては大型なために姿が似ており，ものおじせずにおいしそうにものを食べる姿は愛らしく見えるだろう．価値観の多様な都市住民のなかには，アナグマをサポートする人間もいるようだ．あるいは，アナグマも今後，都市の環境に合わせて生態や行動が変化していくのかもしれない．問題が起こったとしても，アナグマのことを人間がもっとよく知っていれば，解決していけるに違いない．


## 引用文献

Buesching, C. D. and T. Stankowich. 2017. Communication amongst the Musteloids：signs, signals, and cues. *In*（Macdonald, D. W., C. Newman and L. A. Harrington, eds.）Biology and Conservation of Musteloids. pp. 149–166. Oxford University Press, Oxford.

Buskirk, S. W. and H. J. Harlow. 1989. Body-fat dynamics of the American marten（*Martes americana*）in winter. Journal of Mammalogy, 70：191–193.

舩越公威・松元海里. 2018. 鹿児島県のニホンアナグマ *Meles anakuma* の現状について——交通事故死個体数と捕獲数の年次変化から. Nature of Kagoshima, 44：77–83.

金子弥生. 2001. 東京都日の出町におけるニホンアナグマ *Meles meles anakuma* の生活環. 哺乳類科学, 41：54–64.

金子弥生. 2008. 生活史と生態——ニホンアナグマ.（高槻成紀・山極寿一, 編：日本の哺乳類学②中大型哺乳類・霊長類）pp. 76–99. 東京大学出版会, 東京.

Kaneko, Y., N. Maruyama and D. W. Macdonald. 2006. Food habits and habitat selection of suburban badgers（*Meles meles*）in Japan. Journal of Zoology,

270：78-89.

Kaneko, Y., T. Suzuki and O. Atoda. 2009. Latrine use in a low density Japanese badger (*Meles anakuma*) population determined by a continuous tracking system. Mammal Study, 34：179-186.

金子弥生・蔵本洋介・小菅園子・Christina D. Buesching. 2011. ニホンアナグマ *Meles anakuma* の臭腺分泌物の化学成分. 日本哺乳類学会 2011 年度大会要旨集.

Kaneko, Y., E. Kanda, S. Tashima, R. Masuda, C. Newman and D. W. Macdonald. 2014. The socio-spatial dynamics of the Japanese badger (*Meles anakuma*). Journal of Mammalogy, 95：290-300.

Kaneko, Y., R. Masuda and A. V. Abramov. 2016. *Meles anakuma*. The IUCN Red List of Threatened Species 2016-2. http://dx.doi.org/10.2305/IUCN.UK.2016-1.RLTS.T136242A45221049.en.

Kaneko, Y., C. D. Buesching and C. Newman. 2017. Unjustified killing of badgers in Kyushu. Nature, 544：161.

Kruuk, H. 1989. The Social Badger：Ecology and Behaviour of a Group-Living Carnivore (*Meles meles*). Oxford University Press, Oxford.

蔵本洋介・金子弥生. 2012. 東京農工大学フィールドミュージアム多摩丘陵で捕獲されたホンドタヌキとニホンアナグマの体サイズ. フィールドサイエンス, 10：23-26.

Macdonald, D. W. 1983. The sociology of carnivore social behavior. Nature, 301：379-384.

Macdonald, D. W., L. Harrington and C. Newman. 2017. Dramatic personae：an introduction to the wild Musteloids. *In* (Macdonald, D. W., C. Newman and L. A. Harrington, eds.) Biology and Conservation of Musteloids. pp. 3-74. Oxford University Press, Oxford.

Macdonald, D. W. and C. Newman. 2017. Musteloid sociality：the grass-roots of society. *In* (Macdonald, D. W., C. Newman and L. A. Harrington, eds.) Biology and Conservation of Musteloids. pp. 167-188. Oxford University Press, Oxford.

Marmi, J., F. Lopez-Giraldez, D. W. Macdonald, F. Calafell, E. Zholnerovskaya and X. Domingo-Roura. 2006. Mitochondrial DNA reveals a strong phylogeographic structure in the badger across Eurasia. Molecular Ecology, 15：1007-1020.

長光郁実・金子弥生. 2017. 東京都府中市の微小緑地における食肉目動物の生息状況. 哺乳類科学, 57：85-89.

Neal, E. and C. Cheeseman. 1996. Badgers. T. and A. D. Poyster, London.

Newman, C., Y. Zhou, C. Buesching, Y. Kaneko and D. W. Macdonald. 2011. Contrasting sociality in two widespread, generalist, mustelid genera, *Meles* and *Martes*. Mammal Study, 36：169-188.

Roper, T. J. 2010. Badger. Harper Collins Publishers, London.

田中浩. 2002. ニホンアナグマの生態と社会システム. 山口大学大学院博士論

文.

Tanaka, H., A. Yamanaka and K. Endo. 2002. Spatial distribution and sett use by the Japanese badger, *Meles meles anakuma*. Mammal Study, 27 : 15-22.

Tashima, S., Y. Kaneko, T. Anezaki, M. Baba, S. Yachimori and R. Masuda. 2010. Genetic diversity among the Japanese badger (*Meles anakuma*) populations, revealed by microsatellite analysis. Mammal Study, 35 : 221-226.

Tashima, S., Y. Kaneko, T. Anezaki, M. Baba, S. Yachimori, A. V. Abramov, A. P. Saveljev and R. Masuda. 2011. Phylogeographic sympatry and isolation of the Eurasian badgers (*Meles*, Mustelidae, Carnivora) : implication for an alternative analysis using maternally as well as paternally inherited genes. Zoological Science, 28 : 293-303.

Wilson, D. E. and D. M. Reeder. 2005. Mammal Species of the World : A Taxonomic and Geographic Reference. The Johns Hopkins University Press, Baltimore.

山本祐治. 1986. 長野県入笠山におけるニホンアナグマの巣穴について. 自然環境科学研究, 2 : 131-139.

山本祐治. 1991. 長野県入笠山におけるニホンアナグマの食性. 自然環境科学研究, 4 : 73-83.

山本祐治. 1995. 長野県入笠山におけるニホンアナグマ (*Meles meles anakuma*) の行動圏と環境選択. 自然環境科学研究, 8 : 51-65.

# 9

# ツキノワグマ
### 温帯アジアのメガファウナ

## 小池伸介

　ツキノワグマは，日本では本州，四国の森林に生息する大型の食肉目である．ほかの大型哺乳類に比べると，直接観察がむずかしく，比較的低密度で生息し，単独性であることから，野外調査には多くの困難がともなう．そのため，その生態には不明な部分が多かった．しかし，GPSテレメトリー法（Global Positioning System；全地球測位システム受信機を内蔵した行動追跡システム）が普及することで詳細な行動情報が得られるようになった．さらに，多くの試料を用いた遺伝学的解析が進行するとともに，飼育個体を用いた研究が継続的に実施されてきたことで，この20年あまりの間でツキノワグマの生物情報の蓄積は飛躍的に進んだ．一方，ほかの大型哺乳類と同じく，分布域の拡大や，地域的な個体数の増加にともない，依然として人間活動との間には，人身事故をはじめとする数多くの軋轢が存在し，社会問題となっている．その原因究明や問題解決のためには，いっそうの科学的知見の蓄積が求められている．本章では，近年の研究成果を中心に生物としてのツキノワグマに焦点をあてて，その姿を概観する．

## 9.1　ツキノワグマとは

### （1）　分布

　ツキノワグマ（*Ursus thibetanus*）は，アジアを中心に分布しており，国際的にはアジアクロクマとよばれる．また，ヒマラヤグマとよばれることもある．イラン，アフガニスタンをはじめとする西アジアから，タイ，ミャン

## 9.1 ツキノワグマとは

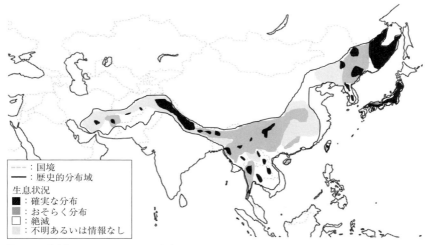

図9.1 世界のツキノワグマの分布（IUCN Bear Specialist Group, Asiatic Black Bear Expert Team 未発表資料より改変）.

マーをはじめとする東南アジア，台湾，北海道を除く日本列島，ロシア極東地域の東アジアにかけて，断続的に分布し，7つの亜種に分類されている．日本の集団はそのうちの1亜種で，ニホンツキノワグマ（*U. thibetanus japonicus*）である（図9.1）．かつては，これらの地域の森林地帯に広く分布していたが，過剰な森林利用にともなう生息地の減少や，さまざまな体部位を食肉や漢方薬として利用することを目的とした過剰な捕獲により，すでに絶滅した地域も多く，現在でも生息が確認されている多くの地域では個体数の減少が進んでいる．そのため，国際自然保護連合（IUCN）のレッドリストでは，絶滅の危険が増大している「危急種（絶滅危惧II類）」として，保護の対象となっている．なお，ヨーロッパにおいても鮮新世初期から後期更新世にかけての化石が発見されていることから，かつてはユーラシア大陸に広く分布してきた可能性も指摘されている．

現在の日本のツキノワグマのおもな分布域は，本州と四国のブナ科樹種が優占する落葉広葉樹林である．以前は九州にもツキノワグマは生息していたが，1941年に狩猟により捕獲され，さらに1957年には死体が確認されて以降は，確実な九州でのツキノワグマの生息は確認されていない．ただし，

**図 9.2** 日本のツキノワグマの分布図．薄い灰色の部分は 2003 年に分布が確認された地域，濃い灰色の部分は 2014 年までに分布の拡大が確認された地域を示す（日本クマネットワーク，2014 より改変）．

1987 年に 1 頭のツキノワグマが狩猟により捕獲されたが，その後の遺伝子解析により，この個体は本州中部地方に生息する個体群特有の遺伝子の特徴を持っていたことから，この個体はこの地域から持ち込まれた個体か，その子孫の可能性が高いことが示唆されている（大西・安河内，2010）．

　本州，四国の各地のツキノワグマの生息状況は，地域によって大きく異なる．東日本では広く分布しているものの，西日本では中国山地，紀伊半島や四国などの分布が孤立する地域が存在してきた．そのため，環境省のレッドデータブックでは，西中国山地，東中国山地，四国，紀伊半島，下北半島の 5 つの個体群が「絶滅のおそれのある地域個体群（LP）」として指定されている．とくに四国では，推定生息数が 50 頭以下と考えられ，分布が確認されている地域がきわめて狭いため，絶滅の可能性が高い．一方で，近年は四国を除く各個体群の辺縁部での分布域の拡大が認められる（図 9.2）．そのため，西中国山地個体群と東中国山地個体群の分布が近接する状況や，これ

まで100年以上にわたりツキノワグマの生息が確認されてこなかった阿武隈山地や津軽半島などでもツキノワグマの生息が確認されるといった状況が認められる（日本クマネットワーク，2014）．

### （2） 形態的な特徴

一般的なツキノワグマの成獣の体重は，体重が急激に増加する秋季を除くとオスで 60-100 kg，メスで 40-60 kg であり，体長は 100-140 cm 程度で，オスのほうがメスよりもひとまわり大きい性的二型を示す．日本以外のツキノワグマの形態に関する情報は非常に限られるが，大陸に生息するツキノワグマよりも，日本に生息するツキノワグマの体重はひとまわり小さい．兵庫県の記録では，メスよりもオスのほうが体の各部位の大きさの個体差が大きく，オスでは 6.1-7.9 歳で，メスでは 2.9-4.8 歳で体の成長が完了することから，体の成長の程度にも性差が認められる（中村ほか，2011）．また，体重は季節間でも変動が大きく，飼育個体を用いた実験では，冬眠終了直後の5月と冬眠開始直前の 12 月のもっとも体重が増加した時期とを比較すると，約 30% もの体重の増加が認められる（図 9.3；Hashimoto and Yasutake, 1999）．一方，野生個体の体重の季節変化についての情報は存在しないが，死亡個体の蓄積脂肪量を測定した報告では 7, 8 月に最低値を示す．また，骨髄内脂肪量を測定した報告では 8 月に最低値を示し，ツキノワグマの脂肪

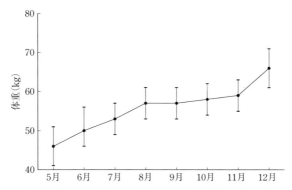

図 9.3 ツキノワグマの体重変化．月ごとの平均体重と標準偏差を示す（Hashimoto and Yasutake, 1999 より改変）．

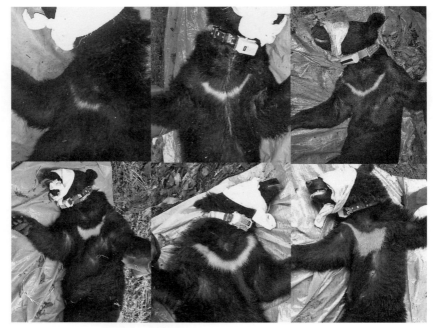

図 9.4 ツキノワグマの胸部斑紋の個体差（撮影：小池伸介）.

の消費順序は，皮下脂肪，体腔内脂肪が同時に消費され，続いて骨髄内脂肪を消費することから（山中，2011）．野生個体では冬眠終了直後よりも，食欲亢進（hyperphagia）期に入る直前の夏季に体重がもっとも減少している可能性が考えられる．そして，その後の冬眠開始までの数カ月の間に，急激に体重を増加させている可能性がある．

また，ツキノワグマの全身は黒色の体毛で覆われているが，胸部には名前の由来にもなった白い紋様（胸部斑紋）が存在する．この紋様は個体によって異なり，なかにはまったく紋様のない個体も存在する（図9.4）．一方，これまで新潟県や岩手県北上山地では継続的にアルビノ個体の生息が確認されている（山﨑，2017）．大陸に生息するツキノワグマでは，頸部に密集して生える長い毛を持つ個体が散見されるが，日本に生息するツキノワグマではそのような個体はほとんど見られない．

## （3） 遺伝的な特徴

　日本のツキノワグマの遺伝的系統は，九州を除く地域における個体を用いたミトコンドリア DNA の D-loop 領域（コントロール領域）の塩基配列の解析により，琵琶湖から東北地方に続く東日本グループ，琵琶湖から西中国個体群に続く西日本グループ，紀伊半島および四国の南日本グループの3つの遺伝グループに分けられることが知られる（詳細は大西，2011 を参照）．さらに，ユーラシア大陸や台湾に生息するツキノワグマの遺伝情報と比較をしたところ，日本に生息する3つの遺伝グループとは大きく異なった系統であることから，日本に生息するツキノワグマは今から50万–30万年前の氷期中に海水面が低下し，大陸と日本列島が陸続きになることによって，大陸から渡来してきたのではないかと考えられた．そして，大陸から渡ってきた後に，日本国内で3つの遺伝グループに分岐したと推測されている．現状ではいつごろ3つのグループに分かれたのかははっきりしないが，ほぼ同時期ではないかと推定されている．なお，九州に生息していたツキノワグマについては，確実に九州に生息していたツキノワグマの剝製などの資料がほとんど存在しないため，はっきりしたことはわからないが，上記の3つのグループには該当しない遺伝グループの個体が生息していた可能性が指摘されている（山﨑，2017）．

　また，東日本グループでは38種類の遺伝タイプが確認されているが，そのうち2タイプは非常に広く分布するものの，残る36タイプの分布域は局所的であることが知られる．さらに，北東北地方では，遺伝的多様性が南東北・関東・東海地方に比べ低いことから，東北地方では過去の氷期中に広葉樹林の分布域が一時的に狭くなったことにより，そこに生息するツキノワグマも地域的に孤立・小集団化を繰り返すことで，遺伝的多様性が低下したと考えられている．

　一方，南日本グループと西日本グループにおいて確認された各遺伝タイプは各個体群に特異的であることから，大陸から渡来後に個体群を確立した後は安定的に生息してきたと考えられている．しかし，西日本グループでは，北近畿東部および中部個体群に比べて遺伝的多様性が低いことが，マイクロサテライト DNA 解析により明らかになっている（Ohnishi *et al.*, 2007）．ち

なみに，ミトコンドリア DNA は母系遺伝するのに対し，マイクロサテライト DNA は両親から遺伝する．さらに，本州中部から東北地方に生息する個体群と比べて，主要組織適合遺伝子複合体（MHC）という免疫に関与するタンパク質をつくる遺伝子の多様性が低いことも知られる（Yasukochi *et al.*, 2012）．これは，近代以降の生息環境の改変（森林開発や拡大造林など）により，西日本グループの各個体群が孤立し，著しく個体数が減少したことが原因である可能性が指摘されている．一方で，前述したように，西日本グループの各個体群では 1990 年代以降，狩猟の禁止などの対策により個体数の増加や分布域の回復，接続が認められているが，依然として遺伝的多様性は低下し続けていることも知られる（Ishibashi *et al.*, 2017）．

## 9.2 　生態

### （1）　行動

　1960 年代以降，各地で VHF 発信機を用いたラジオテレメトリー法によりツキノワグマの行動調査が行われてきた．また，近年では GPS テレメトリー法を用いることで，より詳細なツキノワグマの行動に関する情報が蓄積されてきた（詳細は山﨑，2011 を参照）．その結果，生息環境の特性（食物資源量の多寡やその配置の変化）や個体差（性，齢，体の大きさ，生理状態）により，ツキノワグマの行動圏サイズは地域や個体によって大きく異なることがわかってきた．また，ツキノワグマは単独性であるが，基本的には各個体は同性，異性に対しても排他的な行動圏は持たないこと，行動圏サイズ（年間最外郭 100%）では，一般的にはオスはメスよりも大きな行動圏を持つが，雌雄ともに 200 km² 以上の広い行動圏を持つ事例も明らかになってきた．

　しかし，実際にツキノワグマの行動を細かく検証すると，行動圏のなかを均一に利用することは少なく，集中的に利用する場所（以下，集中利用域）での滞在と移動とを繰り返すことで，結果的に広大な地域が行動圏となることもわかってきた（Kozakai *et al.*, 2011；図 9.5）．また，集中利用域ではツキノワグマは採食や休息を行っていることが多いことも明らかになった（有

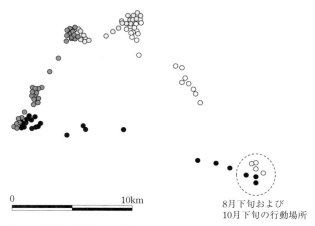

図 9.5 ミズナラ不作年の足尾・日光山地における，あるツキノワグマの行動の一例（8月下旬から9月上旬：白，9月下旬：薄い灰色，10月上旬：濃い灰色，10月下旬：黒）．集中利用域での滞在と移動を繰り返しながら，夏に行動していた場所に秋の終わりに戻ってくる様子がわかる（Kozakai et al., 2011 より改変）．

本ほか，2014）．さらに，年間を通じると広大な地域を利用しているものの，その利用様式には季節間で違いが認められ，一般的には春から夏にかけては比較的限られた地域に滞在するが（Yamamoto et al., 2012），秋以降になるとそれまで滞在した場所から移動することがあり，さらに秋の行動圏サイズでは年による違いが存在することが明らかになってきた（Kozakai et al., 2011）．

具体的には，秋はツキノワグマにとって食欲亢進期で，冬眠に向けて大量の食物，とくにブナ科の果実（以下，ブナ科堅果）を採食する必要がある．一方，ブナ科堅果の多くの種類では結実量が年次的に大きく変動するとともに，広範囲の個体間で結実の程度が同調する（以下，結実豊凶）．そのため，ブナ科堅果の結実豊凶とツキノワグマの秋の行動の間にも密接な関係が存在する．栃木県および群馬県の足尾・日光山地では，この地域に優占するミズナラの不作年にはツキノワグマの行動圏が，結実豊凶程度が小さいコナラが優占する低標高地に向かって大きく拡大することが確認されている．具体的には，前述した行動圏内に存在する各集中利用域間の移動距離が長くなることで，結果的に行動圏が拡大する（Kozakai et al., 2011）．また，ミズナラ

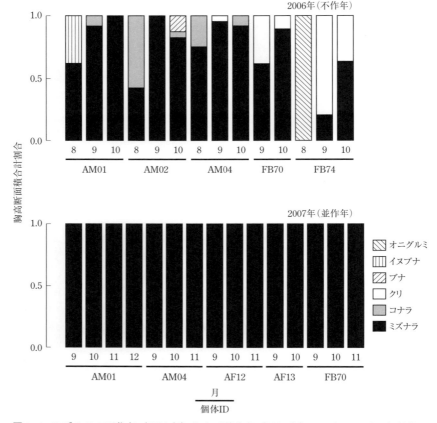

図 9.6 ミズナラの不作年 (2006 年) および並作年 (2007 年) のツキノワグマ各個体の集中利用域の現地植生調査による各堅果樹種の胸高断面積合計割合 (根本ほか, 2016 より改変).

の結実豊凶にともなうツキノワグマの行動への影響には雌雄差があり, メスのほうが変化の程度が大きい (Koike *et al.*, 2012). これらのツキノワグマの行動の変化は, ツキノワグマがミズナラの結実量の減少にともなう代替食物を探索するために発生すると考えられてきた. しかし, 実際にミズナラが不作年のツキノワグマの集中利用域を調査すると, ミズナラが並作年と同様に集中利用域はミズナラが優占する植生であった (図 9.6). つまり, ツキノワグマはミズナラが不作年においても, 普段から食べ親しんでいると考え

られるミズナラを求め，不作年でも比較的結実量が豊富な木を探している可能性も示唆されている（根本ほか，2016）．しかしながら，こういったミズナラが不作年には，夏まで活動していた場所から異なった場所に移動することで，夏までいた場所にとどまることで得られるはずであった以上のエネルギーは得られていると推定されているが，ミズナラが並作年に得ることができる以上のエネルギーは得られていない可能性もが示唆されている（Umemura *et al.*, 2018）．さらに，こういったブナ科堅果の結実豊凶とツキノワグマの秋の行動には個体差が存在することも指摘されている（Arimoto *et al.*, 2011）．

　また，生息地選択に関しても，GPS テレメトリー法の導入により，研究事例が増えてきた．これまでも，集中利用域の選択においては，従来から食物資源が豊富な植生（おもに落葉広葉樹林）を選択することや人間活動が行われている場所を忌避することが報告されてきた．しかし，長野県中央アルプスの事例では，基本的には 1 年を通じて落葉広葉樹林を選択し，針葉樹人工林を忌避していたものの，夏季は落葉広葉樹林への選択の強さは下がり，代わって人里に隣接した地域，とくに夏季の主要な食物資源の 1 つである社会性昆虫が豊富と考えられるアカマツ林や遷移初期状態が保たれることで液果類が存在すると考えられる林道周辺なども選択することが報告されている（Takahata *et al.*, 2017）．さらに，このような生息地選択には性差が大きく影響することも明らかになってきた（Umemura *et al.*, 2018）．

　ツキノワグマの分散行動についての詳細な情報は限られる．ツキノワグマは単独性であるが，冬眠中に出産した子どもは，その後の 1 年半から 2 年半は母親と行動をともにし，その後に分散していくと考えられている．さらに，ツキノワグマでも遺伝的に近い個体が空間的にも近接している血縁構造（kin structure）が存在するものの，個体群の遺伝的構造には性差が認められ，メスよりもオスのほうが分散距離は長い可能性が示唆されてきた（Ohnishi and Ohsawa, 2014）．また，前述した足尾・日光山地における GPS テレメトリー法による行動追跡からは，メスの分散行動や，前述のブナ科堅果の不作年にはきわめて大きな移動が見られるにもかかわらず，個体群内の kin structure が維持されるメカニズムが明らかになってきた（Kozakai *et al.*, 2017）．

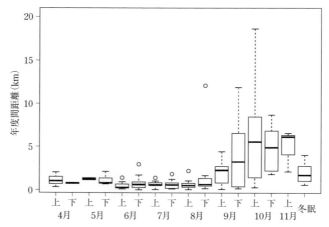

**図 9.7** 同一個体（メス）の活動中心点の年度間距離．距離が短いほど定住性が高いことを示す（Kozakai *et al.*, 2017 より改変）．

この研究ではマイクロサテライト DNA マーカーを用いた個体間の血縁関係の推定により，7 つの母系家族に属するメス 14 頭のツキノワグマを対象に，GPS テレメトリー法による行動追跡を行い，各月上下旬の「活動中心点」（それぞれの期間の GPS 測位点の重心）を求めた（Kozakai *et al.*, 2017）．その結果，春から夏にかけては定住性が高く，同一個体の活動中心点間の距離はわずか 500-800 m であった（図 9.7）．さらに，春から夏にかけては血縁ペア（母娘，姉妹，祖母孫娘の関係にある個体どうし）の活動中心点間の距離，つまり個体間距離が非血縁ペアの活動中心間の距離よりも短かった（図 9.8）．これは，メスのツキノワグマは春から夏にかけての時期は，毎年同じような場所で行動しており，さらにその場所が母系家族内に由来した場所で，メスは生まれ育った場所から分散しない個体が存在することを示す．たとえば，1 つの沢でも右岸と左岸で別々の家系のツキノワグマが生息している事例も見られた（図 9.9）．一方，前述したように秋はミズナラの結実豊凶に応じて行動場所を変えていた．具体的には，初秋までの行動場所は，結実豊凶にかかわらず夏までと同じく母系家族に由来した場所であり，並作年には引き続きその場所で行動を続けていた．一方，不作年には，前述したように母系家族に由来しない別の場所に行動場所を広げていたが，秋の終わ

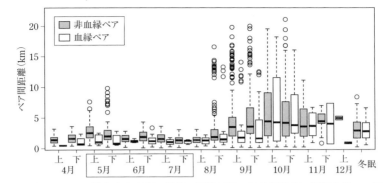

**図 9.8** 異なるメスの活動中心点間の距離.距離が短いほど個体間の距離も近い.四角で囲った期間は,血縁ペアと非血縁ペア間の距離に有意な差が認められた(ウェルチ検定,$P<0.02$)(Kozakai et al., 2017 より改変).

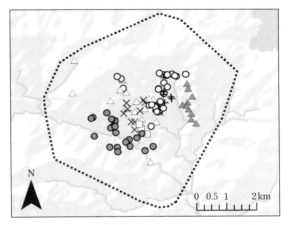

**図 9.9** 夏季における活動中心点の位置.7家系に属する各13個体の6月上旬-8月上旬の半月ごとの活動中心点を,母系家族ごとに異なるシンボル(○, ●, △, ▲, □, ×, +)で示した.点線は対象とした全個体の行動範囲を,全測位点の99%最外郭法で示したもの(Kozakai et al., 2017 より改変).

りにはいずれの個体も通常の春から夏にかけて行動していた場所に戻り(図9.5),冬眠を行った.同様な事例は,ヘアートラップで採取された体毛を用いた遺伝解析でも知られており(Ohnishi et al., 2011),個体群内においてブナ科堅果の並作年の秋には,血縁関係が高い個体はおたがいに近くに存在す

る遺伝構造を示すのに対し，ブナ科堅果の不作年の秋には，多くの個体が大きく移動することで，そのような遺伝構造が崩れることを報告している．一方，翌年には再び血縁関係が高い個体はおたがいに近くに存在する遺伝構造への回復が認められていることから，ブナ科堅果の不作年に大きく移動した個体も，いずれはもとの場所に戻ることを示唆していた．Kozakai *et al.* (2017) では，実際に GPS テレメトリー法による追跡により，ブナ科堅果の不作年に大きく移動した個体も，冬眠前には春から夏にかけて行動していた場所に戻ることを具体的に示し，メスの母系由来の土地への定住性とその kin structure の維持プロセスを明らかにした．一方で，オスでは 10 km から 40 km の範囲に分散する事例が断片的には知られるが（山﨑，2017），体系的な情報については存在しない．

ツキノワグマの日周活動は，自然状態では昼行性で，薄明薄暮に活動が活発になる．また，1 日あたりの活動量には季節変化が認められ，冬眠明け直後の時期は 1 日あたりの活動量は少ないが，徐々に 1 日あたりの活動量は増加し，繁殖期にあたる 7 月前後に一度目のピークに達する．その後，いったん 8 月前後に活動量は減少し，再び 10 月前後にもっとも活動量が多い時期を迎える（Kozakai *et al.,* 2013）．これは，食欲亢進期を迎えたツキノワグマは冬眠中の栄養を秋の間に摂取するため，活発におもにブナ科堅果の採食活動を行うようになるためと考えられている．そのため，秋は 1 日あたりの活動する時間帯が長くなり，夜間も活動（おもに採食と推測）する傾向がある．ただし，ツキノワグマが人間活動域やその周辺に接近する際には，夜行性に変化する事例が知られる（有本ほか，2014）．

## （2） 冬眠

ツキノワグマの生態の特徴の 1 つとして冬眠がある．ツキノワグマは，①体温の降下度が小さい（約 4-6℃ 程度の低下），②冬眠期間中ほぼ間断なく眠り続ける（中途覚醒がない），③いっさいの摂食飲水，排泄排尿がない，④メスは出産する，というように，ほかの冬眠を行う哺乳類とは異なった特徴を持つ（坪田，2000）．冬眠に関わる生理的な側面では，数々の飼育実験により詳細な検証が行われてきており，一部は後述し，また詳細は坪田 (2011) にくわしいので，そちらを参考にしていただきたい．

一方，行動の側面では，ツキノワグマの冬眠でわかっていることは多くはない．日本では冬眠期間と狩猟期の多くが重複することから，古くから猟師の伝聞などにより冬眠場所に関する情報は広く知られてきた．また，VHF発信機を用いた行動調査からも冬眠場所に関する情報は蓄積されてきた．その結果，日本に生息するツキノワグマはいずれの地域でも冬眠を行うことが確認されている．さらに，冬眠場所の選択では地域の生息環境が大きく反映される．とくに，大径木が多く存在する地域では，メスの場合は冬眠中に出産，および育児を行うことから，冬季の低温から防護のため閉鎖性の高い環境として樹洞や根上り（根と地面との間にできた隙間）を冬眠場所として選択することが多い（羽澄，2000）．しかし，冬眠場所の選択では絶対的な環境条件は少ないようで，多くの地域でツキノワグマはある程度の物理的な空間が確保できれば，冬眠場所として選択する事例が知られる．

また，冬眠は10月下旬から12月の間に開始し，3月から5月にかけて終えることが多い．冬眠を開始する要因の1つに，秋の主要な食物資源であるブナ科堅果の結実豊凶が指摘されている（Kozakai *et al.*, 2013；Yamamoto *et al.*, 2016）．地域に優占するブナ科堅果が不作の年には，食物探索にかけるエネルギー浪費を防ぎ，早々と冬眠に入る可能性が指摘されている．一方，冬眠を終了する要因は雌雄で異なり，オスでは同じく秋の主要な食物資源が豊かな年だと，冬眠の終了が早い可能性が指摘されている（Yamamoto *et al.*, 2016）．メスの場合には冬眠（あるいは冬眠穴周辺での滞在）を終了する要因が，環境条件や気象条件ではなく，子どもの有無が影響しているため，普遍的な環境条件や気象条件の存在は知られていない．とくに，生まれてまもない子どもに対しては成獣のオスによる攻撃の危険性があるため，子どもが十分に動けるようになり，また冬眠穴周辺の植生が繁茂し，見通しが悪くなってから，周辺へと活動の範囲を広げるといわれる．

（**3**）　**食性**

ツキノワグマの食性は，植物質を中心とした雑食性で，季節に応じて主要な食物が変化する．また，それぞれの生息地の植生の違いに応じて，ツキノワグマの食性は地域によって異なることから，ここでは代表的なツキノワグマの食性を紹介する（詳細は小池，2011 を参照）．

冬眠から明けた直後の春は，タンパク質を多く含み，繊維質が少ないさまざまな草本や木本の新芽・新葉・花を利用する．また，前年の秋に落下したブナ科堅果が春まで残存している場合や，冬から春にかけて死亡したニホンジカなどの死体を発見した場合には，それらも利用する．夏には，春に引き続き草本，とくに多肉質の高茎草本などを利用する．木本の果実（サクラ属やキイチゴ属など）が結実し始めるとそれらも利用する．さらに，夏は昆虫（スズメバチやアリの卵，幼虫，蛹）などの動物質の利用が増加する．ツキノワグマにとってコロニーを形成する社会性昆虫や，特定の環境に生息する動物（サワガニやカマドウマなど）は，ほかの動物質の食物資源に比べて採食効率の高い食物資源と考えられる．

晩夏から秋には，さまざまな木本植物の果実が主要な食物となる．とくに，ブナ科の樹種は多くの地域で森林の優占種であるため現存量も多く，果実も大きく，栄養的にも優れている．そのため，冬眠のために脂肪を蓄積する必要があるツキノワグマにとって，秋の主要な食物となる．しかしブナ科以外にも，多くの樹種の果実をツキノワグマは利用する．ブナ科堅果の結実の前後の時期，あるいはブナ科樹種の現存量がそれほど多くない地域では，多様な樹種（ウワミズザクラ，ミズキ，サルナシ，ヤマブドウなど）の果実を利用する（大井ほか，2012）．

また，ブナ科堅果の多くの種類では結実豊凶が存在することは前述したが，ツキノワグマの食性もブナ科堅果の結実豊凶に応じて年次変化する．いずれの地域においても，ツキノワグマが生息する地域に優占するブナ科樹種が並作以上の年は，その種類のブナ科堅果を優先的に食物として利用するが，そのようなブナ科堅果が不作の年には，ほかのブナ科堅果の種類で，十分な量の果実が結実している種類の果実や液果（サルナシなど）も利用する．

ツキノワグマは食肉目特有の単純な構造の消化器官を持っているため，多くの植物質の食物の消化効率はよくはない．そのため，一度に大量に摂取することができる植物を食物として選択し，さらにそれぞれの植物種のフェノロジー（おもに開葉時期と結実時期）に応じて，もっとも栄養価の高い時期の，特定の部位を採食することで，できる限り採食効率を高めていると考えられる．

## 9.3 生理

### （1） 性成熟

ツキノワグマの性成熟に達する年齢は，オスで2-4歳（小松ほか，1994），メスで4歳（片山ほか，1996）と知られるが，4歳未満でも性成熟に達する事例も存在し，性成熟に達する年齢には個体差が存在する．しかし，実際に野生状態で子孫を残すことができる年齢については，個体間の競争といった社会構造が強く影響すると考えられるため，とくにオスの場合ではさらに高齢になると考えられるが不明である．実際に，飼育個体の観察では体サイズの大きなオスは，体サイズの小さいオスに比べて交尾の回数が多いことが報告されている（山本ほか，1998）．前述の体サイズの成長を見ると，メスは性成熟とほぼ同時期に骨格の成長が完了していることが示唆されているが（中村ほか，2011），オスは性成熟に達した後も数年間は骨格を成長させていることから，オスは性成熟後も長く成長して体サイズを大きくすることで，オスどうしの競争に勝ち，交尾の成功を高めている可能性がある．

一方，ツキノワグマの寿命は，飼育下では30歳を超える記録はあるが，野外の多くの個体は20歳代半ばまで生きることはまれであると考えられる．そのうち，繁殖可能年齢は，死亡個体では22歳のツキノワグマで排卵した証拠である黄体が検出された例（Nakamura *et al.*, 2009），一方で15歳の個体では黄体が確認されなかった例，野生個体では18歳で子連れであった例（片山ほか，1996）から，メスのツキノワグマの繁殖可能年齢はおよそ10歳代半ばから20歳代前半までの間である可能性がある．オスの繁殖可能年齢の知見はないが，前述したように実際の繁殖活動への参加には社会的な条件が強く関わると考えられることから，実際に野外で子孫を残せる繁殖可能年齢の期間は短い可能性がある．

### （2） 繁殖

妊娠したツキノワグマのメスは冬眠中の1月から2月にかけて子どもを出産する．一方，繁殖期は5月から7月にかけてである．そのため，妊娠期間が7,8カ月におよぶと思われることもあるが，これは見かけの妊娠期間で，

図9.10 足尾・日光山地にて，繁殖期に成獣メス（左）の後を追う成獣オス（右）（撮影：横田博）．

ほんとうの妊娠期間は数カ月である．それは，ツキノワグマは着床遅延という現象を持つためである．ツキノワグマは繁殖期に交尾により受精が成立すると，メスの子宮内では受精卵（胚）が発育し細胞分裂は行われるが，分化は胚盤胞とよばれる段階で停止する．その後，冬眠に入る11月下旬から12月上旬ごろにようやく着床することで実際の妊娠が開始される．

　繁殖期のツキノワグマの行動は，基本的には乱婚型であるが（山本ほか，1998），野外ではオスとメスがペアをつくり数日間一緒に行動し，その間に交尾が行われると考えられる（図9.10）．メスの場合，卵巣内に卵胞が発達すると発情ホルモン（エストロジェン）の分泌がさかんになることで，発情が見られる．しかし，その発生は，1回の繁殖期に複数回存在することから，発達した卵胞は交尾刺激によって排卵に至る交尾排卵動物と考えられている．また，ツキノワグマでは最初の卵胞が排卵して，受精しても着床遅延により，引き続いて形成される黄体からのプロジェステロン分泌能が低いために，子宮内に黄体が存在しても発情が起こり，排卵に至ることがある．その場合，1頭のメスが複数のオスと交尾することで，一腹産子に父親の異なる子が混

じる状況（multiple paternity）が発生することがある（Yamamoto *et al.*, 2013）．一方，オスの場合，交尾期の数カ月前の冬眠中の3, 4月には精子形成を再開し，メスの発情期に合わせて5, 6月に活動がピークを迎え，一定の期間は繁殖が可能である（Komatsu *et al.*, 1997）．そのため，野外では発情状態に達したオスは，その期間は繁殖可能なメスを探し，メスを発見した場合は，場合によっては連れている子どもを排除（いわゆる，子殺し）してでもメスの発情を促し，交尾に至る機会を探っていると考えられる．ただし，野生個体の交尾行動についての知見は非常に限られるため，詳細な状況は不明である．

　ツキノワグマが着床遅延を行った後に，その受精卵が着床するかどうかを決める要因には不明な部分が多いものの，母親の秋の間の栄養蓄積の程度である可能性が指摘されている．その理由として，ブナ科堅果の不作年には母親は秋の間に十分に栄養が摂取できないまま冬眠を始めることで，冬眠中の栄養不足により出産や育児の失敗だけでなく，それにともなう母体の健康にまでも悪影響がおよぶ可能性があるからである．そういった母子ともに危険な状況に陥る事態を防ぐためにも，秋の間に十分に栄養が蓄えられた場合にのみ，受精卵を着床させ，妊娠をスタートさせることで，安全に出産を迎えられるように進化してきたといわれている（詳細は坪田，2011）．実際に，冬眠中のエネルギー源および栄養源として使われる体脂肪は，冬眠前に蓄積される必要があり，秋季の体脂肪率は6.9-31.7%にもなる（Nakamura *et al.*, 2008）．

　ツキノワグマの出産は1月下旬から2月上旬にかけてのきわめて短期間である．野生のツキノワグマで出産日についての報告はほとんど存在しないが，飼育下では出産は1月25日から2月7日の期間に見られ（Iibuchi *et al.*, 2009），子どもの体重は冬眠中の母親のエネルギー損失を抑えるためにきわめて小さく，約300 g前後であることが知られる（Iibuchi *et al.*, 2009）．しかし，その後の成長速度は速く，胎子としての発育は約60日間で300-500 g（5-8 g/日）程度であるのに対し，生後から冬眠明け時期までの約90日間の新生子発育は，およそ2-3 kg（20-33 g/日）の増加量であることが知られる．

　ツキノワグマの繁殖パラメーターに関する情報も限られる．断片的なデー

タではあるが，黄体，黄体退縮物および胎盤痕の観察と連れ子の数から平均
排卵数は1.89，平均着床数は2.00，および平均連れ子頭数は，野生個体で
1.86（片山ほか，1996），飼育個体で1.43（Iibuchi *et al.*, 2009）と報告され
ている．しかし，野生個体での繁殖間隔や初産年齢についての情報はこれま
で蓄積されておらず，また海外のヒグマの事例では生後1年間のオス成獣に
よる子殺しなどによる死亡率がきわめて高いことが知られている．そのため，
実際のツキノワグマの繁殖パラメーターを明らかにするうえでは，実際の産
子数だけでなく，生後1年後の生存率を算出することが望ましい．

### 引用文献

Arimoto, I., Y. Goto, C. Nagai and K. Furubayashi. 2011. Autumn food habits and home-range elevations of Japanese black bears in relation to hard mast production in the beech family in Toyama prefecture. Mammal Study, 36：199-208.

有本勲・岡村寛・小池伸介・山﨑晃司・梶光一．2014．集落周辺に生息するツキノワグマの行動と利用環境．哺乳類科学，54：19-31.

Hashimoto, Y. and A. Yasutake. 1999. Seasonal changes in body weight of female Asiatic black bears under captivity. Mammal Study, 24：1-6.

羽澄俊裕．2000．クマ——生態的側面から．（川道武男・近藤宣昭・森田哲夫，編：冬眠する哺乳類）pp. 187-212．東京大学出版会，東京．

Iibuchi, R., N. Nakano, T. Nakamura, T. Urashima, M. Shimozuru, T. Murase and T. Tsubota. 2009. Change in body weight of mothers and neonates and in milk composition during denning period in captive Japanese black bears (*Ursus thibetanus japonicus*). Japanese Journal of Veterinary Research, 57：13-22.

Ishibashi, Y., T. Oi, I. Arimoto, T. Fujii, K. Mamiya, N. Nishi, S. Sawada, H. Tado and T. Yamada. 2017. Loss of allelic diversity in the MHC class II DQB gene in western populations of the Japanese black bear *Ursus thibetanus japonicus*. Conservation Genetics, 18：247-260.

片山敦司・坪田敏男・山田文雄・喜多功・千葉敏郎．1996．ニホンツキノワグマ（*Selenarctos thibetanus japonicus*）の繁殖指標としての卵巣と子宮の形態学的観察．日本野生動物医学会誌，1：26-32.

小池伸介．2011．食性と生息環境——とくに果実の利用に注目して．（坪田敏男・山﨑晃司，編：日本のクマ——ヒグマとツキノワグマの生物学）pp. 151-181．東京大学出版会，東京．

Koike, S., C. Kozakai, Y. Nemoto, T. Masaki, K. Yamazaki, S. Abe, A. Nakajima, Y. Umemura and K. Kaji. 2012. Effect of hard mast production on foraging and sex-specific behavior of the Asiatic black bear (*Ursus thibetanus*). Mammal Study, 37：21-28.

小松武志・坪田敏男・岸本真弓・濱崎伸一郎・千葉敏郎. 1994. 雄ニホンツキ ノワグマ（*Selenarctos thibetanus japonicus*）における性成熟と精子形成に かかわる幹細胞. Journal of Reproduction and Development, 40：65-71.

Komatsu, T., T. Tsubota, Y. Yamamoto, Y. Atoji and Y. Suzuki. 1997. Seasonal changes in the immnolocalization of steroidogenic enzymes in the testes of the Japanese black bear (*Ursus thibetanus japonicus*). Journal of Veterinary Medical Science, 59：521-529.

Kozakai, C., K. Yamazaki, Y. Nemoto, A. Nakajima, S. Koike, S. Abe, T. Masaki and K. Kaji. 2011. Effect of mast production on home range use of Japanese black bears. Journal of Wildlife Management, 75：867-875.

Kozakai, C., K. Yamazaki, Y. Nemoto, A. Nakajima, Y. Umemura, S. Koike, Y. Goto, S. Kasai, S. Abe, T. Masaki and K. Kaji. 2013. Fluctuation of daily activity time budgets of Japanese black bears：relationship to sex, reproductive status, and hardmast availability. Journal of Mammalogy, 94：351-360.

Kozakai, C., S. Koike, N. Ohnishi and K. Yamazaki. 2017. Influence of food availability on matrilineal site fidelity of female Asian black bears. Mammal Study, 42：219-230.

Nakamura, S., T. Okano, Y. Yoshida, A. Matsumoto, Y. Murase, H. Kato, T. Komatsu, M. Asano, M. Suzuki, M. Sugiyama and T. Tsubota. 2008. Use of bioelectrical impedance analysis to measure the fat mass of the Japanese black bear (*Ursus thibetanus japonicus*). Japanese Journal of Zoo and Wildlife Medicine, 13：15-20.

Nakamura, S., N. Nishii, A. Yamanaka, H. Kitagawa, M. Asano, T. Tsubota and M. Suzuki. 2009. Leptin receptor（Ob-R）expression in the ovary and uterus of wild Japanese black bears (*Ursus thibetanus japonicus*). Journal of Reproduction and Development, 55：110-115.

中村幸子・横山真弓・片山敦司・森光由樹・斎田栄里奈. 2011. ツキノワグマ の外部形態の成長パターンとその特徴. 兵庫ワイルドライフモノグラフ, 3：107-116.

根本唯・小坂井千夏・山﨑晃司・小池伸介・中島亜美・郡麻里・正木隆・梶光 一. 2016. ブナ科堅果結実量の年次変動にともなうツキノワグマの秋期生 息地選択の変化. 哺乳類科学, 56：105-115.

日本クマネットワーク. 2014. ツキノワグマおよびヒグマの分布域拡縮の現況 把握と軋轢抑止および危機個体群回復のための支援事業報告書. 日本クマ ネットワーク, 茨城.

大西尚樹. 2011. 個体群の成り立ちと遺伝的構造――東日本と西日本を比較す る.（坪田敏男・山﨑晃司, 編：日本のクマ――ヒグマとツキノワグマの生 物学）pp. 189-208. 東京大学出版会, 東京.

Ohnishi, N., T. Saitoh, Y. Ishibashi and T. Oi. 2007. Low genetic diversities in isolated populations of the Asian black bear (*Ursus thibetanus*) in Japan, in comparison with large stable populations. Conservation Genetics, 8：1331-1337.

大西尚樹・安河内彦輝. 2010. 九州で最後に捕獲されたツキノワグマの起源. 哺乳類科学, 50：177-180.

Ohnishi, N., T. Yuasa, Y. Morimitsu and T. Oi. 2011. Mass-intrusion-induced temporary shift in the genetic structure of an Asian black bear population. Mammal Study, 36：67-71.

Ohnishi, N. and T. Osawa. 2014. A difference in the genetic distribution pattern between the sexes in the Asian black bear. Mammal Study, 39：11-16.

大井徹・中下留美子・藤田昌弘・菅井強司・藤井猛. 2012. 西中国山地のツキノワグマの食性の特徴について. 哺乳類科学, 52：1-13.

Takahata, C., A. Takii and S. Izumiyama. 2017. Season-specific habitat restriction in Asiatic black bears, Japan. The Journal of Wildlife Management, 81：1254-1265.

坪田敏男. 2000. クマ――生理的側面から. (川道武男・近藤宣昭・森田哲夫, 編：冬眠する哺乳類) pp. 213-233. 東京大学出版会, 東京.

坪田敏男. 2011. クマの生物学――クマという生きもの. (坪田敏男・山﨑晃司, 編：日本のクマ――ヒグマとツキノワグマの生物学) pp. 1-34. 東京大学出版会, 東京.

Umemura, Y., S. Koike, C. Kozakai, K. Yamazaki, Y. Nemoto, A. Nakajima, M. Kohri, S. Abe, T. Masaki and K. Kaji. 2018. Using a novel method of potential available energy to determine masting condition influence on sex-specific habitat selection by Asiatic black bears. Mammalia, 82：288-297.

山本かおり・坪田敏男・喜多功. 1998. 飼育条件下におけるニホンツキノワグマ (*Ursus thibetanus japonicus*) の性行動の観察. The Journal of Reproduction and Development, 44：13-18.

Yamamoto, T., H. Tamatani, J. Tanaka, S. Yokoyama, K. Kamiike, M. Koyama, K. Seki, S. Kakefuda, Y. Kato and N. Izawa. 2012. Annual and seasonal home range characteristics of female Asiatic black bears in Karuizawa, Nagano Prefecture, Japan. Ursus, 23：218-225.

Yamamoto, T., H. Tamatani, J. Tanaka, K. Kamiike, S. Yokoyama, M. Koyama and M. Kajiwara. 2013. Multiple paternity in Asian black bear *Ursus thibetanus* Ursidae, Carnivora using microsatellite analysis. Mammalia, 77：215-217.

Yamamoto, T., H. Tamatani, J. Tanaka, G. Oshima, S. Mura and M. Koyama. 2016. Abiotic and biotic factors affecting the denning behaviors in Asiatic black bears *Ursus thibetanus*. Journal of Mammalogy, 97：128-134.

山中淳史. 2011. 捕殺個体を利用したニホンツキノワグマ (*Ursus thibetanus japonicus*) の栄養状態および繁殖評価方法に関する研究. 北海道大学大学院博士論文.

山﨑晃司. 2011. 行動――これまでの研究と新しい研究機材の導入によりみえてきたこと. (坪田敏男・山﨑晃司, 編：日本のクマ――ヒグマとツキノワグマの生物学) pp. 119-153. 東京大学出版会, 東京.

山﨑晃司. 2017. ツキノワグマ――すぐそこにいる野生動物. 東京大学出版会,

東京.

Yasukochi, Y., T. Kurosaki, M. Yoneda, H. Koike and Y. Satta. 2012. MHC class II *DQB* diversity in the Japanese black bear, *Ursus thibetanus japonicus.* BMC Evolutionary Biology, 12 : 230.

# IV
## 島嶼

# 10
# シベリアイタチ
## 対馬の在来種と西日本の外来種

## 佐々木 浩

シベリアイタチは，東アジアに広く分布する種であるが，日本では対馬にのみ自然分布する．現在，西日本に生息している個体は，朝鮮半島由来の個体の子孫である外来種と考えられている．対馬のシベリアイタチは，朝鮮半島の集団と同じ亜種とされているが，朝鮮半島ではなくロシアのものと近縁であり，独自の特徴を持つ集団である可能性もある．近年，その個体数が減少しており，保護施策の早急な検討が必要である．西日本に分布するシベリアイタチは，昭和初期に兵庫で飼養施設から放たれたものと，同時期または第2次世界大戦敗戦直後に朝鮮半島から船荷に紛れて九州北部に入ったものが広がっていったと考えられている．西日本から中部地方にかけての都市部を中心に生息しており，現在の分布の東限は，福井，岐阜，長野，愛知であるが，ゆっくりと分布を東方へ拡大している．今後は，近縁な在来種ニホンイタチの保全や，都市の衛生環境を改善することにより，分布が拡大していかないような対策が必要とされる．

## 10.1　シベリアイタチとは

### （1）　分布と分類

対馬に生息するイタチは，シベリアイタチ（*Mustela sibirica*）の亜種チョウセンイタチ（*M. s. coreana*）に分類されている（図 10.1）．この亜種名を名称として使う場合も多い．以前は，ユーラシア大陸に分布するということでタイリクイタチや，対馬の別称である対州からタイシュウイタチなどの和

図 10.1　長崎県対馬においてヤマネコ調査のため設置された自動撮影装置よって記録された在来種シベリアイタチ（環境省提供，一部修正，2017 年 3 月 26 日撮影）．

名も用いられていた．

　シベリアイタチは，北はロシアのウラル山脈の西側からシベリア，中国にかけて，南はパキスタン，タイ，ベトナムまで広く分布している種であり，タクラマカン砂漠やゴビ砂漠の乾燥地帯には分布していないが，その生息域の多くはロシアと中国に含まれる（図 10.2）．亜寒帯にあるシベリアの針葉樹林（タイガ），冷温帯の夏緑広葉樹林，暖温帯の常緑広葉樹林，草原など多様な環境に生息している．農業やヒトの進出とともに分布を広げたり（Heptner *et al.*, 1967），人為的に放された地域もある（Novikov, 1956）．ロシア西部のウラルでは場所によってはかなり密度が低く，齧歯類の個体数変動によって（狩猟）数が変化していると報告されている（Bakeev, 1971）．日本ではシベリアイタチはおもに平野部に生息しているが，台湾では小型哺乳類の多い高原の草地におもに生息しており（Wu, 1999），大陸では標高 1500 m から 5000 m の山地にも生息している（Wilson and Mittermeier, 2009）．

　亜種については，Heptner *et al.* (1967) が種の分布域全域について記載し，

## 10.1 シベリアイタチとは

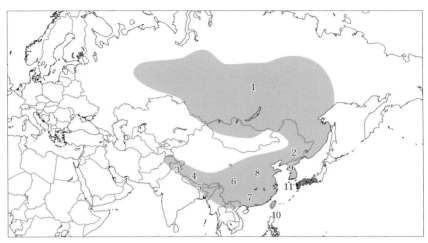

図 10.2 シベリアイタチの分布とその亜種 (Sasaki, 2015 より改変). 対馬以外の西日本 (灰色の濃い部分) は,移入された地域. 1. *Mustela sibirica sibirica*, 2. *M. s. manchurica*, 3. *M. s. hodgsoni*, 4. *M. s. canigula*, 5. *M. s. subhemachalana*, 6. *M. s. moupinensis*, 7. *M. s. davidiana*, 8. *M. s. fontanieri*, 9. *M. s. coreana*, 10. *M. s. taivana*, 11. *M. s. quelpartis*.

Gao (1987) が中国内について記載している. 全体的に亜種を議論した新しい文献がないため, この2文献をもとに亜種についてまとめると, ①*M. s. sibirica* Pallas, 1773 がロシアの東部ヨーロッパ部からシベリア東部, ゼヤ川流域, さらにロシアから続くモンゴル北部, 中国大興安嶺の非常に広い地域に, ②*M. s. manchurica* Brass, 1911 が中国東北に, ③*M. s. hodgsoni* Gray, 1843 がインド・パキスタンのカシミール地方からヒマラヤ西部に, ④*M. s. canigula* Hodgson, 1842 がチベット南部に, ⑤*M. s. subhemachalana* Hadgson, 1837 がネパールからブータンにかけてのヒマラヤに, ⑥*M. s. moupinensis* Milne-Edwards, 1874 が中国南部の四川省, 甘粛省, 雲南省とミャンマーに, ⑦*M. s. davidiana* Milne-Edwards, 1872 が中国南東部から湖北省に, ⑧*M. s. fontanieri* Milne-Edwards, 1871 が中国中部の山東省, 河北省, 山西省, 陝西省に, ⑨*M. s. coreana* Domaniewski, 1926 が朝鮮半島に, ⑩*M. s. taivana* Thomas, 1913 が台湾に, ⑪*M. s. quelpartis* Thomas, 1908 が韓国済州島に分布している.

　対馬のシベリアイタチは, 1907 年に対馬を訪れたアメリカ人標本採集家

マルコム・アンダーソン氏が捕獲しイギリスに送っている．彼は，ロンドン動物学会から東亜動物探検隊（The Duke of Bedford's Exploration of Eastern Asia）として，1904年から1905年にかけて，本州，四国，九州などに派遣され，最後のニホンオオカミの標本を手に入れている．Thomas（1908）には，彼が対馬で捕獲した哺乳類のリストが載っており，対馬のイタチは，*Lutreola sibirica* Pall. として記載されている．アンダーソン氏は，対馬の佐須奈でオス3頭を捕まえており，「この島でもっとも普通な食肉類であり，家の近くにはおらず，山の森に生息している．ときどき漁師は食べており，"よとーし（夜の泥棒）"とよばれている」と述べている．"よとーし"は"夜通し"であり，夜を通してという意味のようであるが，現在の対馬では使われておらず，「ゆたち」とよばれることが多い．

アンダーソン氏が本州，四国，九州で捕獲したイタチを，Thomas（1905）は，イタチ（*Putrius itatsi*）としており，Thomas（1908）は，対馬のイタチは本州などのイタチと別種としている．しかし，今泉（1960）は，この両方のイタチを *Mustela sibirica* 1種とし，対馬のイタチは *Mustela sibirica coreana*，本州，四国，九州のイタチを *Mustela sibirica itatsi* とした．この分類方法が長く引き継がれ，イタチの記載に大きな影響を後に与えたのだが，今泉（1970）では，対馬で得られた標本の分析結果から，本州，四国，九州などのイタチを独立種 *Mustela itatsi* Temminck, 1844 に戻し，対馬のイタチを別の亜種マンシュウイタチ *Mustela sibirica manchurica* Brass, 1911 としている．

その後，対馬のイタチは，長崎県生物学会（1976）ではチョウセンイタチ（*Mustela sibirica coreana* Domanewski），阿部（1994）ではチョウセンイタチ（*Mustela sibirica*），Sasaki（2015）ではシベリアイタチ（*Mustela sibirica*）とされている．現在も，和名として亜種名を使うか種名を使うかの違いはあるが，学名を *Mustela sibirica* とすることは定着している．対馬以外に自然分布する日本のイタチは，遺伝学的研究の進展によって，独立種（ニホン）イタチ（*Mustela itatsi*）として扱われている（Masuda and Yoshida, 1994a, 1994b；Kurose *et al.*, 2000；Sato *et al.*, 2003）．

Shalabi *et al.*（2017）は，ミトコンドリア DNA の全塩基配列を調べ，韓国，台湾，中国に生息するシベリアイタチは近縁なグループであるが，対馬

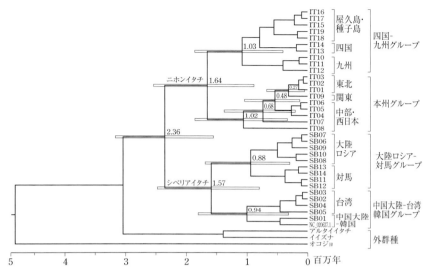

**図 10.3** シベリアイタチとニホンイタチのミトコンドリア DNA 全塩基配列にもとづくベイズ法による分子系統樹（Shalabi et al., 2017 より改変）.

のシベリアイタチは，それらとは異なり，ロシアのものに近いとしている（図 10.3）．増田（2017）は，ニホンイタチとシベリアイタチについて総説的にまとめており，対馬のシベリアイタチは氷河時代に分布していたものが取り残された地理的遺存種（亜種）であるとしている．Suzuki et al.（2013）では，頭骨を計測して，対馬のシベリアイタチの位置づけを議論し，Abramov（2005）と同様に，対馬のイタチが朝鮮半島のシベリアイタチとは別亜種である可能性を示唆している．済州島のシベリアイタチは別亜種 quelpartis にされており，対馬のシベリアイタチは，sibirica か，新亜種に変更することが今後検討されると思われる．

西日本の島々でのシベリアイタチの生息確認は，淡路島，五島列島の福江島などに限られているが，在来種であるかどうかの確認を含めて，十分な調査が行われてないため，今後の研究が待たれる．

**（2） 食性**

対馬のシベリアイタチについての研究は，非常に限られている．Tatara

and Doi（1994）は，落葉広葉樹の森や田畑が広がる低地部の上県町田の浜地域と，常緑広葉樹林が主である山地部の上県町御岳で，ツシマヤマネコ，ツシマテン，シベリアイタチの食性について糞から分析を行い，イタチがハツカネズミ，アカネズミ，ヒメネズミなどの齧歯類や，食虫類をおもな餌とし，ほかに昆虫，ミミズ，鳥なども食べていることを報告している．また，テンが齧歯類などの動物質からヤマグワやムベの実などの植物質まで多様なものを餌としているのに対して，イタチとヤマネコは食性が似ており，哺乳類，鳥類，昆虫類などの動物質の餌に偏っていることを指摘している．当時はまだ糞 DNA による種判別が一般的ではなく，この研究では，テンとイタチの糞の識別を大きさ，かたち，においなどで行っている．

　ロシアでは，分布が広いこともあり，地域によって食性はかなり異なるようである．ネズミ捕食者“イタチ”タイプから，雑食性の“テン”タイプまでおり，齧歯類，食虫類，シマリス，ナキウサギなどの小型哺乳類をおもな餌とするが，鳥，魚，それらの死体，少ないながらも植物質も餌としている（Heptner *et al.*, 1967）．中国では，齧歯類，両生類，昆虫，鳥類，魚類などが餌となっている（Gao, 1987；Sheng, 1964）．

　筆者は長崎県松浦市にある 100 ha ほどの島，青島においてネズミ駆除のために福岡県から導入された外来種であるシベリアイタチの研究を行った．ここでは，昆虫や齧歯類がおもな餌であったが，畑のトウモロコシの実，台所のマヨネーズなども食べていた（Sasaki and Ono, 1994）．また，福岡ではハウス栽培のイチゴも食べていた．

　このようなことから，シベリアイタチは，齧歯類などの小型の哺乳類をおもな餌とするが，環境によっては，昆虫類，鳥類，両生類，魚類，果実なども餌としている．

## （3）　行動圏

　筆者は，1986 年の 10 月から 12 月にかけて，Tatara and Doi（1994）が調査した田の浜地域で，シベリアイタチのオス 7 頭，メス 1 頭に発信機を装着して，テレメトリー調査を行った．この方法は，発信機から送られてくる電波の方向をアンテナを使って計測し，動物の位置を測定するものである．行動圏の大きさは，オスでは 1.92 ha から 20.46 ha と幅があったが，メスでは

10.1　シベリアイタチとは

**表 10.1**　1986 年 10 月から 12 月に調査された長崎県対馬市上県町田の浜における
シベリアイタチの行動圏サイズ（佐々木，未発表）．当歳かどうかは，おもに犬歯の
色，磨耗度などから判断した．

| 個体番号 | 性　別 | 体　重 | 成獣，当歳 | 追跡期間（日数） | プロット数 | 面　積（ha） |
|---|---|---|---|---|---|---|
| MT-1 | オス | 770 | 成獣 | 10. 20-11. 19（31） | 57 | 20. 46 |
| MT-3 | オス | 590 | 成獣 | 11. 17-12. 06（20） | 39 | 5. 93 |
| MT-5 | オス | 750 | 成獣 | 11. 29-12. 11（14） | 12 | 7. 51 |
| MT-8 | オス | 570 | 当歳 | 11. 26-12. 11（16） | 29 | 1. 92 |
| MT-9 | オス | 750 | 成獣 | 11. 26-12. 3（ 8） | 15 | 2. 60 |
| MT-10 | オス | 530 | 当歳 | 11. 30-12. 11（13） | 15 | 4. 34 |
| MT-11 | オス | 600 | 当歳？ | 12. 1 -12. 11（11） | 8 | 4. 40 |
| FT-1 | メス | 330 | 当歳？ | 11. 27-12. 11（16） | 26 | 0. 97 |

0.97 ha であった（表 10.1）．同様のテレメトリー調査が，1996 年に同じ田
の浜地区で，琉球大学の卒業研究として行われた（古川，1998）．この研究
では，4 頭のオスを 7 月と 9 月から 10 月に追跡しており，行動圏は，13.5
±8.4 ha であった．このほかの調査でも，行動圏の大きさは，オス，メスが
それぞれ 1-20 ha，1 ha 前後であると報告されている（Xia *et al*., 1990；Sa-
saki, 1994；Sasaki and Ono, 1994；渡辺，2005b）．筆者や古川（1998）の研
究では，追跡を行ったイタチの捕獲は平野部で行われたため，平野部に行動
圏が偏っている可能性もあるが，山地部に入ることはまれで，どの個体もほ
とんど平野部で行動し，低地部の草地，人家，納屋を利用することが多かっ
た．

　シベリアイタチは，出産後数カ月は母子グループで行動するが，基本的に
は単独で生活している．一般的には，オスどうし，メスどうしはなわばりを
持ち，オスとメスの行動圏は重複すると考えられているが，対馬の調査結果
はある程度それを反映したものとなっている（図 10.4）．晩春に生まれた個
体（当歳）は，その年の秋から冬にかけて分散をするために，この時期の行
動圏は個体間で重複する．また，オスは農漁村などの餌資源が豊富な生息環
境では行動圏を重複させて高密度で生活している（Sasaki, 1994；渡辺，
2005b）．メスの行動圏は，1 ha ほどの狭い面積であり，オスのように個体
間での違いは小さく，青島では餌が豊富で，納屋や藁のなかなどの暖かい巣
が確保できるところに行動圏を持っていた（Sasaki and Ono, 1994）．これは

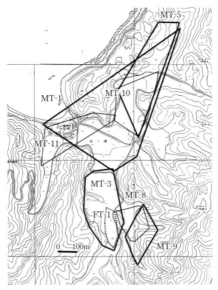

**図 10.4** 1986年10月から12月に調査された長崎県対馬市上県町田の浜におけるシベリアイタチの行動圏の配置．太い実線はオスの成獣，細い実線はオスの当歳，点線はメスを示している．個体番号は表 10.1 を参照（佐々木，未発表）．

中国の農村部においても同様であり，狩猟犬によって見つけた 40 個の巣のうち，22 個は屋外の藁積み，12 個は納屋内の藁積み，3 個は墓，2 個は石積みのなかであった（Sheng and Lu, 1982）．メスにとって暖かい巣を確保することはとくに重要と思われる．

### （4） 繁殖

対馬に生息するシベリアイタチのオスの精巣は 2 月から 6 月にかけて最大となり，3 月から 6 月にかけて精子をつくる（Okano and Onuma, 2011）．青島に生息するシベリアイタチのオスは，精巣が 10 月から 12 月の間は縮小しているが，3 月から 5 月にかけて大きい（図 10.5）．対馬市の美津島と青島に近い平戸の月平均気温は，気象庁の記録では若干美津島のほうが低い程度でほとんど差はなく，両地域ともオスの繁殖リズムはほぼ同じと考えられる．

青島では，メスは 4 月にのみ発情し，捕獲したすべてのメスが 6 月から 8

10.1 シベリアイタチとは

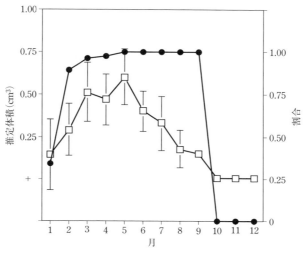

**図 10.5** 長崎県松浦市青島のシベリアイタチのオスの繁殖リズム（Sasaki, 1994 より）．白四角は精巣の推定体積．黒丸は精巣が下垂している個体の割合．精巣体積の推定は外部から陰嚢を含め最大長径と最大短径をノギスで計測し，精巣が楕円状の球形であると仮定して推定した．各月の調査個体数は，1月から12月にかけて 15, 9, 26, 36, 3, 19, 8, 7, 3, 11, 11, 8 頭である．

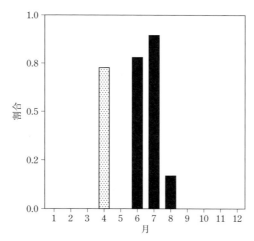

**図 10.6** 長崎県松浦市青島のシベリアイタチのメスの繁殖リズム（Sasaki, 1994 より）．網掛け棒グラフは，発情メスの割合．黒棒グラフは，育児を行っていたメスの割合．発情は陰部の腫れで，育児は乳首の周辺に毛がないことで判断した．各月の調査個体数は，1月から12月にかけて 9, 0, 15, 11, 3, 9, 19, 12, 4, 3, 7, 8 頭である．

月のどこかで育児を行っていた（図10.6）. 大陸の中国では, メスの発情は3月から5月, 妊娠が3月から4月, 出産が4月から5月, 子どもの独立が7月以降となっている（Sheng *et al.*, 1979）. シベリアイタチの妊娠期間は33日から37日とされているが（Wilson and Mittermeier, 2009）, 同じイタチ科のアメリカミンク（*Neovison vison*）は受精後もしばらく着床が起こらない着床遅延があるため, シベリアイタチも着床遅延をすると考えられ, 着床から出産までの真の妊娠日数は不明である.

　イタチ類は特異な交尾行動をする. ニホンイタチは交尾刺激によって排卵が起こる交尾排卵型の動物で, オスは陰茎骨を持ち, 受精を確実にするため平均で94分も交尾を行う. オスはメスを長い時間コントロールするために, 首筋をかなり強く噛んで押さえている（御厨, 1980）. これらの繁殖行動は, シベリアイタチもほぼ同様であると考えられ, オスに長時間噛まれていたために首の背面の一部が楕円状に毛がなくなり赤く腫れたと考えられるメスを捕獲したことがある. 通常, 年1回の発情であり, 交尾行動から見て, メスが複数回交尾を行うとは考えられず, 一夫多妻が基本と考えられる.

　中国での平均産子数は5.14頭である（Sheng *et al.*, 1979）. 青島では, その年に生まれた体重300gから400gのオスイタチが7月から捕獲されるようになるため, 5月ごろに生まれた子どもはこの時期に親から独立して生活を始めると考えられる. 育児期のシベリアイタチのメスの負担は大きく, 2カ月間5-6頭の子どもを自分と変わらないくらいの大きさになるまで, オスの助けもなく育てなければならない. また, 野生のシベリアイタチの平均寿命は2.1歳であり, 2歳になるまでに8割が死亡する（Miyagi *et al.*, 1983）.

### （5）　形態

　体色は, 全体的に, 冬は明るい茶色であり, 夏は綿毛が抜けて少し色が暗くなる. 鼻の周辺が黒く, 口から喉にかけて白斑がある場合が多い. 成獣の尾率（%；尾長／頭胴長）は, 50%以上である（Sasaki *et al.*, 2014）.

　シベリアイタチは, 体サイズの性的二型（雌雄の大きさの違い）が大きく, 西日本のシベリアイタチの体重（平均±標準偏差）は, オスメスそれぞれ717±176g（$n=35$）, 355±134g（$n=18$）であり, オスの体重はメスの約2倍である（Sasaki, 2015）. 中国では, オスメスそれぞれ, 山間部では443

±72 g（$n=66$），263±46 g（$n=36$），都市郊外平野部の農村では，912±151 g（$n=24$），389±73 g（$n=13$）と報告されており，農村の個体では体重や密度が高い（Sheng, 1987）．山間部より農村部では餌となる齧歯類が豊富であるために大型化と高密度化が進んでいると考えられる．中国では，シベリアイタチにとって山地より平野部のほうが好適な生息地といえる．

### （6）　対馬のシベリアイタチの現在の状況

2007年以降，環境省レッドリストでは，対馬に生息するシベリアイタチ（環境省はチョウセンイタチの名称を使用している）は準絶滅危惧種に指定されている．しかし，環境省がツシマヤマネコのモニタリング調査のために平成6（1994）年から設置している自動撮影装置に記録されるシベリアイタチの数が近年激減している（図10.7）．自動撮影装置はヤマネコが利用すると考えられる場所に設置されており，写真の同定者もさまざまであるため，データの解釈には注意を要するが，近年イタチの確認数が少ないことは明瞭である．上島では平野部に設置されているところも多いが，それでも近年撮影された記録はほとんどない．下島では，山間部に設置されている場合が多いが，少ないながらも撮影記録がある程度あり，しかも尾根線などで確認されている．

筆者は，対馬のシベリアイタチが減少しているのではないかと危惧した環境省からの依頼を受けて，2017年度から対馬のシベリアイタチの生息状況調査を開始した．土地利用などの情報のデータベースである地理情報システム（GIS）を使って，上島および下島の田畑の面積の多い地域を選び，田畑やその集落周辺において2017年12月から1月にかけてシベリアイタチの可能性があると思われる糞を採集した．これらの糞は，この後，糞DNAを用いて種判定を行う予定であるが，本章に結果が間に合わないのが残念である．しかし，田畑周辺においてテンと思われる糞が非常に多く，イタチと思われる糞は多くなかった．どの集落での聞き込みにおいても，「最近は，テンが増えて，イタチを見なくなった」との返事が返ってきた．まるで，マルコム・アンダーソン氏が「家の近くにはおらず，山の森に生息している」といった状況になっているかのようであった．

対馬では，近年，人口減少，高齢化が進み，植林地の手入れも十分には行

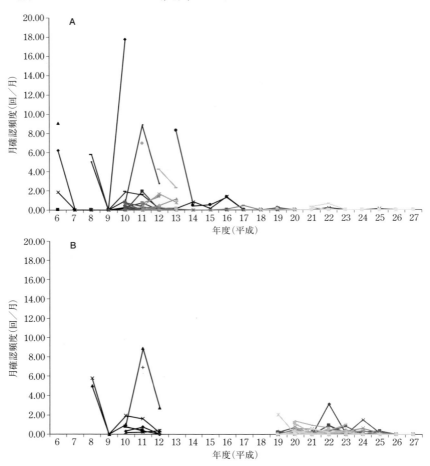

図 10.7　平成 6 年度から 27 年度にかけて環境省がツシマヤマネコのモニタリングのために設置した自動撮影装置に記録されたシベリアイタチの各調査地点ごとの月別の確認回数の変化（環境省資料より改変）．A：上島，B：下島．

うことができず，放棄された田畑も多くなっている．放棄された田畑の増加は，ヤマネコやイタチには齧歯類などの餌の増加をもたらすと考えられるが，実際にはテンが田畑に侵入していると思われる．西シベリアからモンゴルにあるアルタイ山脈では，クロテンが絶滅後シベリアイタチが侵入したが，クロテンの分布回復後に追い出されており（Heptner *et al.*, 1967），クロテン

はシベリアイタチの天敵である（Novikov, 1956）．対馬でも平野部でのテンの増加によってシベリアイタチが捕食などにより減少したのかもしれない．また，シカの増加によって森が荒廃し，テンが平野部に移動した可能性もあり，生態系の変化の面からシカ，ヤマネコ，テン，イタチを総合的に調査する必要があるだろう．いずれにしろ，現在の対馬のシベリアイタチはかなり危機的な状況にあると考えられ，保護策の早急な検討が必要である．

## 10.2　外来種としてのシベリアイタチ

### （1）　侵入・拡散

現在，シベリアイタチは西日本に広く分布しており，福井，岐阜，長野，愛知まで広がっている（Sasaki, 2015；図 10.8）．ミトコンドリア DNA のチトクローム $b$ 遺伝子やコントロール領域の塩基配列比較により，本州や九州のシベリアイタチは，韓国に生息するシベリアイタチに近いことがわかり（Hosoda *et al.*, 2000；Masuda *et al.*, 2012），対馬ではなく韓国のシベリアイタチが西日本で分布を広げたと考えられている．これらのシベリアイタチは，対馬から移入したのであれば国内外来種となるが，朝鮮半島から移入したのであれば，外来種ということになる．

イタチの毛皮はかつて大量に輸出され，飼養施設も各地でつくられた．ニホンイタチの毛皮は明治時代から輸出が増加し続け，昭和の初めに 60 万枚が輸出され（小柳，1960），1959（昭和 34）年においても 45 万枚が輸出されている（片山，1960）．毛皮を取るためのイタチの飼養頭数は，1936（昭和 11）年に約 1000 頭になっている（小柳，1960）．ほとんどがニホンイタチだと思われるが，徳田（1951）によると，1930（昭和 5）年ごろに，兵庫県尼崎でシベリアイタチの飼養が確認されており，兵庫県明石市で飼養されていたシベリアイタチが放され，1935（昭和 10）年ごろ，明石市や大阪で捕獲されている．1950 年には，その分布が近畿，山陽，四国へ広がっている．1951 年までには広島県まで分布を広げたようで，1959 年には広島県比和町で確認された後，1960 年代に山口県下で急速に分布を拡大し（湯川・中村，1982），山口県の都市部で 1964 年ごろに見られるようになった（鈴木，

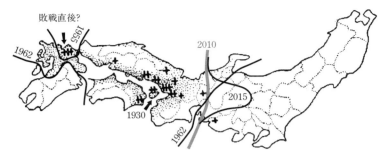

図 10.8 外来種としてのシベリアイタチの分布の変化（佐々木，2011 より改変）．

2005）．

　九州地方への侵入，拡散については，記載がある程度残されている（図10.9）．シベリアイタチは昭和の初期（三宅，1966；吉倉，1978）か，第2次世界大戦敗戦直後の混乱期に朝鮮半島から北九州に侵入した（宮下，1963）．また，平岩（1967）は敗戦直後に福岡や呼子の港からも侵入したとしている．1950（昭和25）年には福岡県糸島，田川（仁科，1978）に，1955（昭和30）年ごろには，久留米（吉倉，1978）と甘木（三宅，1966）で確認され，そのころ，九州大学農学部平岩教授の指導で鈴木淳弥氏が卒業研究として行った調査では，北九州市で，ニホンイタチ1頭，シベリアイタチ30頭が，福岡市周辺ではニホンイタチ7頭，シベリアイタチ34頭が捕獲され，佐賀県呼子でもシベリアイタチが多いとされたが，大牟田ではニホンイタチ42頭，シベリアイタチ3頭が捕獲されており，まだシベリアイタチは少なかった（平岩，1967）．平岩（1967）は，シベリアイタチの分布が，福岡から二日市方面へ，呼子から筑紫平野に広がり，卒論研究当時，福岡県では50%，佐賀県，長崎県，大分県では20%の地域がその分布域によって占められ，熊本県ではごくわずか，鹿児島県，宮崎県には入っていないとしている．

　1958（昭和33）年宮崎県延岡市サギ島にネズミ対策で放されたものが延岡市に侵入しており，1959（昭和34）年には大分県別府，豊後森，長崎県佐世保で確認されている（三宅，1966）．1960（昭和35）年から1961（昭和36）年に長崎県各地や平戸島（山口，1966），1962（昭和37）年に熊本県八代市で確認され（宮下，1963），1966（昭和41）年ごろから天草五橋を渡っ

**図 10.9** 九州へのシベリアイタチの侵入と拡散時期．ほとんどの記載は「頃」と表記されており，ある程度の誤差がある．

て天草に侵入し（吉倉，1978），鹿児島県へは海岸線沿いに南下して1968（昭和43）年ごろに侵入したようである（仁科，1978）．

近畿でも九州でも，シベリアイタチは都市部を移動しながら広がっていったと考えられる．

**（2） 在来種ニホンイタチとの関わり**

日本固有種であるニホンイタチは，本州から九州まで広く分布していたが，現在，西日本ではおもにシベリアイタチが平野部に生息し，京都，大阪，奈良の都心部でも多くシベリアイタチが確認されている（渡辺，2005a；鳥居ほか，2017）．ニホンイタチは，佐賀，大阪では絶滅危惧Ⅱ類，群馬，東京，神奈川，鳥取，島根，広島，山口，香川，福岡，大分，熊本，長崎では準絶滅危惧種に指定されており，シベリアイタチの生息する西日本の多くの県でニホンイタチは絶滅危惧種となっている．シベリアイタチが西日本に侵入した当初から，シベリアイタチがニホンイタチを駆逐していると考えられていた（平岩，1967）．しかし，シベリアイタチの分布しない東京都では，1920

年代から 1970 年代に都市化よってニホンイタチの分布は急速に縮小している（千羽，1974）．人工的な餌に適応できないニホンイタチにとって都市部はすみにくい場所であり，シベリアイタチの存在に関係なく都市部から姿を消していった．

筆者は，福岡県佐賀県の県境にある背振山地でシベリアイタチとニホンイタチの種間関係を調査している．シベリアイタチは，低地部を中心に生息し，標高 500 m 以上の高いところでも人家や田畑周辺に少数分布するのに対し，ニホンイタチは田畑が近くにない自然環境の河川におもに生息していた（佐々木，2011）．大阪や和歌山でも同様の結果が得られており（渡辺，2005b；渡辺・原田，2007），ニホンイタチは都市化の進行によって山地部に分布を縮小し，空白となった平野部にシベリアイタチが分布を広げ，その境界線である山際や山中のヒトの活動が入り込んで環境が攪乱されたところには，両種が生息している．シベリアイタチは，日本以外の分布域では山地にも生息しており，日本で山地にほとんど侵入できないのは，ニホンイタチの生息がそれを妨げているからと考えられる（佐々木，2011）．

### （3）　ヒトとの関わり

ニホンイタチはネズミを防除するために日本各地で放獣されたが，人工増殖がうまくいかないシベリアイタチはほとんど利用されなかった（御厨，1980）．前述のサギ島（平岩ほか，1959）や筆者の調査地である青島（白石，1982）には，シベリアイタチがネズミ駆除のために放され，効果を上げている．この当時は，ネズミによる農作物の被害が甚大であり，生物的な防除の成功例として評価されたが，現在では，外来種を放すことは原則として行ってはいけないことである．

シベリアイタチは意外に都市部の野生動物として身近な存在かもしれない．住宅地の屋根裏に入り込んで走りまわったり，スーパーや家の台所で食べものを盗むこともある．イタチ類は，胴長短足で毛も短いため，獲物を捕獲するために走るには適した体型だが，寒さに弱い．また，寝るときに楕円形になり，熱を失いやすいため，シベリアイタチは巣として暖かな場所を求め，屋根裏の断熱材，押入れの布団，納屋の荷物や藁のなかを巣として利用することが多い．巣から出てきて近くに排尿排便をするため，糞尿による悪臭，

尿がしみ込むことによる変色などの被害も起きる．人家に生息するネズミを探して入ってくることもあり，イタチが入ればネズミがいなくなることも知られているが，天井を走りまわるとかなり大きな音がする．シベリアイタチは意外に甘いものも餌として食べており，ハウスのイチゴや，畑のトウモロコシなどの農作物被害も生じている．対馬ではテンやシベリアイタチがニワトリ小屋のニワトリを襲うこともあるようだ．

　これらを防ぐためにただ捕獲しても，ほかの地域から分散してくる可能性が高く，捕獲は根本的な対策とならない．出入りしている場所を見つけて，追い出した後，その場所をふさぐことが最良の方策である．しかし，シベリアイタチでも 3 cm 程度の隙間があれば，軒先，戸袋，床下とあらゆる隙間を見つけて侵入する．入る気になれば，木の板に齧りついて隙間を大きくすることも可能である．

　やむをえず捕獲する場合は，被害を受けた住人が市町村に有害鳥獣駆除申請を出して駆除を行うことになっている．平成 26（2014）年度，全国で有害鳥獣駆除として捕獲されたイタチは，イタチ（オス）430 頭，イタチ（メス）14 頭，イタチ（性不明）740 頭であり，大阪府がイタチ（性不明）439 頭，奈良県がイタチ（性不明）159 頭となっている．大阪府での捕獲はほとんどシベリアイタチと思われ，行政が苦情への対応として捕獲にわなの貸し出しなどの便宜を図っているため，圧倒的に多い（佐々木，2011）．

### （4）　外来種としての対応

　シベリアイタチは，かつてニホンイタチと同種にされており，この 2 種は毛皮獣として利用されていた．また，齧歯類による森林被害を減らすために，ニホンイタチのメスと同様にシベリアイタチのメスは，鳥獣保護法で狩猟の対象から外されている．しかし，平成 26（2014）年度の狩猟統計では，狩猟で捕獲されたイタチ類は，シベリアイタチ（オス）218 頭，ニホンイタチ（オス）17 頭と少数であり，現在，狩猟獣としての価値はほとんどない．シベリアイタチは山地にほとんど生息していないため，森林でのネズミ防除にも役に立っていない．現実的にもメスの捕獲はかなりむずかしく，外来種のシベリアイタチのメスは，鳥獣保護法での保護解除をすべきだろう．

　外来種としてのシベリアイタチが生態系，ヒト，農作物に大きな被害を与

えている状況ではないため，市町村レベルでの有害鳥獣駆除での対応で収まっている．しかし，都市の衛生環境の改善やニホンイタチがすめる環境の保全によって，東への分布の拡大を停滞させ，長期的に少しずつ減少させていくという明確な目標を国として持つべきだろう．

### 引用文献

阿部永．1994．日本の哺乳類．東海大学出版会，平塚．

Abramov, A. V. 2005. On the taxonomic position of the weasel (Carnivora, Mustela) from the Cheju Island (South Korea). Russian Journal of Theriology, 4：109-113.

Bakeev, Y. N. 1971. The distribution and population dynamics of the Siberian Kolinsky in the western part of its range in the USSR. *In* (King, C. M., ed.) Biology of Mustelids：Some Soviet Research 2. pp. 149-159. New Zealand Department of Scientific and Industrial Research, Wellington.

古川泰人．1998．対馬におけるチョウセンイタチ *Mustela sibirica coreana* の行動圏と環境選択．琉球大学理学部生物学科卒業論文．

Gao, Y. 1987. Fauna -Sinica, Mammalia Vol. 8 Carnivora. Sience Press, Beijing (in Chinese).

Heptner, V. G., N. P. Naumov, A. A. Yurgenson, A. F. Sludskii, A. F. Chirkova and A. G. Bannkikov. 1967. Mammals of the Soviet Union Vol. II Part 1b. Carnivora (Weasels；additional species). Science Publishers, Inc., Plymouth (2002 年英語訳本).

平岩馨邦．1967．続・私の動物記．平岩先生遺稿集刊行会，福岡．

平岩馨邦・内田照章・濱島房則．1959．延岡市サギ島における鼠禍．九州大学農学部学術雑誌，17(3)：335-349.

Hosoda, T., H. Suzuki, M. Harada, K. Tsuchiya, S. H. Han, Y. P. Zhang, A. P. Kryukov and L. K. Lin. 2000. Evolutionary trends of the mitochondrial lineage differentiation in species of genera Martes and Mustela. Genes & Genetic Systems, 75：259-267.

今泉吉典．1960．日本哺乳類図鑑．保育社，大阪．

今泉吉典．1970．対馬の陸棲哺乳類．国立科学博物館専報，3：159-176.

片山胖．1960．イタチの毛皮とその輸出（特集イタチ礼讃 4）．山脈，11(12)：25-29.

小柳和助．1960．イタチの履歴書（特集イタチ礼讃 3）．山脈，11(12)：16-25.

Kurose, N., A. V. Abramov and R. Masuda. 2000. Intrageneric diversity of the cytochrome *b* gene and phylogeny of Eurasian species of the genus Mustela (Mustelidae, Carnivora). Zoological Science, 17：673-679.

増田隆一．2017．哺乳類の生物地理学．東京大学出版会，東京．

Masuda, R. and M. C. Yoshida. 1994a. Nucleotide sequence variation of cytochrome *b* genes in three species of weasels *Mustela itatsi, Mustela sibirica,* and *Mustela nivalis*, detected by improved PCR product-direct sequencing technique. Journal of Mammalogical Society of Japan, 19：33-43.

Masuda, R. and M. C. Yoshida. 1994b. A molecular phylogeny of the family Mustelidae (Mammalia, Carnivora), based on comparison of mitochondrial cytochrome *b* nucleotide sequences. Zoological Science, 11：605-612.

Masuda, R., N. Kurose, S. Watanabe, A. V. Abramov, S. H. Han, L. K. Lin and T. Oshida. 2012. Molecular phylogeography of the Japanese weasel, *Mustela itatsi* (Carnivora：Mustelidae), endemic to the Japanese islands, revealed by mitochondrial DNA analysis. Biological Journal of the Linnean Society, 107：307-321.

御厨正治. 1980. 有益獣増殖事業20年のあしあと. 宇都宮営林署, 宇都宮.

Miyagi, K., S. Shiraishi and T. Uchida. 1983. Age determination in the yellow weasel, *Mustela sibirica coreana*. 九州大学農学部紀要, 27：109-114.

三宅貞祥. 1966. 九州三八度線の動物——イタチの巻. (小川保喜・杉野辰雄・山本博達, 編：北九州の自然) pp. 23-24. 六月社, 大阪.

宮下和喜. 1963. 帰化動物 (5). 自然, 18：69-75.

長崎県生物学会. 1976. 対馬の自然. 昭和堂, 諫早.

仁科邦男. 1978. 九州動物紀行. 葦書房, 福岡.

Novikov, G. A. 1956. Carnivorus Mammals of the Fauna of the USSR. Academy of Sciences of the USSR, Moskva (1962年英訳本).

Okano, T. and M. Onuma. 2011. Temporal changes in the testes and baculum of the Siberian weasel (*Mustela sibirica coreana*) in Tsushima Islands, Japan. Japanese Journal of Zoo and Wildlife Medecine, 17：145-151.

Sasaki, H. 1994. Ecological study of the Siberian weasel *Mustela sibirica coreana* related to habitat preference and spacing pattern. Ph. D. thesis, Kyusyu University.

佐々木浩. 2011. シベリアイタチ——国内外来種とはなにか. (山田文雄・池田透・小倉剛, 編：日本の外来哺乳類——管理戦略と生態系保全) pp. 259-283. 東京大学出版会, 東京.

Sasaki, H. 2015. *Mustela sibirica. In* (Ohdachi, S. D., Y. Ishibashi, M. A. Iwasa and T. Saitoh, eds.) The Wild Mammals of Japan, 2nd ed. pp. 250-251. Shoukadoh, Kyoto.

Sasaki, H. and Y. Ono. 1994. Habitat use and selection of the Siberian weasel *Mustela sibirica coreana* during the non-mating season. Journal of the Mammalogical Society of Japan, 19：21-32.

Sasaki, H., K. Ohta, T. Aoi, S. Watanabe, T. Hosoda, H. Suzuki, M. Abe, K. Koyasu, S. Kobayashi and S. Oda. 2014. Factors affecting the distribution of the Japanese weasel *Mustela itatsi* and the Siberian weasel *M. sibirica* in Japan. Mammal Study, 39：133-139.

Sato, J. J., T. Hosoda, M. Wolsan, K. Tsuchiya, Y. Yamamoto and H. Suzuki. 2003. Phylogenetic relationships and divergence times among mustelids (Mammalia：Carnivora) based on nucleotide sequences of the nuclear interphotoreceptor retinoid binding protein and mitochondrial cytochrome *b* genes. Zoological Science, 20：243-264.

千羽晋示．1974．環境変化と動物群集（2）．（沼田真，編：文部省特定研究　都市生態系の特性に関する基礎的研究）pp. 27-46．文部省，東京．

Shalabi, M. A., A. V. Abramov, P. A. Kosintsev, L. K. Lin, S. H. Han, S. Watanabe, K. Yamazaki, Y. Kaneko and R. Masuda. 2017. Comparative phylogeography of the endemic Japanese weasel (*Mustela itatsi*) and the continental Siberian weasel (*Mustela sibirica*) revealed by complete mitochondrial genome sequences. Biological Journal of the Linnean Society, 120：333-348.

Sheng, H. 1964. 黄鼬种群生態 II 黄鼬冬季性的研究．華東師範大学学報（自然科学版），2：117-122（in Chinese）．

Sheng, H. 1987. Sexual dimorphism and geographical variation in the body size of the yellow weasel (*Mustela sibirica*). Acta Theriologica Sinica, 7：92-95 (in Chinese with English abstract).

Sheng, H., H. Lu and G. Yang. 1979. Reproduction of Siberian weasel. Journal of Zoology (Peking), 4：36-39 (in Chinese).

Sheng, H. and H. Lu. 1982. The environment preference of nesting and nest density of the female weasels (*Mustela sibirica*). Acta Theriologica Sinica, 2：29-34 (in Chinese with English abstract).

白石哲．1982．イタチによるネズミ駆除とその後．採集と飼育，44：414-419.

鈴木欣司．2005．日本外来哺乳類フィールド図鑑．旺文社，東京．

Suzuki, S., J. J. Peng, S. W. Chang, Y. J. Chen, Y. Wu, L. K. Lin and J. Kimura. 2013. Insular variation of the craniodental morphology in the Siberian weasel *Mustela sibirica*. Journal of Veterinary Medical Science, 75：575-581.

Tatara, M. and T. Doi. 1994. Comparative analysis on food habits of Japanese marten, Siberian weasel and leopard cat in the Tsushima islands, Japan. Ecological Research, 9：99-107.

Thomas, O. 1905. The Duke of Bedford's zoological exploration in Eastern Asia. I. List of mammals obtained by Mr. M. P. Anderson in Japan. Proceedings of Zoological Society of London, 1908：331-363.

Thomas, O. 1908. The Duke of Bedford's zoological exploration in Eastern Asia. VII. List of mammals from the Tsushima Islands. Proceedings of Zoological Society of London, 1908：47-54.

徳田御稔．1951．イタチの棲み分け．科学朝日，11：38-39.

鳥居春己・佐々木浩・関口猛．2017．奈良県絶滅危惧種イタチ（*Mustela itatsi*）の棲息記録．紀伊半島の野生動物，11：1-6

渡辺茂樹．2005a．京都市におけるシベリアイタチの棲息状況──22年前のデーターより．京都女子大自然科学・保健体育研究室自然科学論叢，37：39-50.

渡辺茂樹．2005b．都市のイタチ，田舎のイタチ．（森本幸裕・夏原由博，編：いのちの森──生物親和都市の理論と実践）pp. 270-299．京都大学学術出版会，京都．

渡辺茂樹・原田正史．2007．大阪府北部におけるイタチ類2種の分布について．京都西安高等学校西安紀要，14：63-86．

Wilson, D. E. and R. A. Mittermeier. 2009. Handbook of the Mammals of the World. Vol. 1 Carnivore. Lynx Edicions, Barcelona.

Wu, H. Y. 1999. Is there current competition between sympatric Siberian weasels (*Mustela sibirica*) and ferret badgers (*Melogale moschata*) in a subtropical forest ecosystem of Taiwan? Zoological Studies, 38：443-451.

Xia, Q., B. Xiao and H. Sheng. 1990. Home ranges and activity patterns of Siberian weasel (*Mustela sibirica*). Journal of East China Normal University (Mammalian Ecology Supplement), 102-109 (in Chinese with English abstract).

山口鉄男．1966．長崎県の帰化動物．(外山三郎・山口鉄男・石井哲夫，編：雲仙・長崎の自然) pp. 90-91．六月社，大阪．

吉倉眞．1978．天草の哺乳類．合津臨界実験所報 (Calanus)，6：1-9．

湯川仁・中村慎吾．1982．広島県の哺乳類．(日本生物教育会広島大会「広島の生物」編集委員会，編：広島の生物) pp. 145-152．第一法規出版，東京．

# 11

# イリオモテヤマネコとツシマヤマネコ
## 島嶼個体群

### 伊澤雅子・中西 希

　日本には，沖縄県西表島にイリオモテヤマネコ，長崎県対馬にツシマヤマネコが生息している．かれらはアジアに広く分布するベンガルヤマネコの島嶼個体群であり，イリオモテヤマネコは西表島固有亜種，ツシマヤマネコは朝鮮半島を含む東アジアまで分布する亜種の対馬個体群である．どちらも，同じぐらいの体サイズを持ち，見慣れないと区別がつかないくらいよく似た小型のネコ科である．基本的な生態的特徴は夜行性，森林性，単独性で，小島嶼に生息するという点も共通している．しかし，その生息環境は，気候，地形，地史，生物相，人間との関わりなどの点で異なり，それがこの2つのヤマネコ個体群の生態的特徴に種々の違いを生み出している．イリオモテヤマネコは西表島という特殊な環境に適応し，大陸の個体群とは異なる生活様式を獲得した．ツシマヤマネコは典型的な小型のネコ科の生態を残しつつ，里山的環境に適応して生活している．かれらの生態からは，同種でありながら，異なる島嶼環境への適応の様相を見ることができる．

## 11.1　日本のヤマネコ

### （1）　ベンガルヤマネコとは

　日本には，沖縄県西表島にイリオモテヤマネコ（*Prionailurus bengalensis iriomotensis*）（Imaizumi, 1967）（図 11.1），長崎県対馬にツシマヤマネコ（*Prionailurus bengalensis euptilurus*）（Elliot, 1871）（図 11.2）というネコ科動物が生息している．かれらはアジアに広く分布するベンガルヤマネコの

図 11.1 イリオモテヤマネコ（撮影：琉球大学動物生態学研究室）．

図 11.2 ツシマヤマネコ（撮影：琉球大学動物生態学研究室）．

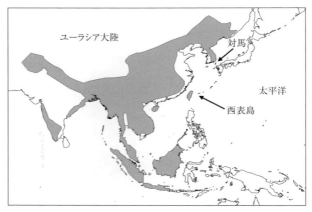

図 11.3 ベンガルヤマネコの分布（Ross et al., 2015 より改変）.

島嶼個体群である．イリオモテヤマネコは，1965 年の発見，1967 年の記載時には Mayailurus iriomotensis という 1 属 1 種の独立種として記載された．しかし，その後のネコ科全体の分類の見直しが行われ，また DNA の分子系統学的データが次々と分類学に取り入れられ，現在ではベンガルヤマネコの西表島固有亜種とする考え方が広く受け入れられている（Masuda et al., 1994；Suzuki et al., 1994；Masuda and Yoshida, 1995；Tamada et al., 2008）．一方，ツシマヤマネコは朝鮮半島，極東ロシア，あるいは中国東部まで分布する亜種の対馬個体群であり，国内では対馬にのみ分布している．

では，ベンガルヤマネコとは何者なのか．ベンガルヤマネコは極東ロシア，中国，朝鮮半島，東南アジアまでと小型のネコ科でもっとも広域に分布する種である（図 11.3）．本種は現在 12 亜種に分けられているが（Sunquist and Sunquist, 2002；Wozencraft, 2005），それぞれの亜種の分布の境界や詳細な情報は限られている．近年，ベンガルヤマネコおよび亜種の分類について議論されている．

ミトコンドリア DNA と Y 染色体遺伝子を用いた解析から，東南アジアのボルネオ島，スマトラ島，ジャワ島，バリ島などの島嶼に生息する個体群と大陸に生息する個体群の間には大きな変異があることが報告され，分岐年代は 200 万年前と推定されている（Luo et al., 2014）．これらの島々は後期鮮新世から前期更新世までスンダランドという大きな島を形成していたが，

海面上昇にともない島嶼化し，生息していたベンガルヤマネコは孤立化したと考えられている．これらの島嶼と大陸の個体群の遺伝的な違いは異なる種間の違いに相当するものであると推定され（Li *et al.*, 2016），これまで1種としてきたベンガルヤマネコを，Sunda leopard cat（*Prionailurus javanensis*）と Mainland leopard cat（*Prionailurus bengalensis*）の2種に分けることが提案されている（Kitchener *et al.*, 2017；Patel *et al.*, 2017）．さらに，Sunda leopard cat のなかでもジャワ島とバリ島の個体群は *P. j. javanensis*，スマトラ島，ボルネオ島，フィリピンの島々に生息する個体群は *P. j. sumatranus* という2亜種に分けられるという（Patel *et al.*, 2017）．また，Mainland leopard cat はこれまで7亜種に分けられていたのが，北方系と南方系の大きく2つのクレードに分かれることが明らかになり（Tamada *et al.*, 2008），東南アジアから中国に生息する個体群を *P. b. bengalensis*，満州，極東ロシア，韓国，台湾，西表島に生息する個体群を *P. b. euptilurus* とする案が提唱された（Kitchener *et al.*, 2017）．この分類案では，イリオモテヤマネコとツシマヤマネコは同じ亜種に属すことになる．しかし，各個体群の頭骨などの形態学的研究はまだ十分ではないため，さらなる検討が必要である．

### （2）　イリオモテヤマネコとツシマヤマネコの分岐年代

ミトコンドリア DNA チトクローム *b* 遺伝子の変異から，イリオモテヤマネコはおよそ9万年前に台湾に生息するタイワンヤマネコと分岐し，ツシマヤマネコはおよそ3万年前に朝鮮半島の個体群と分岐したと推定されている（Tamada *et al.*, 2008）．西表島と対馬が大陸から孤立した年代は西表島が24万-2万年前（木村ほか，1992），対馬が10万年前（大嶋，1990）と推定されており，イリオモテヤマネコの祖先は台湾から西表島に，ツシマヤマネコの祖先は大陸から朝鮮半島を経由して対馬に侵入後，それぞれの島が島嶼化したことよって孤立したと考えられている（Tamada *et al.*, 2008）．Saka *et al.*（2017）による最近の研究では，免疫機能に関連する主要組織適合遺伝子複合体（MHC）遺伝子や近傍のマイクロサテライト遺伝子の多様性が両ヤマネコ集団では低下しており，両者の長期間にわたる地理的隔離，または，少数個体集団による遺伝的浮動を反映していることが報告された．

## （3） 外見上の特徴

　まず，イリオモテヤマネコの外見上の特徴を紹介したい（図11.1）．イリオモテヤマネコはイエネコと同じぐらいのサイズの小型のネコ科である．毛色は，黒っぽい茶色の地色に黒っぽい斑紋がある．ベンガルヤマネコのほかの亜種に比べて，全体に「黒い」という感じが強い．額の白と黒のライン，目のまわりの白いラインも特徴的である．耳先は丸く，耳の後ろにネコ科の多くの種が持つ白斑（虎耳状斑とよばれる）がある．体重は，オスで $4.01 \pm 0.48$ kg，メスで $3.03 \pm 0.25$ kg，頭胴長（鼻先から尾の付け根までの長さ）は，オスで $580.13 \pm 26.73$ mm，メスで $527.56 \pm 24.10$ mm というように，オスのほうがやや大型である（Nakanishi and Izawa, 2009）．

　ベンガルヤマネコのほかの亜種と異なる特徴の1つとして歯式があげられる．イリオモテヤマネコでは，上顎の第2前臼歯が欠損している（阿部，2000；Nakanishi and Izawa, 2009）．そのためほかの亜種の歯の総計は通常30本であるが，イリオモテヤマネコの歯は28本である．ほかの個体群でもまれに上顎第2前臼歯が欠損している個体が存在するが，遺伝的要因によるものか環境要因によるものかは現在のところ不明である．

　ツシマヤマネコも同じぐらいのサイズの小型のネコ科である（図11.2）．毛色はイリオモテヤマネコより明るい茶色の地に黒褐色の斑紋がある．全体の毛色が明るいため，額の白や黒のラインがイリオモテヤマネコよりもはっきりしている．耳の特徴はイリオモテヤマネコと同様である．体重は，オスで $3.55 \pm 0.43$ kg，メスで $3.15 \pm 0.40$ kg，頭胴長は，オスで $569.00 \pm 41.09$ mm，メスで $523.27 \pm 32.46$ mm とこちらもオスのほうがやや大型である（Izawa and Nakanishi, 2009）．オスのほうが大型であるという性的二型はネコ科全体に広く見られる．イリオモテヤマネコと異なる特徴として，冬季と夏季で外見が変わることがあげられる．対馬は冬季の寒さが厳しいため，ツシマヤマネコは冬毛は長く，ふわふわした感じであり，実際よりも身体が大きく見える．夏季には夏毛になり，イリオモテヤマネコとより類似した外見になる．

　両者のヤマネコは，ほとんどサイズも同程度であり，外見上も区別がつきにくい小型のネコ科である．基本的な生態的特徴も共通している．活動パタ

ーンは基本的に夜行性であり，薄明薄暮に活動が活発になる（Schmidt *et al.*, 2003；Nakanishi *et al.*, 2005）．しかし，これらのヤマネコは，小型コウモリ類や夜行性のリス科動物のように完全に夜行性というわけではなく，昼間も活動する．単独で森林に生息し，ある程度長期にわたる個体間のつながりは母と子の間のみである．小島嶼に生息するという点も共通している．では，たんに別の島にいるというだけで同じような生活をしているヤマネコなのだろうか．

## 11.2　イリオモテヤマネコの生態──水の島のヤマネコ

### （1）　西表島──ネコ科最小の生息地

　イリオモテヤマネコの唯一の生息地である西表島は，琉球列島の南端部近くにあり，緯度は台湾の台中に近いぐらいの位置にある（図 11.3）．面積は284 km² と小さい．最高峰は標高 470 m の古見岳であるが，その他に 300-400 m の山々が連なる．島の 80% は亜熱帯の常緑広葉樹林に覆われ，平地は少ない．湿潤亜熱帯に属し，年間降水量は 2000 mm を超える．標高は低いが起伏が激しい複雑な地形であり降水量が多いことから，島内には 40 以上の大きな河川が流れ，林内も沢や湿地が広がり，「水の豊かな島」という印象が強い（図 11.4）．

　島の地形を傾斜角によって塗り分けてみると，西表島は傾斜の急な「壁」のような地形で，沿岸低地部と内陸山地部に分けられる（中西・伊澤，2014）．数値標高モデルを用いた空間解析を行うと，イリオモテヤマネコはエネルギーを消費する標高差の大きい場所を避け，緩やかな地形や谷筋を使って移動することがわかった（渡辺ほか，2002）．この西表島の地形的特性は，イリオモテヤマネコの生態や保全を考えるうえでも考慮すべきである．西表島の人口は 2017 年現在約 2400 人で，集落や道路は沿岸低地部に点在する．内陸山地部には，人間活動がほとんど行われていない森林が維持されている．イリオモテヤマネコは，以前は島の沿岸低地部に高密度に生息すると考えられていたが（環境庁自然保護局，1985），その後，島の内陸山地部でも繁殖が行われていることが明らかにされ（中西・伊澤，2014），集落部分

図 11.4 イリオモテヤマネコ生息地——西表島（撮影：琉球大学動物生態学研究室）.

を除く西表島全域に分布していると考えられる（Nakanishi et al., unpublished）.

　西表島は琉球列島で唯一在来の食肉目が分布する島である．西表島に生息するその他の在来哺乳類は，イノシシ，コウモリ類5種，ジャコウネズミのみである．また，在来のネズミ類が分布していないことが特徴である（現在は外来のクマネズミが生息している）．小型哺乳類相が乏しいにもかかわらず，この島だけで食肉目が生息できていることは食物連鎖を考えると不思議な気がする．じつは，西表島は世界のネコ科の生息地のなかで最小である（Watanabe, 2009）．世界には37種のネコ科動物が生息しており，熱帯から寒帯まで，低地から高山まで，草原から森林まで分布する．しかし，多くの種は大陸あるいは大型の島嶼に生息しており，面積わずか300 km$^2$弱の小島嶼に個体群を長期にわたって維持できている種はいない．これはネコ科が食肉目のなかでももっとも肉食性が強く，各生息地の生態系で食物連鎖の頂点にあることを考えると当然である．すると，西表島は，世界でもっとも狭い面積で長期にわたってネコ科の個体群を支えてきた島であるということになる．

## （2） 行動圏と社会構造

　ラジオトラッキング法（動物に電波発信機を装着し，その電波を追跡することによって，動物の行動や移動経路などを調査する方法．ヤマネコ類では行動に影響しない重量や形態の発信機を首輪につけて装着する）や自動撮影法（赤外線センサーのついたカメラをけもの道などに設置して，通過する動物を自動的に撮影する方法）を用いてイリオモテヤマネコの行動圏を調べると，オスで $4.47 \pm 2.24 \,\mathrm{km}^2$，メスで $2.80 \pm 1.08 \,\mathrm{km}^2$ であった（Nakanishi and Izawa, 2009）．行動圏は西表島のさまざまな環境を含む（渡辺ほか，2001；図 11.5）．とくに，低地部では川沿い，川縁や林内の湿地，河口部のマングローブ林は利用度が高い（Schmidt et al., 2003；Nakanishi et al., 2005）．海岸部も行動圏に含まれている．水田や牧場などの人為的環境も利用し，水田の周辺はカエル類や水鳥の捕食域として利用していることが考えられる．イリオモテヤマネコはネコ科としてはめずらしく，水に入ったり泳いだりする．林内の川に入ったり，大きな川を泳いで渡っている様子も目撃

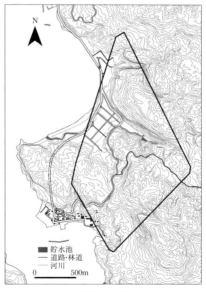

図 11.5　イリオモテヤマネコの行動圏の例（Nakanishi et al., 2005 より改変）．

されている.

　イリオモテヤマネコの行動圏サイズは海外に分布するベンガルヤマネコの
ほかの亜種と比較すると小さい. 調査手法やデータ量の違いはあるものの,
台湾ではメスの行動圏サイズはイリオモテヤマネコとほぼ同様であるが, オ
スの行動圏が $6.5 \, km^2$, $9.5 \, km^2$ であり (Chen *et al.*, 2016), タイではオスで
約 5-20 $km^2$, メスで 2-17 $km^2$ (Grassman *et al.*, 2005) などとほかの地域で
はより大きな行動圏を持つ. 動物の行動圏が狭いということは, その狭い範
囲で生活ができることを示している. 面積あたりの餌となる動物の生物体量
が多いことや, 環境が複雑なため狭い範囲で採餌, 休息, 繁殖などさまざま
な活動に適した場を確保できるということであろう. 西表島のような小島嶼
環境では, 島の閉鎖性から拡大できないという消極的な理由のみではなく,
さまざまな環境が狭い範囲に凝縮されていることから, 狭い範囲で生息が可
能であると考えられる.

　イリオモテヤマネコは 2 月から 5 月に交尾し, 4 月から 7 月に 1-2 頭を出
産する. メスは単独で子育てし, 子は 8 月から 12 月に独立する (Okamura
*et al.*, 2000). また. その社会は単独性である. メスは安定した行動圏を持
って定住し, メス間で弱いなわばり性を示す (Schmidt *et al.*, 2003 ; Naka-
nishi *et al.*, 2005). オスも安定した行動圏を持ち, オス間で強いなわばり性
を示す. オスの行動圏はメスより大きく, 通常 1-2 個体のメスの行動圏を包
含している (Schmidt *et al.*, 2003 ; Nakanishi *et al.*, 2005). しかし, 長期に
わたる自動撮影調査を行うと, 数年間同じ地域にすみ着いている個体と, あ
るときに短期に現れるがすぐにいなくなり, しばらく経つとほかの地域に現
れる個体がいることが明らかになった. しかも, 後者の個体はほとんどすべ
てオスであった. つまり, オスは定住個体と放浪個体という 2 つの生活型を
持つのである (Nakanishi *et al.*, 2005 ; Nakanishi *et al.*, unpublished). この
ような空間配置を示す社会構造はネコ科の典型であるといえよう (図 11.6).
この社会のなかでの放浪オスの位置づけは興味深い. 放浪オスは 1 カ所に定
住せず, 長距離の移動を続ける. 移動の距離は十数 km にもおよぶ. 亜熱帯
に生息するイリオモテヤマネコでも, 死亡個体の犬歯のセメント質年輪を用
いた個体の齢査定が可能となった (Nakanishi *et al.*, 2009). するとラジオト
ラッキングや自動撮影でモニターしていた個体について最終的に死体が回収

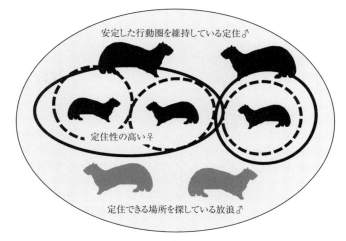

図 11.6　イリオモテヤマネコの社会構造.

できれば，その個体についてのそれぞれの場面での齢をさかのぼって推定することができる．その結果，放浪オスはすべての個体が一生放浪しているわけではなく，どこかに行動圏の「空き」を見つけるとそこに定住して，定住オスになることができるということがわかった（Nakanishi *et al.*, unpublished）．イリオモテヤマネコの社会では，大型のネコ科であるライオンやトラのように，なわばりやメスをめぐる直接的な闘争を行うことはない．定住オスが死亡すると"平和的に"その場所に入り込むのである．しかし，複数の放浪オスのどの個体がなわばりを引き継ぐことができるのか，そもそも放浪オスの間は繁殖には参加していないのか，などまだまだ放浪オスについては謎が多い．

## （3） イリオモテヤマネコの食性——幅広い食性

イリオモテヤマネコの食性の大きな特徴は，餌種の多様性である（Watanabe *et al.*, 2003；Nakanishi and Izawa. 2016）．ほかの多くの小型のネコ科が小型哺乳類を高頻度に捕食しているのに対し（Sunquist and Sunquist, 2002），イリオモテヤマネコはさまざまな分類群の動物を採餌する．ヤエヤマオオコウモリ，クマネズミ（外来種）などの哺乳類，シロハラクイナ，オ

オクイナ，シロハラなどの鳥類，キシノウエトカゲ，サキシママダラなどの爬虫類，サキシマヌマガエル，ヒメアマガエルなどの両生類，ヤエヤママダラゴキブリ，マダラコオロギなどの昆虫類，コンジンテナガエビなどの淡水のエビ類などの甲殻類までを広く餌としている（Sakaguchi and Ono, 1994；Watanabe *et al.*, 2003；Nakanishi and Izawa, 2016）．同じベンガルヤマネコのなかで比較しても，タイやインドネシア，韓国などの個体群がおもに哺乳類を餌としているのに対して（Grassman *et al.*, 2005；Lee *et al.*, 2014など），イリオモテヤマネコは非常に幅広い食性を持っており，世界のネコ科のなかでも特徴的である．

　この特徴は，西表島の地理的・地史的条件とそれによって生み出された生物相と深く関わっていると考えられる．イリオモテヤマネコは，24万-2万年前（木村ほか，1992）に大陸から西表島に隔離されたと考えられている．西表島の面積は狭いが，世界でも限られた湿潤亜熱帯に属し，水の豊富な島である．また，多くの島々が大陸棚の上に連なる琉球弧の一部でもある．そのため生物の多様性は高く，とくに両生爬虫類や昆虫類の多様性が高い．イリオモテヤマネコが，餌メニューのなかでもカエル類を高頻度に利用するという食性は，ネコ科のみならず食肉目全体でもめずらしい（Nakanishi and Izawa, 2016）．これも水系の豊富な西表島において8種のカエル類が高密度に生息することによって可能になっている．Watanabe *et al.*（2005）は西表のカエル類の密度を1 haあたり4180個体と推定し，それを中央アメリカ，アフリカ，南アメリカ，東南アジアなどと比較している．その結果，これまでの報告で得られている数値のうち最大の中央アメリカ（パナマ）の1 haあたり2960個体をもはるかに上まわるものであった．

　また，西表島は渡りのルートにあたっていることから，冬季には渡り鳥も数多く飛来する．一方で，小型のネコ科の一般的な餌種である在来の小型哺乳類（ネズミ類，ウサギ類）は西表島に分布していない．そこで，イリオモテヤマネコは食性の幅を広げるということでこの環境に適応したと考えられる（Watanabe, 2009）．それにともなって採餌域の選択も変化し，湿地や河川環境でも頻繁に活動し，水系に依存する動物を捕食することとなった．広域に分布するベンガルヤマネコは，そのような生態の柔軟性を持っているのかもしれない．一方で，西表島は小島嶼の特性として食物連鎖の上位の種が

欠けており（例外的にイリオモテヤマネコが生息），イリオモテヤマネコの捕食者や競争者となる種がいなかった．この生息地の特殊性もイリオモテヤマネコの存続を可能にしたと考えられる（Watanabe, 2009）．

## 11.3 ツシマヤマネコの生態——里山のヤマネコ

### （1） 対馬

対馬は九州と朝鮮半島の間にあり，韓国とわずか50 km，九州と70 kmの距離にある（図11.3）．上島（437.2 km²）と下島（246.9 km²）からなり，現在は橋でつながっている．南北約82 km，東西約18 kmと南北に細長く，島の大部分が山地であり，最高峰は標高650 mの矢立山である．海岸は大小の入江が複雑に入り組んだリアス式海岸で，海岸総延長915 kmにおよぶ．温帯域に属し，対馬暖流の影響で年平均気温は15-16℃，年間平均降水量は約2200 mmであり，比較的温暖で降水量が多いが，冬は大陸からの強い季節風により寒さが厳しい．

人口は2017年現在約3万1500人で，200以上の集落がほとんど海岸沿いの入江に分布する．島の約90％が森林であり，落葉広葉樹林，常緑広葉樹林，針葉樹林からなる．もともとは林業と漁業の島であったため，森林の大半は二次林とスギ・ヒノキの植林地であり，林道が網目状に走っている．

小島嶼でありながら，ツシマヤマネコのほかに，ツシマテン（第7章参照），シベリアイタチ（対馬は国内で唯一の自然分布地，第10章参照）の食肉目3種が同所的に生息している点は特徴的である．後者の2種は小型齧歯類をめぐりツシマヤマネコの競争種である（Tatara and Doi, 1994）と同時に，ヤマネコの幼獣の捕食者となる可能性がある．その他に在来の哺乳類として，食虫類3種，コウモリ類10種，ツシマジカ，ネズミ類3種が分布している．そのなかには大陸との共通種（ツシマヤマネコやシベリアイタチ），九州との共通種（ツシマテン，アカネズミなど）が入り交じっており，そのうちの数種は対馬の固有亜種に分類されている．この分布の特徴はほかの分類群でも見られ，生物地理学的に興味深い島である．

現在，ツシマヤマネコの分布は上島に偏っており，1980年代から下島で

はツシマヤマネコが確認されていなかった．しかし，2007年に下島で再発見されて以来，下島の各地で次々と分布が確認されている（対馬野生生物保護センター，私信）．どの程度のサイズの個体群が生息しているかは現在調査中であり，下島に残留していた個体群が回復しているのか，上島からの個体群の分布拡大であるのかを明らかにすることも今後の課題である．

（2） 行動圏と社会構造

　行動圏のサイズは，オスで 0.5-16.5 km$^2$，メスで 0.2-2.5 km$^2$ であり，オスのほうが大きい（Izawa and Nakanishi, 2009）．イリオモテヤマネコの 11.2 節では平均値を示したが，ツシマヤマネコはそれがむずかしい．季節や繁殖活動，生息環境によってサイズが大きく異なるためである．また，山地部を生息地とする個体を対象とした調査では，餌資源量の変化によって行動圏を集落近くまで大きく拡大することも確認された（伊澤ほか，2006）．おもな生息環境は森林であるが，農地や集落付近の里山的環境の森林も活動

図 11.7　ツシマヤマネコ生息地——対馬（撮影：琉球大学動物生態学研究室）．

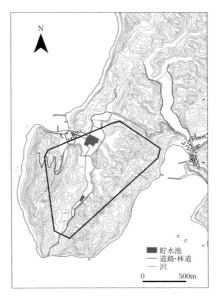

図 11.8　ツシマヤマネコの行動圏の例（Oh *et al.*, unpublished data）．

域としている（自然環境研究センター，2005；Oh *et al.*, 2010, 2014；図 11.7，図 11.8）．

　ツシマヤマネコも，1 年の繁殖スケジュールはイリオモテヤマネコとほぼ同様である．1-3 月に交尾し，4-5 月に 1-3 頭を出産する（Nakanishi *et al.*, unpublished）．メスが単独で子育てする点もイリオモテヤマネコと同様であると考えられる．社会構造は単独性で，ツシマヤマネコもネコ科の典型に近い空間配置を持つ．メスの行動圏は比較的小型で安定しているが，オスの行動圏はより大型で繁殖期に拡大する．イリオモテヤマネコと同様に行動圏の入れ替わりは，定住個体の死亡時である（Nakanishi *et al.*, unpublished）．

**（3）　ツシマヤマネコの食性——小型哺乳類を中心として**

　アカネズミ，ヒメネズミ，食虫類などの小型哺乳類がおもな餌である（井上，1972；Tatara and Doi, 1994）．その他に，カエル類，鳥類，昆虫などを餌とするが，地域や季節によってその割合が異なる．

## 11.4　イリオモテヤマネコとツシマヤマネコの比較

　この章の最初に，この２つのヤマネコは夜行性，単独性，森林性などの基本的な生態も共通するよく似た小型のネコ科であると述べた．これらの特徴はイリオモテヤマネコとツシマヤマネコばかりでなく小型のネコ科全体に共通する，いわば進化的に獲得してきた分類群全体の特徴である．しかし，異なる環境に生息するツシマヤマネコとイリオモテヤマネコは，その生態を詳細に研究すると大きく異なる特性を持つことがわかる．

　両者の行動圏サイズはほぼ同様であるが，イリオモテヤマネコの行動圏サイズが定住個体ではあまり大きくばらつかないのに対して，ツシマヤマネコでは地域によって個体差が大きい．対馬島内でも高密度でツシマヤマネコが生息する地域では，メスの行動圏がイリオモテヤマネコより小さい．メスの行動圏サイズは餌条件の影響を受けるため（Sandell, 1989），対馬では地域によって餌条件が大きく異なり，場所によっては西表島よりも良好な餌条件であることを示している．対馬では，植林地，道路，農地など人間活動が島全域に広がり，西表島と比べて生息地の状況が多様で分断的であるのかもしれない．餌条件が均一でなく，場所による行動圏のサイズの違いや環境によっては行動圏の季節的な大きな拡大が起こっていることも予想される．イリオモテヤマネコについてはほかの亜種よりも行動圏が小さいことを述べたが，ツシマヤマネコについては残念ながら対馬のさまざまな環境における情報が集積されておらず，今後の課題である．

　イリオモテヤマネコとツシマヤマネコで大きく異なる別の点は，食性である．生息地が各々，亜熱帯域と温帯域であることから島の動物相は大きく異なり，餌動物が異なるのは当然である．しかし，餌種の違いだけではなく，餌種の動物分類群の幅が大きく異なる．ツシマヤマネコの食性はほかのネコ科あるいはベンガルヤマネコのほかの亜種または地域個体群と同様に小型哺乳類が中心である．しかし，イリオモテヤマネコはその特殊な生息環境のため，ネコ科のなかでも最大幅の食性を持つ．食性の違いは，生息地のなかでの利用環境の違いにつながる．詳細な行動圏の解析がなされている西表島沿岸低地部では，イリオモテヤマネコがさまざまな環境タイプがモザイク状に入り組んだ地形を高頻度に利用することがわかっている．さらに，比較的小

さな行動圏で生活できることは，イリオモテヤマネコが多様な餌動物をその場その場で捕食していることを示すものである．しかし，イリオモテヤマネコが「なんでも食べる」ということは，それぞれの個体がつねにすべての餌種を食べていることを示すわけではないだろう．イリオモテヤマネコは沿岸低地部から内陸山地部まで全域に分布している．河川やマングローブ林，海岸部，人間の手の入った水田や牧場のある沿岸低地部と，ほぼ森林でそのなかに沢や湿地が点在する内陸山地部とでは，生息する餌種は異なる．それぞれの場所で利用できる餌種を利用しているために，個体群全体では餌メニューが幅広くなっているものと考えられる．

もう1つの違いは空間配置と個体の入れ替わりである．同性間，とくにオス間で排他的な行動圏を持ち，オスが1または少数のメスの行動圏を含むかたちで行動圏を確保している点，個体の死亡によって入れ替わりが起こるという基本的なシステムは両ヤマネコで共通している．しかし，西表島ではつねに一定数が見られるオスの放浪個体が対馬ではほとんど確認されない（Nakanishi *et al.*, unpublished）．この理由として，イリオモテヤマネコの個体数が比較的安定して維持されているのに対し，ツシマヤマネコの個体数がこの数十年で激減したことや，対馬では場所によってヤマネコにとっての生息環境が大きく異なることなどいくつかの要因が考えられるが，詳細は明らかになっていない．

最後に，この2つの島嶼個体群はいずれも絶滅が危惧されている．どちらも個体数は100-130頭程度と推定されており（自然環境研究センター，2005；琉球大学，2008），2018年の環境省のレッドリストでは絶滅危惧 IA 類にリストアップされている．また，両ヤマネコは哺乳類では9種（亜種）のみが指定されている国内希少野生動植物種に含まれ，保護の必要性が認識されている．保全上の問題点は生息環境の悪化，交通事故，外来種の悪影響などは共通する課題であるが（Izawa *et al.*, 2009），イリオモテヤマネコでは観光による環境のオーバーユースが，またツシマヤマネコではツシマジカの個体数増加による森林破壊が近年の大きな課題となっている．人口が少なく集落が沿岸部に集中している西表島ではノネコ，ノイヌの除去，管理はほぼ完了しているのに対して，人口が多く集落が広く点在し道路網も広がっている対馬ではノネコの管理ができないままに，ノイヌの増加やさらに外来種

のイノシシの個体数と分布の拡大など新しい問題も次々に起こっている.

2017年のIUCNのレッドリストではベンガルヤマネコはLeast Concern（軽度懸念）とされており，絶滅の危険は低いとされている（なお，イリオモテヤマネコとフィリピンの島々に生息するVisayan leopard catの2亜種だけは亜種のレベルでそれぞれCritically Endangered［日本の基準で絶滅危惧IA類］，Vulnerable［絶滅危惧II類］とされている）．これはベンガルヤマネコが広域に分布することと，大陸の亜種は普通種であったり，調査が行われていなかったりするため減少傾向や低密度の報告がないことによる．しかし，島嶼個体群は隔離されたそれぞれに異なる生息地で独自に適応しており，イリオモテヤマネコとツシマヤマネコだけに着目してもその生態的特徴は大きく異なる．保全にあたっても，生態学的な情報の集積と島嶼環境の違いを考慮した考え方が必要である．

### 引用文献

阿部永．2000．日本産哺乳類頭骨図説．北海道大学図書刊行会，札幌．

Chen, M.-T., Y.-J. Liang, C.-C. Kuo and K. J.-C. Pei. 2016. Home ranges, movements and activity patterns of leopard cats (*Prionailurus bengalensis*) and threats to them in Taiwan. Mammal Study, 41：77-86.

Grassman, L. I., M. E. Tewes, N. J. Silvy and K. Kreetiyutanont. 2005. Spatial organization and diet of the leopard cat (*Prionailurus bengalensis*) in north-central Thailand. Journal of Zoology, 266：45-54.

井上朋子．1972．ツシマヤマネコの糞内容物から見た食性．哺乳動物学雑誌，5：155-169.

伊澤雅子・Oh daehyun・宮國泰斗・茂木周作・檜山智嗣・土肥昭夫．2006．絶滅危惧種ツシマヤマネコの生息地としての森林環境の評価．プロ・ナトゥーラ・ファンド第15期助成成果報告書，pp. 3-10．自然保護助成基金・日本自然保護協会，東京．

Izawa, M., T. Doi, N. Nakanishi and A. Teranishi. 2009. Ecology and conservation of two endangered subspecies of the leopard cat (*Prionailurus bengalensis*) on Japanese islands. Biological Conservation, 142：1884-1890.

Izawa, M. and N. Nakanishi. 2009. *Prionailurus bengalensis euptilurus* (Elliot, 1871). *In* (Ohdachi, S. D., Y. Ishibashi, M. A. Iwasa and T. Saito, eds.) The Wild Mammals of Japan. pp. 226-227. Shoukadoh, Kyoto.

環境庁自然保護局．1985．昭和59年度イリオモテヤマネコ生息環境等保全対策調査報告書．環境庁自然保護局，東京．

木村政昭・松本剛・大塚裕之・中村俊夫・西田史朗・青木美澄・小野朋典・段野洲興．1992．沖縄トラフ東縁ケラマ鞍部の潜水調査——ウルム氷期の陸

橋か？　しんかいシンポジウム報告書，8：107-133.

Kitchener, A. C., Ch. Breitenmoser-Wursten, E. Eizirik, A. Gentry, L. Werdelin, A. Wilting, N. Yamaguchi, A. V. Abramov, P. Christiansen, C. Driscoll, J. W. Duckworth, W. Johnson, S.-J. Luo, E. Meijaard, P. O'Donoghue, J. Sanderson, K. Seymour, M. Bruford, C. Groves, M. Hoffmann, K. Nowell, Z. Timmons and S. Tobe. 2017. A revised taxonomy of the Felidae. The final report of the Cat Classification Task Force of the IUCN/SSC Cat Specialist Group. Cat News Special Issue 11.

Lee, O., S. Lee, D.-H. Nam and H. Y. Lee. 2014. Food habits of the leopard cat (*Prionailurus bengalensis euptilurus*) in Korea. Mammal Study, 39：43-46.

Li, G., B. W. Davis, E. Eizirik and W. J. Murphy. 2016. Phylogenomic evidence for ancient hybridization in the genomes of living cats (Felidae). Genome Research, 26：1-11.

Luo, S.-J., Y. Zhang, W. E. Johnson, L. Miao, P. Martelli, A. Antunes, J. L. D. Smith and S. J. O'Brien. 2014. Sympatric Asian felid phylogeography reveals a major Indochinese-Sundaic divergence. Molecular Ecology, 23：2072-2092.

Masuda, R., M. C. Yoshida, F. Shinyashiki and G. Bando. 1994. Molecular phylogenetic status of the Iriomote cat *Felis iriomotensis*, inferred from mitochondrial DNA sequence analysis. Zoological Science, 11：597-604.

Masuda, R. and M. C. Yoshida. 1995. Two Japanese wildcats, the Tsushima cat and the Iriomote cat, show the same mitochondrial DNA linage as the leopard cat, *Felis bengalensis*. Zoological Science, 12：655-659.

Nakanishi, N., M. Okamura, S. Watanabe, M. Izawa and T. Doi. 2005. The effect of habitat on home range size in the Iriomote cat *Prionailurus bengalensis iriomotensis*. Mammal Study, 30：1-10.

Nakanishi, N., F. Ichinose, G. Higa and M. Izawa. 2009. Age determination of the Iriomote cat, *Prionailurus bengalensis iriomotensis*, by using cementum annuli. Journal of Zoology, 279：338-348.

Nakanishi, N. and M. Izawa. 2009. *Prionailurus bengalensis iriomotensis* (Imaizumi, 1967). *In* (Ohdachi, S. D., Y. Ishibashi, M. A. Iwasa and T. Saito, eds.) The Wild Mammals of Japan. pp. 226-227. Shoukadoh, Kyoto.

中西希・伊澤雅子．2014．イリオモテヤマネコの山地部における繁殖情報．沖縄生物学会誌，52：445-51.

Nakanishi, N. and M. Izawa. 2016. Importance of frogs in the diet of the Iriomote cat based on stomach content analysis. Mammal Research, 61：35-44.

Oh, D.-H., S. Moteki, N. Nakanishi and M. Izawa. 2010. Effects of human activities on home range size and habitat use of the Tsushima leopard cat *Prionailurus bengalensis euptilurus* in a suburban area on the Tsushima Islands, Japan. Journal of Ecology and Field Biology, 33：3-13.

Oh, D.-H., N. Nakanishi, S. Moteki and M. Izawa. 2014. Notes on the effect of an artificial landscape change on the home range of a female Tsushima leopard cat, *Prionailurus bengalensis euptilurus*, in the Tsushima Islands, Japan. Mammal Study, 39：47-52.

大嶋和雄．1990．第四紀後期の海峡形成史．第四紀研究，29(3)：193-208.

Okamura, M., T. Doi, N. Sakaguchi and M. Izawa. 2000. Annual reproductive cycle of the Iriomote cat *Felis iriomotensis*. Mammal Study, 25：75-85.

Patel, R. P., S. Wutke, D. Lenz, S. Mukherjee, U. Ramakrishnan, G. Veron, J. Fickel, A. Wilting and D. W. Förster. 2017. Genetic structure and phylogeography of the leopard cat (*Prionailurus bengalensis*) inferred from mitochondrial genomes. Journal of Heredity, 421：734-737.

Ross, J., J. Brodie, S. Cheyne, A. Hearn, M. Izawa, B. Loken, A. Lynam, J. McCarthy, S. Mukherjee, C. Phan, A. Rasphone and A. Wilting. 2015. *Prionailurus bengalensis*. The IUCN Red List of Threatened Species 2015: e. T18146A50661611. http://dx.doi.org/10.2305/IUCN.UK.2015-4.RLTS.T18146 A50661611.en. Downloaded on 25 December 2017.

琉球大学．2008．環境省委託調査　平成19年度イリオモテヤマネコ生息状況等総合調査（第4次）報告書．環境省那覇自然環境事務所，那覇．

Saka, T., Y. Nishita and R. Masuda. 2017. Low genetic variation in the MHC class II *DRB* gene and MHC-linked microsatellites in endangered island populations of the leopard cat (*Prionailurus bengalensis*) in Japan. Immunogenetics, 70：115-124.

Sakaguchi, N. and Y. Ono. 1994. Seasonal change in the food habits of the Iriomote cat *Felis iriomotensis*. Ecological Research, 9：167-174.

Sandell, M. 1989. The mating tactics and spacing patterns of solitary carnivores. *In* (Gittleman, J. L., ed.) Carnivore Behavior, Ecology, and Evolution. pp. 164-182. Cornell University Press, New York.

Schmidt, K., N. Nakanishi, M. Okamura, T. Doi and M. Izawa. 2003. Movements and use of home range in the Iriomote cat (*Prionailurus bengalensis iriomotensis*). Journal of Zoology, 261：273-283.

自然環境研究センター．2005．ツシマヤマネコ生息環境等調査報告．自然環境研究センター，東京．

Sunquist, M. F. and F. Sunquist. 2002. Wild Cats of the World. The University of Chicago Press, Chicago.

Suzuki, H., T. Hosoda, S. Sakurai, K. Tsuchiya, I. Munechika and V. P. Korablev. 1994. Phylogenetic relationship between the Iriomote cat and the leopard cat, *Felis bengalensis*, based on the ribosomal DNA. Japanese Journal of Genetics, 69：397-406.

Tamada, T., B. Siriaroonrat, V. Subramaniam, M. Hamachi, L.-K. Lin, T. Oshida, W. Rerkamnuaychoke and R. Masuda. 2008. Molecular diversity and phylogeography of the Asian leopard cat, *Felis bengalensis*, inferred from mitochondrial and Y-chromosomal DNA sequences. Zoological Science, 25：154-163.

Tatara, M. and T. Doi. 1994. Comparative analyses on food habitats of Japanese marten, Siberian weasel and leopard cat in the Tsushima islands, Japan. Ecological Research, 9：99–107.

Watanabe, S. 2009. Factors affecting the distribution of the leopard cat *Prionailurus bengalensis* on East Asian islands. Mammal Study, 34：201–209.

渡辺伸一・中西希・阪口法明・土肥昭夫・伊澤雅子．2001．地理情報と追跡データを用いたイリオモテヤマネコの生息地解析．地理情報システム学会講演論文集，10：345–348.

渡辺伸一・中西希・阪口法明・土肥昭夫・伊澤雅子．2002．数値標高モデル（DEM）を用いた行動圏利用様式の三次元空間解析の試み．日本生態学会誌，52：259–263.

Watanabe, S., N. Nakanishi and M. Izawa. 2003. Habitat and prey resource overlap between the Iriomote cat *Prionailurus iriomotensis* and introduced feral cat *Felis catus* based on assessment of scat content and distribution. Mammal Study, 28：47–56.

Watanabe, S., N. Nakanishi and M. Izawa. 2005. Seasonal abundance of the floor-dwelling frog fauna on Iriomote Island of the Ryukyu Archipelago, Japan. Journal of Tropical Ecology, 21：85–91.

Wozencraft, W. C. 2005. Order Carnivora. *In*（Wilson, D. E. and D. M. Reeder, eds.）Mammal Species of the World：A Taxonomic and Geographic Reference, 3rd ed. pp. 532–628. The Johns Hopkins University Press, Baltimore.

# 12
## ラッコ
### 北方の海生種

## 服部 薫

　日本の北方に位置する北海道周辺には，寒冷な海洋環境に適応した海生哺乳類が数多く分布する．オホーツク海の海氷上で繁殖するゴマフアザラシや，沿岸定着性の強いゼニガタアザラシ，冬季に季節回遊するトドなどの鰭脚類は，決まった上陸場や滞留域でしばしば観察される．一方，イタチ科のラッコは，沿岸定着性ではあるが日本で野生の姿を見たことがあるという人は少ないだろう．なぜなら，国内のラッコの分布域の中心は過去も現在も北方四島周辺にあり，北海道本島沿岸には最近までごくまれに1頭ないし少数のラッコが出没し，人知れず姿を消す程度であったからだ．ところが近年その状況は大きく変わった．2009年には，北海道釧路市の市街地を流れる釧路川にラッコが突如現れ大きな話題となった．また，2014年には北海道根室市の無人島でラッコの親子が観察されたのだ．本章では，転換期にある日本のラッコについて，その生態的特徴や生活史も含め日本における分布の歴史を紐解いてみたい．

## 12.1　ラッコとは

### （1）　分類上のラッコ

　国内にはさまざまなレッドリストが存在するが，環境省のレッドリスト2017では，ラッコは絶滅危惧IA類（CR）に指定されている．日本ではラッコの個体数は減少しており，ごく近い将来における野生での絶滅の危険性がきわめて高いと評価されている．国際自然保護連合（IUCN）のレッドリ

## 12.1 ラッコとは

**図 12.1** 上陸するラッコ（2006年5月18日，襟裳岬，撮影：倉沢栄一）．北海道の襟裳岬では，周年生息するゼニガタアザラシとともに上陸する様子がしばしば観察された．上陸した姿はカワウソに近い種であることが理解しやすい．

ストでも絶滅危惧IB類（EN）に指定されており，世界的にも絶滅が危惧される種の1つである．なお，本章ではとくに指定しない場合，「北海道」は北方四島を除く島としての北海道本島および付随する島々を指す．

イタチ科（Mustelidae）カワウソ亜科（Lutrinae）の *Enhydra* Fleming, 1822 の1属1種で，学名 *Enhydra lutris* Linnaeus, 1758 は「水にすむカワウソに似た」を意味する（図12.1）．英名で sea otter，漢字で海獺と表記されるように，分類上も体もカワウソに似て，かつ海洋環境にすむ．なお漢字では臘虎（猟虎）とも書き，和名の語源はアイヌ語である．ロシア語でも Морская выдра（モルスカヤ ヴィドラ；海のカワウソ）とされるが，別名 Калан（"カラン"と読む）ともよばれる．地理的・形態的に3亜種に分類され（Cronin *et al.*, 1996），*E. l. lutris* Linnaeus, 1758 が千島列島からカムチャッカ半島およびコマンダー諸島に，*E. l. kenyoni* Wilson, 1991 がアリューシャン列島，プリンス・ウィリアム湾，ブリティッシュコロンビアからワシントン州に，*E. l. nereis* Merriam, 1904 がカリフォルニア州に分布する

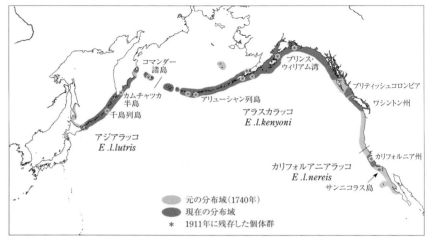

**図 12.2** ラッコの分布図（Kenyon, 1969；Bodkin, 2015 より改変）．

（図 12.2）．それぞれ，アジアラッコ，アラスカラッコ，カリフォルニアラッコとよばれる．

**（2） ラッコの体**

　国内に分布するイタチ科としてはもっとも大きく，海洋環境にすむ海生哺乳類としてはもっとも小さい．体形はカワウソに似るが，カワウソの尾は長く（体長の2分の1以上）丸みを帯び先細の形状であるのに対し，ラッコの尾は短く（体長の3分の1程度）扁平で一様な幅を持つ．後肢は鰭状で水かきを持ち，第1趾から第5趾にかけて長くなる．オスは体長1.2-1.5 m，体重22-45 kg，メスはそれぞれ1.0-1.4 m，15-33 kgになり，野生下で観察すると意外と大きく感じられる．オスはメスに比べやや大きいが，性的二型は顕著ではなく，体格によって雌雄を識別することはむずかしい．仰向けに海面に浮かんでいる際，陰茎骨や精巣のふくらみを視認することでオスの識別が可能である（図 12.3）．

　ほかの海生哺乳類と異なり，皮下に厚い脂肪層がなく，寒冷な環境における断熱を毛皮に頼っている．粗毛（guard hair）の下にきわめて上質な下毛（under fur）が密生しており，その密度は部位によって2.6万-16.5万本/

12.1 ラッコとは

図 12.3 仰向けで海面を漂う若いオスのラッコ（2009年2月13日，釧路川，撮影：北海道区水産研究所）．毛皮が濡れているときは，下腹部皮下に陰茎骨と精巣のふくらみが視認され，オスであることがわかる．

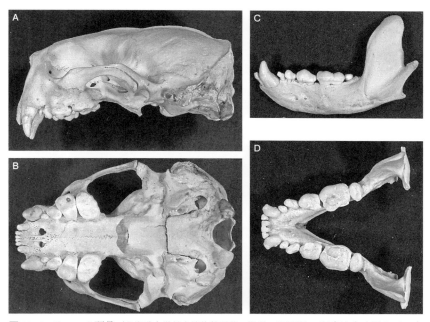

図 12.4 ラッコの頭骨（北海道大学総合博物館所蔵，撮影：服部薫）．臼歯は広く平らで，犬歯は鈍く丸みを帯びる．餌である無脊椎動物の硬い殻を砕くのに適している．A：頭骨左側面，B：頭骨腹面，C：下顎骨左側面，D：下顎骨背面．

cm$^2$ とされ（Williams *et al.*, 1992），ほかのどの哺乳類にも勝る．グルーミング（毛づくろい）によって密生する毛の間に送り込まれた空気は，皮膚と海水の間に層をつくり，皮膚をドライに保ち，断熱と浮力を生み出す．そのため，ラッコにとってグルーミングは生死に関わる重要な作業である．グルーミングはおもに前足で毛皮をこすり，体を回転させながら毛を洗い，最後に息を吹き込む．体は柔軟で皮膚は伸縮性に富み，全身のグルーミングを可能とする．ラッコの捕獲においては毛皮をつかんで保定したつもりでも体をねじって攻撃される危険性があり，十分な注意が必要である．毛はさまざまな濃淡の茶色で，個体によっては頭部から徐々に灰色から白っぽく変化する．13週齢までの新生子は独特の薄茶色で羊毛状の毛をまとう（Payne and Jameson, 1984）.

成獣の歯式は，切歯，犬歯，小臼歯，大臼歯の順に，I3/2, C1/1, PC3/3, M1/2の計32本で，臼歯は裂肉歯状ではなく，餌である無脊椎動物の硬い殻を砕くために広く平らである（図12.4）．犬歯も鈍く丸みを帯びる．硬い殻やウニの棘によって臼歯はひどく摩耗し，高齢の個体では摩耗した歯で摂餌ができず，飢餓によって死亡することもある．2014年に北海道根室市に漂着した個体は，乳歯および永久歯が混在しており，大臼歯の萌出が認められなかったことから2-4カ月齢の幼獣であると判断された（服部・外山，2016）.

### （3） 生息環境

沿岸定着性で回遊はしない．寒冷な浅い沿岸域を生息環境として利用し，その南限は20-22℃の等温線と一致する（Estes, 1980）．摂餌はおもに水深30 m以浅，距岸1 km以内で行われる（Bodkin *et al.*, 2004）．海岸線が入り組み，海藻が繁茂し，風や波の影響を受けにくい入江や岩礁帯を好んで利用する．北海道周辺でラッコがしばしば目撃されている場所は，周囲に人家のない急峻な崖が続く複雑な海岸や小さな島々，岩礁帯などで，ゼニガタアザラシの生息地と重なることが多い．岩石底や砂泥底などさまざまな環境を利用するが，岩石底のほうが好まれ生息密度は高い．カリフォルニアでは大型藻類であるジャイアントケルプ（*Macrocystis pyrifera*）などに体を巻きつけて海面で休息することが多いが，アラスカやロシアでは海岸や岩礁に上陸し

て休息することもある。北海道周辺でも襟裳岬や納沙布岬などの岩礁に上陸している様子が観察されている（図12.1）。上陸もするが、交尾・出産など生活史のすべてを水中で完結させることも可能で、陸への依存という点ではトドやアザラシなどの鰭脚類よりも高度に海洋に適応しているともいえよう。

### （4） 生活史

しばしば、雌雄別にラフト（筏の意）とよばれる浮遊集団を形成し生活する。ラフトはときに数十頭から数百頭規模になるものもある。オスは5-6歳、メスは3-4歳で性成熟に達するが、実際に繁殖活動に参加する社会的性成熟はそれより高齢であることが多い。成熟オスはメスの生息域になわばりを形成し、ほかのオスを排除する。メスはオスのなわばりを自由に行き来し、行動圏は繁殖期のテリトリーオスより広く、テリトリーオスの40.3 ha（0.4 km$^2$）に対しその1.5-2倍となる（Jameson, 1989；Riedman and Estes, 1990）。一方で生涯の行動圏はオスのほうがメスより広く、とくに若齢個体の分散で顕著である。

鰭脚類のように定まった繁殖期はなく、出産は1年を通して行われるが、一般に春から秋に多く、冬に少ない。個体群としてオスの精子形成は1年中見られるが、個体としては断続的であると考えられている（Lensink, 1962）。ほかのイタチ科と同様、交尾排卵とされ、メスは子の離乳後、数日で発情・交尾する。交尾はオスが背後からメスに抱きつき、メスを抑え込み鼻に噛みついて行うことが多い。そのため、性成熟に達し交尾経験のあるメスは鼻に傷を持つことが多く、個体識別などに使われる。妊娠期間は着床遅延の期間を含めて6-7カ月だが、環境条件によっても変化する。子は6カ月程度で離乳し、1年でほぼ成獣と同じ体サイズとなる。一夫多妻制で、育児はメスのみが行う。寿命はメスのほうが長く15-20年で、オスは10-15年である。

### （5） 行動特性

ラッコにはさまざまな特徴的な行動がある。その1つが、摂餌に関わる行動であろう。ラッコは道具を使う動物の1種である。餌の硬い殻を割るのに石を使用することはよく知られている。水面に仰向けに浮かび、胸の上に石を乗せ台とし、二枚貝や巻貝を両前足ではさみ、石に打ちつけて殻を割る。

**図 12.5** シノリガモを咥えるラッコ（2017年2月2日，根室市花咲港，撮影：山岸洋樹）．根室市では1990年代後半より現在まで鳥を捕まえるラッコがしばしば観察されている．

ときには，石を持って金づちのように使ったり，2つの石を金づちと台にして使ったりすることもあり，そのバリエーションは豊富である．石を使って，岩にへばりつくアワビなどをはがすこともある．好ましい石は潜水の際に腋窩のだぶついた皮膚にはさみ，複数回使用される．

ラッコはほかの海生哺乳類と異なり，通常腹を上に背泳ぎで海面に浮いて休息し，また後肢を交互に蹴るように動かして遊泳する．急ぐときは，背を上に向け飛び跳ねたり潜ったりする．遊泳時，前足は体の側面につけ使わない．速度は前者の場合には1-2.5 km/時，後者で9 km/時ともなる．潜水深度および時間は環境によってさまざまだが，アラスカの例では深度は平均5-35 m，最大35-100 m，時間は平均57-135秒，最大162-422秒であった（Bodkin et al., 2004）．陸上での歩行はほかのイタチ科に比べ機敏ではなく，背中を丸め体をゆすりながら歩く．

北海道では鳥を捕獲する行動が根室市納沙布岬などで頻繁に観察されている（図12.5）．アラスカやカリフォルニアでも観察される行動だが，両地域と異なり北海道では捕食は確認されていない．海面に浮かぶ鳥を水中から捕

まえ，嚙んで飛べない状態で放し，追いかけている様子から捕食というよりは遊んでいるのではないかと考えられている．

## 12.2　ラッコがたどった歴史

### （1）　毛皮猟業による絶滅の危機

ラッコの歴史は毛皮猟業の歴史でもある．グルーミングによってきれいに保たれているラッコの毛皮は，アザラシのように毛の生えている向きが一定方向ではなく，どちらにもなびくふわふわの手触りで，きわめて良質で高い価値を持つ．『広辞苑　第6版』（2008年）には，「ラッコの皮」とは「（ラッコの毛は手でなでつけるとどちらへでもなびくところから）たやすく他人の意見に従う人をたとえていう」と記載されている．今ではほとんど使われない言葉だが，昔の人々にとってなじみ深い動物であったのだといえよう．

毛皮は古来自家消費されてきたが，18世紀半ばにクロテンの代替獣を求めて東進したベーリングに発見され，20世紀初頭にかけてカムチャツカ半島を皮切りに生息地のすべてで商業的に搾取された．ラッコに加え，分布域の重なるキタオットセイ（以後オットセイ）も英名 fur seal（毛皮のアザラシ）が示すように毛皮の価値が高く，その対象となった．その結果，ラッコは絶滅の危機に瀕し，1900年代初頭には11カ所ほどに各100頭程度が残存するのみだったといわれている（図12.2；Kenyon, 1969）．ラッコとオットセイの個体数回復を図り，資源の商業的利用を管理し，持続的な利用を可能とするため，1911年に日・米・露・英の4カ国間でオットセイ保護条約が制定された．本条約では，オットセイの海上猟獲を禁止し，陸上での捕獲に制限を設けた．ラッコについては公海上（3マイル以遠）での猟獲を禁止したのみであったが，すでにラッコを見つけることは困難であったし，オットセイの海上猟獲が禁止されたことで，オットセイ繁殖場以外での毛皮猟業の衰退とともにラッコの乱獲は終結した．その後，わずかに残った生息域の攪乱が抑制され，ラッコは生息域・個体数とも劇的な回復を果たした．再分布した多くの地域では，個体数は環境収容力に近いレベルにまで回復したが，ラッコが再定着していない地域もあり，分布は断続的となっている（図

12.2；Bodkim, 2015)．

## （2）　日本におけるラッコ皮

　日本におけるラッコ皮の最初の記録は『後鑑』に記されており，1423年津軽の安藤陸奥守が足利義量に「海虎（ラッコ）皮30枚」を贈ったことに始まる（児島，1994）．江戸時代には松前藩から幕府への献上品として資料にしばしば登場し，貴重な毛皮として扱われてきた．その産地は，江戸時代中期（1712年）に編纂された『和漢三才図会』によると，「猟虎は蝦夷島の東北の海中に猟虎島という島があり，そこに多くいる」と記されている（寺島［島田ら訳注］，1987）．猟虎島とはウルップ島を指し，アイヌの人々がウルップ島で猟獲したラッコ皮は和人との交易に利用され，さらには長崎を経て中国に渡るルートが成立していた．ヨーロッパにその存在が知られるずっと以前のことである．18世紀半ばに千島列島にロシア人が進出しラッコ猟を始め，日本からは1799年に高田屋嘉兵衛が択捉島でラッコ猟を開始した（和田，1997）．1873（明治6）年には開拓使直営の官営ラッコ猟となり，ときに民間に主体を変えながらも太平洋戦争が終結する1945年まで，日本における近代のラッコ猟業は続けられた（宇仁，2001）．初期には択捉島が，また1889年以降はウルップ島からオンネコタン島に至る中部千島がその猟場となった．ロシア・アメリカ・イギリスなどからの猟船も渡来し，1895（明治28）年には，絶滅のおそれがあるとして，密猟船の取締を強化するとともに，繁殖を図るため「猟虎膃肭臍猟法」を制定し禁猟区・禁猟期などを設けた．また4カ国間で制定されたオットセイ保護条約に合わせ，1912年には国内法である猟虎膃肭臍猟獲取締法が制定された．日本がラッコを商業的に利用し，資源管理を行っていた時代である．

## （3）　絶滅の危機からの回復──千島列島

　アジアラッコは，世界的な絶滅の危機の際にベーリング島，カムチャツカ半島南部，千島列島北部に個体群が残存したとされる（図12.2；Kenyon, 1969）．Kostenko *et al.* (2015) によると，1952-1953年に中部千島で約300頭の生息が明らかにされた．その後，北部のパラムシル島と中部のウルップ島を中心に個体数は順調に増加し，1980年代半ばには多くの海域で個体数

は環境収容力に近いレベルにまで回復し，アジアラッコの現存個体数は，2004年の値としてコマンダー諸島（ベーリング島，メドニー島）5500頭，カムチャツカ半島3500頭，千島列島1万9000頭の計2万8000頭である（Doroff and Burdin, 2015）．千島列島では北部のシュムシュ島・パラムシル島の個体数がもっとも多く1万5000頭，中部のオンネコタン島-シムシル島に400-600頭，ウルップ島-択捉島には3500頭が生息する（図12.6；Kornev and Korneva, 2004）．千島列島のラッコ生息地の多くは人間の居住しない遠隔地にあり，近年個体数調査は十分には行われていない．

### （4） 絶滅の危機からの回復——北方四島

択捉島にはラッコは古くから分布していたが，毛皮猟業によって姿を消した．北部に隣接するウルップ島で1970年代までに2500頭程度に回復したころ，択捉島では300頭程度（Kuzin *et al.*, 1984）にすぎなかった．その後，1991年には1053頭が確認され（Chyupakhina and Panteleeva, 1991），択捉島における環境収容力に達した．このうち，94%は太平洋側に広く分布し，オホーツク海側では北部と南部にわずかに生息するのみである．太平洋側は浅海域が広がり，ラッコの生息に適している一方，オホーツク海側は水深が急激に深くなっており，また冬季は海氷が達するため年間を通してのラッコの生息適地にならない．

国後島，色丹島，歯舞群島では長期にわたり，ラッコは不在もしくはまれに数個体が目撃されるのみであった．1990年代半ばより断続的な調査のなかで歯舞群島で生息が確認されるようになり，2001年には，トド島，カブト島，ハルカリモシリ島，アキユリ島，オドケ島，カナクソ岩周辺で新生子7頭を含む44頭が観察された（図12.6；Hattori, 2003）．択捉島で環境収容力に達した後，新たな生息域を求めて歯舞群島に進出し，再定着したと考えられる．ハルカリモシリ島では，北東端と南東端に子連れのメスを中心としたラフトが形成され，同島が歯舞群島に生息する集団の中心地であり，ごく最近まで南北に広がるアジアラッコ分布域の南限であった．近年歯舞群島では密漁によるラッコの食物資源の枯渇が危惧されているが，2001年以降の生息状況はわかっていない．

## （5） 生息域拡大過程の最前線——北海道

　一般に北海道は絶滅に瀕する以前の歴史的な生息域として広く認識されている（図12.2；Kenyon, 1969）．しかし，過去の生息に関する資料は残っておらず，その実態は明らかではない．文献に登場するラッコ皮の産地で信頼できるものは，ウルップ島（猟虎島）や，マカンルル島，択捉島であり，北海道の地名は出てこない．また，約5世紀から12世紀ごろにかけてオホーツク海南部で栄えたオホーツク文化期の遺跡からのラッコ遺存体の出土例はきわめて少なく，これらはほかの地域から持ち込まれた可能性が指摘されている（北構，1980；Hattori *et al.*, 2005）．そのため，北海道沿岸にはラッコ

**表12.1**　北海道におけるラッコののべ目撃日数（2001年まで，Hattori *et al.*, 2005より改変）．カッコ内は最大同時目撃個体数を示す．数字右肩の*，**は特記事項に対応．

| 年 | 場 | | | 所 | | | | 特記事項 |
| | 襟裳岬 | 霧多布 | 落石 | モユルリ島周辺 | 納布 | 沙岬 | ウトロ | 計 | （個体の情報と観察された行動） |
|---|---|---|---|---|---|---|---|---|---|
| 1973 | | 1(1) | | | | | | 1(1) | |
| 1974 | | 1(1)* | | | | | | 1(1) | *上陸 |
| 1980 | | 1(1)* | | | | | | 1(1) | *成獣オス，採餌 |
| 1984 | | | 1(1) | | | | | 1(1) | |
| 1985 | | 1(1) | | | | | | 1(1) | |
| 1986 | 3(1) | 2(1) | | 3(1)* | | | | 8(1) | *採餌（二枚貝） |
| 1987 | 1(1) | 1(1) | | 1(1) | 1(1) | | | 4(1) | |
| 1988 | 1(1) | | | | | | | 1(1) | |
| 1990 | 5(1) | | | | | | | 5(1) | |
| 1993 | | 2(1) | | | | | | 2(1) | |
| 1994 | | | | | 2(2) | | | 2(2) | |
| 1996 | | | | 12(2)* | 11(1)** | | | 23(2) | *亜成獣，**若齢オス，鳥を攻撃，上陸，採餌（ウニ） |
| 1997 | | | | 3(1)* | 19(1)** | | | 22(1) | *亜成獣，**鳥を攻撃，上陸，採餌（二枚貝，ホタテガイ，ウニ，ヒトデ） |
| 1998 | | | | | 12(1)* | | | 12(1) | *若齢獣，上陸 |
| 1999 | | | | 10(2)* | 2(1) | 1(1) | | 13(2) | *亜成獣，採餌（二枚貝，カニ） |
| 2000 | | 1(1) | | | | | | 1(1) | |
| 2001 | 14(1)* | | | 3(1)** | 4(1) | | | 21(1) | *上陸，**亜成獣オス，採餌（二枚貝），上陸 |
| 計 | 24 | 10 | 1 | 32 | 51 | 1 | | 119 | |

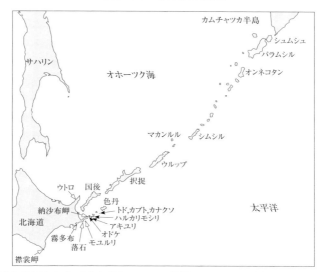

**図 12.6** 北海道周辺および千島列島のラッコ情報図. ◀——は歯舞群島で 2001 年にラッコが観察された場所（Hattori, 2003 より），◁——は北海道でラッコが観察された場所（表 12.1 に対応. Hattori et al., 2005 より）．

は生息していなかった，もしくは，いたとされていたのもごく少数がまれに流れ着く程度であり，安定した生息域ではなかったのではないだろうか．

　確認できた北海道での記録は，1962 年に根室海峡に位置する標津町で定置網に羅網し死亡したものがもっとも古い．その後，根室半島から襟裳岬までの北海道太平洋沿岸で，1 年に 1 日から数日の単独個体の目撃情報と（表 12.1，図 12.6），漁具への羅網死があった．1994 年には 2 個体が同時に目撃され，1996 年からは 1 年の目撃日数が増加し，同一個体が数日間滞在していた．歯舞群島で生息が確認されるようになった時期と一致する．

　2000 年代に入り，えりも町襟裳岬では 1-3 頭のラッコが長期にわたって継続的に観察されるようになった（石川，2004）．同岬は北海道の中央部を走る日高山脈の南端に位置し，ゼニガタアザラシの繁殖地として知られる．単独ではさびしいのか，ゼニガタアザラシとともに岩に上陸していることもあった（図 12.1）．また，東部沿岸に点在する無人島の厚岸町大黒島や根室市モユルリ島では，鳥類やゼニガタアザラシの調査で人間が訪れるたびにラッコが観察され，生息地として年間を通じて利用しているものもあったと思

図 12.7　北海道で確認された親子のラッコ（産経新聞 2014 年 8 月 17 日の紙面より）．

われる．北海道東部で観察され，確認された個体の多くは単独の若いオスであった（表 12.1）．分布域の拡大は若いオスの進出から始まる．

　ラッコの再分布の過程に関する知見は豊富である．ラッコが再分布し長期経過した海域では，生息地の中心にメスの集団が分布する．その周囲を成熟オスが占め，若いオスは生息域の辺縁に位置する．若いオスはよりよい餌を求め，分布域拡大のパイオニアとなるのである．単独の若いオスがしばしば観察された 1990 年代以降の北海道はまさにその段階にあった．

　野生のラッコが広く一般の人々に認知されたのは，2009 年釧路市の市街地を流れる釧路川に現れた「くーちゃん」によるだろう（図 12.3）．この若いオスは連日多くの人々を惹きつけ，ギャラリーをものともせず近距離で貝を割って食べ，仰向けに漂い，ときに岸壁に上陸して休み，私たちに野生のラッコに親しむきっかけを与えてくれた．3 カ月ほど滞在した後，根室市納沙布岬に移動したことが確認されている．

　2014 年，北海道のラッコは大きな転機を迎えた．根室市の沖合に浮かぶ無人島でラッコの親子が確認されたのだ（図 12.7）．発見された当初，特有の明るい茶色の毛皮を持ち，母親のお腹に抱かれており，生後 3 カ月に満た

ない新生子であった．その後2015年にも同様の子を抱く母親が観察され，交尾行動は確認されていないが出産・育児に至る一連の繁殖行動が行われたといえる．これは，北海道では初となる繁殖の記録である．同島では2017年にも子を含む7頭のラフトが確認されており，若いオスの進出から約20年，アジアラッコの分布域はついに北海道東部にも広がったといえよう．

## 12.3 漁業との競合

### （1） 食性――沿岸生態系のキーストーン種

ラッコの分布は，喜ばしい側面ばかりではない．ラッコは高い代謝率と低

図 **12.8** 北海道で観察されたラッコの餌生物の例．A：ハナサキガニ（2017年7月6日，根室市花咲港，撮影：外山雅大），B：ホタテガイ．お腹の上に1枚，手で1枚持ち割ろうとしている（2017年2月2日，根室市花咲港，撮影：山岸洋樹），C：二枚貝．オオミゾガイらしき貝を手で持ち，お腹の上にホタテガイを乗せている（2017年2月2日，根室市花咲港，撮影：山岸洋樹）．

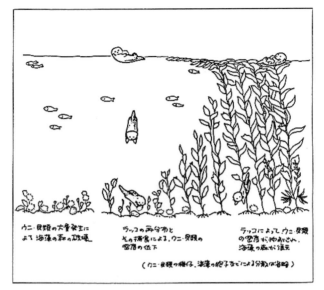

図 12.9　ラッコは沿岸生態系のキーストーン種（長，1990 より）．

い消化効率のため，1日に体重の 20-33% に相当する食物を必要とする．体重 30 kg の個体で 6-10 kg を食べる計算だ．分布が重なるゼニガタアザラシの消費量（体重の 5-6%）と比べると，いかに大食漢であるかがわかるだろう．そのため，ラッコは1日の大半を食物の探索と捕食に費やす．おもな食物はウニや甲殻類，貝類などの底生無脊椎動物である．ラッコが再分布してまもない海域では，栄養価の高いウニやアワビ，カニなどが豊富で真っ先に捕食される．好む餌の減少にともない，食性は多様化し二枚貝や巻貝，タコ類やフジツボ類，さらには魚などさまざまな餌を捕食するようになる．ラッコの餌組成の変化は餌資源悪化を示すとされる．北海道沿岸ではウニやカニ，二枚貝やホタテなどの捕食が観察されている（図 12.8）．餌資源は良好であるのだろう．

　ラッコは沿岸の生物群集における高次捕食者であり，捕食を通して生態系に与える影響は大きく複雑で，生態学の教科書ではキーストーン種の代表として取り上げられる．ラッコはウニを捕食し，そのウニは海藻を食べ，沿岸における栄養カスケードが形成されている（長，1990；Estes *et al.*, 2001；

図12.9）．乱獲によりラッコを失った沿岸生態系では，グレーザーであるウニなどの底生生物が極端に増加し，海藻の群落は衰退もしくは消失した．ウニによる磯焼けである．ラッコが回復すると，これらのグレーザーの密度はラッコの捕食によって抑制され，海藻が繁茂する環境も回復した．ラッコによって植生が回復した生態系では，海底から海面にのびる海藻によって三次元のハビタットが生まれ，基礎生産が増大しそれを利用する数多くの生物群集に正の効果が生じる．乱獲によりラッコの在不在の状態が空間的・時間的に生じ，図らずも生態系における高次捕食者の役割を理解するよい例となった．

さらに1990年代のアリューシャン列島では，この栄養カスケードにシャチが加わり，回復したラッコは再びシャチの捕食によって個体数を減らし，ウニ密度増加，海藻群落衰退へとつながった（Estes *et al.*, 1998）．

## （2）　漁業への影響——海外の事例

ラッコの捕食は生態系だけではなく，それを利用する漁業，とくに貝類や甲殻類を対象とした漁業に大きな影響を与える（Estes and VanBlaricom, 1985）．ラッコが激減した時代に，カリフォルニアやアラスカで貝類や甲殻類の漁業が新興した．カリフォルニアでは1938年に絶滅したと思われていたラッコが発見され，保護の対象となる．その後，個体数の回復にともない，1960年代にはアワビやウニの密度減少が顕在化し，漁業が崩壊した．

ラッコと漁業の共存をめざした興味深い事例がある（Benz, 1996）．カリフォルニアではラッコの個体数回復を促すため，当時の分布域外であったサンニコラス島に人為的に移植（translocation）することが計画された．サンニコラス島周辺では当時アワビ漁業が行われており，漁業サイドの強い反対があったため，移植区域（translocation zone）と管理区域（management zone）が設定された．ラッコを移植区域にとどめ，管理区域では非致死的手法により排除する（捕獲して移植区域に戻すなど）区域管理（zonal management）の手法がとられた．しかし，実際には区域管理を非致死的に行うことは困難で，捕獲・移動の過程で死亡する事故が発生し，またそれにかかる費用も1頭あたり1万ドルと高価であるうえに，個体群の成長は期待を大きく下まわったため，回復計画は見直しを余儀なくされた．新たにとられた

"no management plan"は，いわば移植したラッコを放置する計画であった．その結果，管理区域へのラッコの侵入が後を絶たず，侵入以前には年間270-310トンあったアワビの漁獲が，侵入後1年で7-9トンに減少した．ラッコと漁業との共存がいかにむずかしいかが突きつけられた．

### （3） 漁業への影響——日本の事例

　これまでラッコは北海道沿岸にほとんど生息しておらず，ほかの海生哺乳類で見られるような漁業活動との軋轢は存在しなかった．しかし，ラッコが進出し分布域の拡大が進行しつつある現在，ラッコによる漁業被害が問題となることは容易に想像される．2002年に1-3頭のラッコがすみ着いた襟裳岬の岩礁帯では，エゾバフンウニの人工種苗を放流し増殖を行っており，3.5-4トンのウニが食害を受け，2003年の被害額は1000万-1200万円（石川，2004）とされた．歯舞群島にもっとも近い根室市でも，2010年に年間漁獲量の25%に相当する18トンのウニが食害を受けた（図12.10）．いずれの地域でもその後，ラッコによるウニ漁業への影響は沈静化しているようだが，今後個体数の増加にともないラッコによる食害問題が再燃する可能性がある．

　漁業は北海道の重要な産業であり，ラッコが生息する太平洋東部沿岸の各地では，潜水器漁業やかご漁業，けた網漁業などによってカニやウニ，ホタテなどの貝類が漁獲されている．ラッコの親子が生息する根室市では，これらの生産高は全漁業の約10%に相当する22億円にのぼる（平成28年北海道水産現勢より）．なかでもエゾバフンウニの生産高は約10億円にもなる．

**図12.10** ラッコによる食害を受けたと思われるエゾバフンウニ（2010年3月4日，根室市，撮影：歯舞漁業協同組合）．

ラッコが生息する海でいかに持続的な漁業を成立させるか，海外の事例を見るとハードルは高いが，いずれ直面する課題である．

　一方，ラッコと漁業との競合では，漁業がラッコに負の影響を与えることもある．カリフォルニアでは1973-1983年に年間48-166頭（平均103頭）のラッコが刺網漁業により死亡した（Herrick and Hanan, 1988）．そのため，カリフォルニアラッコの生息域では浅海域や沿岸での刺網の使用が制限されている．その他，流し網や巻網，かご網などもラッコの人為的死亡要因となる．北海道では1962年以降，定置網や刺網への混獲が原因と思われる死亡が少なくとも6件は起こっている（Hattori *et al.*, 2005）．ラッコが生息する北海道東部沿岸域では，刺網や定置網を用いた漁業がさかんであり，北海道のラッコの生存率には漁業活動が強く影響するだろう．

## 12.4　日本のラッコをめぐるこれからの課題

### （1）　法規制

　国内には，1912（明治45）年に制定された臘虎膃肭獣猟獲取締法が存在する．本法の第一条第一項および第二項の規定にもとづき，臘虎膃肭獣猟獲取締法施行規則が農林水産省令（1994［平成6］年に改正）として定められている．本法においてラッコの猟獲および所持が禁止され，違反した場合には1年以下の懲役または10万円以下の罰金に処される．懲役刑を含むかなり厳しい法律といえよう．本法は水産庁が所管し，本法によって捕獲などについて適切に保護もしくは管理されているとされ，2002（平成14）年に改正された鳥獣保護法（鳥獣の保護及び管理並びに狩猟の適正化に関する法律）の適用除外種となった．

　本法は，ラッコが狩猟により激減した明治時代に制定され，毛皮が商業的な価値を持っていた時代にラッコを資源として管理し，個体数増加を図る一定の役割を果たした．長らく北海道にラッコは不在であったし，毛皮の商業的需要がほとんどない現在，ラッコを意図的に捕獲しようとすることはないだろう．しかし，ラッコが北海道に定着し，個体数が今後増加し深刻な漁業被害が発生した場合に，致死的もしくは非致死的手段による加害個体の排除

もしくは個体数管理を選択することも本法の下では容易ではない．また漁具などに意図せず偶発的に混獲されるケースも増えてくるだろうが，漁業の現場で本法は広く浸透しており「所持の禁止」に違反しないよう，海洋に投棄される一因ともなっている．実際には，発見時すでに死亡していた場合の個体の所持については，法律で禁止した猟獲および所持には該当しないとの見解が示されており，情報提供を広くよびかけ，漂着・混獲個体の学術利用を進めることが望ましい．

### （2）　人間社会との関わり

　ラッコは海生哺乳類のなかでも沿岸に生息し，私たち人間社会との関わりは深い．ラッコによる漁業資源の過剰な捕食は，漁業者にとって死活問題であるだけではなく，それを消費する私たちも無関係ではない．アリューシャン列島でシャチによるラッコの捕食圧が増加した背景には，シャチの餌であったトドやアザラシ類が漁業活動との競合も一因となり減少したためとされている．

　1989年にアラスカのプリンス・ウイリアム湾で起きたエクソンバルディーズ号の原油流出事故は，断熱を毛皮に頼るラッコにとって重大な脅威となった．毛皮の空気層を保つための油脂が奪われ，皮膚まで侵入した冷水により体熱が減少し低体温症となって死亡するだけではなく，グルーミングの際に原油が口から体内に入り，呼吸器系・消化器系・泌尿器系の障害を引き起こした．さらに，餌生物である海底の貝類などを死滅させ，長期間にわたり影響を与えた．日本では，1997年にナホトカ号による重油流出事故が発生し，島根県から秋田県におよぶ日本海沿岸が広域にわたって汚染され，海鳥を中心に1000羽を超える鳥類が回収された．以後，国内では深刻な油流出事故は発生していないが，海生哺乳類，とくにラッコに迫る脅威として頭の片隅に置いておくべきだろう．

　ラッコは，ワシントン条約（絶滅のおそれのある野生動植物の種の国際取引に関する条約）において，カリフォルニアの亜種が付属書Iにほかの2亜種が付属書IIに掲載されている．日本の動物園・水族館には過去におもにアラスカの亜種が運ばれ，飼育下での繁殖に成功し，多くの園館で人気者となっていた．しかし残念ながら，飼育下のラッコは各地で高齢を迎え，私た

ちが目にする機会は少なくなりつつある．そんななか，北海道には野生のラッコが分布し，人知れず個体数を増やしつつあるのだ．

　日本に分布するイタチ科唯一の海生種であり，イタチ科としても海生哺乳類としても非常に独特な生態を見せてくれる．愛らしいしぐさで水族館のアイドルである一方，漁業には害をなす害獣にもなりうる．北海道の海岸線に赴けば，コンブなどを体に巻きつけたラッコの姿を気軽に見られる日はそう遠くない未来に訪れるに違いない．ラッコがすむ北方の海は，現代の日本においてどう受け止められるだろうか．生物学的な興味に加え，ラッコと人間社会との関係を新たに構築する研究の展開が必要である．

## 引用文献

Benz, C. 1996. Evaluating attempts to reintroduce sea otters along the California coastline. Endangered Species UPDATE, 13：31-35.

Bodkin, J. L. 2015. Chapter 3 Historic and contemporary status of sea otters in the North Pacific. *In* (Larson, S. E., J. L. Bodkin and G. R. VanBlaricom, eds.) Sea Otter Conservation. pp. 43-61. Academic Press, New York.

Bodkin, J. L., G. G. Esslinger and D. H. Monson. 2004. Foraging depths of sea otters and implications to coastal marine communities. Marine Mammal Science, 20：305-321.

Chyupakhina, T. I. and O. I. Panteleeva. 1991. A report on the distribution and number of marine mammals in the Kuril Islands. Sakhalinrybvod, Yuzhno-Sakhalinsk (in Russian).

Cronin, M. A., J. Bodkin, B. Ballachey, J. Estes and J. C. Patton. 1996. Mitochondrial-DNA variation among subspecies and populations of sea otters (*Enhydra lutris*). Journal of Mammalogy, 77：546-557.

Doroff, A. and A. Burdin. 2015. *Enhydra lutris*. The IUCN Red List of Threatened Species 2015: e. T7750A21939518. http://dx.doi.org.10.26305

Estes, E. and G. VanBlaricom. 1985. Sea otters and shellfisheries. *In* (Beddington, J., R. Beverton and D. Lavaigne, eds.) Marine Mammals and Fisheries. pp. 187-236. Allen and Unwin, London.

Estes, J. A. 1980. *Enhydra lutris*. American Society of Mammalogists, Mammalian Species, 133.

Estes, J. A., M. T. Tinker, T. M. Williams and D. F. Doak. 1998. Killer whale predation on sea otters linking oceanic and nearshore ecosystems. Science, 282：473-476.

Estes, J. A., K. Crookes and R. Holt. 2001. Predators, ecological role of. Encyclopedia of Biodiversity, 4：857-878.

Hattori, K. 2003. Morphological and genetic studies on population ecology of the

Asian sea otter *Enhydra lutris lutris*. Ph. D. thesis, Hokkaido University.

Hattori, K., I. Kawabe, A. W. Mizuno and N. Ohtaishi. 2005. History and status of sea otters, *Enhydra lutris* along the coast of Hokkaido, Japan. Mammal Study, 30：41-51.

服部薫・外山雅大．2016．根室市落石西に漂着したラッコの記録．根室市歴史と自然の資料館紀要，28：47-51.

Herrick, S. F. Jr. and D. Hanan. 1988. A review of California entangling net fisheries, 1981-1986. National Oceanic and Atmosphere Administration Technical Memorandum. National Marine Fisheries Service, NOAA-TM-NMFS-SWFC-108.

石川慎也．2004．北海道襟裳岬におけるラッコ（*Enhydra lutris*）の生息につい

て．えりも研究，1：15-19.

Jameson, R. J. 1989. Movements, home range, and territories of male sea otters off central California. Marine Mammal Science, 5：159-172.

Kenyon, K. W. 1969. The sea otter in the eastern Pacific Ocean. North American Fauna, 68：1-352.

北構保男．1980．海獣捕獲文化とラッコ．北海道考古学，16：1-13.

児島恭子．1994．ラッコ皮と蝦夷錦の道．（吉田晶，編：平泉からロシア正教まで――蝦夷の道をあるく）pp. 71-99．フォーラム・A，大阪.

Kornev, S. I. and S. M. Korneva. 2004. Historical trends in sea otter populations of the Kuril Islands and South Kamchatka. *In*（Maldini, D., D. Calkins, S. Atkinson and R. Meehan, eds.）Alaska Sea Otter Research Workshop, Addressing the Decline of the Southwesetrn Alaska Sea Otter Population. pp. 21-23. Alaska Sea Grant College Program, University of Alaska, Fairbanks.

Kostenko, V. A., V. A. Nesterenko and A. M. Trukhin（藤巻裕蔵，訳）．2015. 千島列島の哺乳類 20．森林保護，340：28-32.

Kuzin. A. E., M. K. Maminov and A. S. Perlov. 1984. The number of pinnipeds and sea otters on the Kuril Islands. *In*（Rodin, V. E., A. S. Perlov, A. A. Berzin, G. M. Gavrilov, A. I. Shevchenko, N. S. Fadeev and E. B. Kucheriavenko, eds.）Marine Mammals of the Far East. pp. 54-72. TINRO, Vladivostok（translated by F. H. Fay）.

Lensink, C. J. 1962. The history and status of sea otters in Alaska. Ph. D. thesis, Purdue University, West LaFayette.

長雄一．1990．ラッコ――復活する海の森の住民．自然保護，343：10-11.

Payne, S. F. and R. J. Jameson. 1984. Early behavioral development of the sea otter, *Enhydra lutris*. Journal of Mammalogy, 65：527-531.

Riedman, M. L. and J. A. Estes. 1990. The sea otter（*Enhydra lutris*）：behavior, ecology, and natural history. Biological Report, 90.

寺島良安（島田勇雄・竹島淳夫・樋口元巳，訳注）．1987．和漢三才図会 6．平凡社，東京.

宇仁義和．2001．北海道近海の近代海獣猟業の統計と関連資料．知床博物館研究報告，22：81-92.

和田一雄. 1997. ラッコ・オットセイ猟業の成立・変遷と資源管理論 (2). Wildlife Conservation Japan, 2：141-163.

Williams, T. D., D. D. Allen, J. M. Groff and R. L. Glass. 1992. An analysis of California sea otter (*Enhydra lutris*) pelage and integument. Marine Mammal Science, 8：1-18.

# 終章
# これからの食肉類研究

増田隆一

## 1　日本の固有性を生かす

　この終章では，これからの食肉類研究の課題を考えてみたい．本書の各章において，日本の食肉類の特徴が学術的に語られた．そこからわかるように，日本に固有な食肉類の各動物種には種々の興味深い特徴があるということである．日本の食肉類 13 種のうち，ニホンイタチ，ニホンテン，ニホンアナグマのイタチ科 3 種は，世界中のほかのどこを探しても分布していない，日本列島による地理的隔離が生み出した日本固有種である．固有種でなくとも，タヌキやツキノワグマは東アジア特有の食肉類で，その日本列島の集団は，大陸集団とは遺伝的にも異なり固有性が高いことが知られている．対馬に生息するシベリアイタチも，大陸の集団とは進化的に異なる特徴を持っている．また，ラッコは北太平洋に生息する海生のイタチ科動物で，日本の集団はその分布の最西端に生息することになる．このように，日本列島とともに進化してきた日本の食肉類は，進化の過程で蓄積された固有性を育んできた．よって，日本に固有な食肉類を対象にして研究に取り組むことは，海外の研究とは異なる新規で独自性の高い研究を発信することにつながっていく．

## 2　特徴的な行動・生態を探る

　本書の第 4, 8 章でも語られたように，タヌキやニホンアナグマは特有のタメ糞を形成し，個体間でのコミュニケーションの情報源となっている．タメ糞はハクビシンなどでも形成されることが知られている．このような食肉

類に特有なタメ糞を研究対象にすることは，食肉類の社会生態を知るうえで重要なことである．たとえば，非侵襲的に得られる糞を用いた DNA 分析によって個体識別し，どのような親子関係にある（または関係がないかもしれない）個体が同じタメ糞場を利用しているかを明らかにすることにより，動物集団の社会構造がより明らかになるだろう．

　また最近，目撃されるようになった都市動物を研究対象にすることにより，山林や人里に生息する個体群とは異なる生態的特徴を解明できる．本書の第 3，4 章で紹介した札幌のキツネ，東京のタヌキなど，都市動物の集団構造や生態的特徴に関する研究の進展が望まれる．

　種子散布も食肉類の行動的特徴の 1 つといえる．クロテン（第 1 章），タヌキ（第 4 章），ニホンテン（第 7 章）は種子散布者であるが，同じ動物種であっても，各々の生態系では種子散布が果たしている役割に多様性があると考えられる．菌類の胞子散布も行われているかもしれない．そのような食肉類と植物分布との生態的関係を明らかにすることは，動物の行動学にとどまらず，生態系全体を考えるうえでも重要な課題である．

　寄生虫と食肉類の関係もたいへん興味深い．本書の第 3 章で宿主キツネと寄生者エキノコックスとの関係が述べられた．食肉類は種々の寄生虫を持つ動物を餌としており，食肉類，餌動物，寄生虫という 3 者間の生活環を明らかにしていくことは，宿主と寄生者の共進化を解明するためにも重要な課題である．

　本書では在来の食肉類のみを対象とした．一方，序章でも紹介したが，日本列島には食肉類に属する外来種が多い．その外来種のなかには在来種の食肉類と体サイズや食性が類似して，生態的にたがいが競合するケースがある．たとえば，外来種のアライグマ，ハクビシンと在来種のタヌキやキツネとの関係があげられる．また，北海道における在来のクロテンと国内外来種ニホンテンとの生態的・遺伝的関係を明らかにする必要がある．よって，食肉類の生態を研究する際には，調査地域に同所的に生息する在来種と外来種の関係を考慮する必要がある．

　さらに大きな課題は，一部の食肉類について研究が進んでいない点である．日本の食肉類 13 種のなかでも，イイズナとオコジョがそれに該当する．これらの動物は小型であるうえに，高山帯や森林に生息するので，ヒトに出会

う機会がきわめて少ない．さらに，個体数も少ないと考えられ，これらの動物を目的に捕獲することもむずかしいようである．そのため，日本では生態学的研究はほとんど進んでいない．今後はこれらの種を対象とした研究が望まれる．

また，とくにイタチ属（*Mustela*）では，捕獲個体や交通事故死体において，メスが少なくオスが多いという性差が見られる．これはメスの行動範囲が保守的で狭いことが理由であると考えられるが，行動範囲や行動パターンの性差については研究が進んでいない．この点も今後の課題である．

保全生物学的側面に目を向けると，クマ科2種は農作物への被害や人的被害を起こすことがあり，行政の面からも注目されており，その研究者は比較的多い．ヒトとの共存をめざした取り組みも行われている．また，イリオモテヤマネコは国の特別天然記念物，ツシマヤマネコは国の天然記念物として，環境省を中心としてその保護事業が進んでいる．一方，イタチ科については，保全生物学的な観点からの研究は立ち遅れている．イヌ科のタヌキとキツネも同様である．今後は，全種の生態を十分把握したうえで，その種と生態系の保全を考えていくことが必要である．

# 3　新しい研究法を導入する

個体の移動を追跡するためのテレメトリー調査における電波発信機の軽量化や性能向上は不可欠であろう．その受信データ解析システムの改良も必要である．マイクロチップの小型化・軽量化も今後進むであろう．

新しい研究法として，生態調査へのDNA分析の導入があげられる．上記の第2節において述べたように，タヌキのタメ糞のDNA分析により個体識別や性別判定を行い，個体間のコミュニケーションを解明することができるであろう．また，糞を対象としたDNA分析により，糞の内容物を識別したり，その食性や寄生虫を同定することができる．食肉類各種のゲノム全体の遺伝情報を解読すれば，分子進化学的考察が進むとともに，個体識別するための適切なマーカーを設定することができる．

クマ科ではヘアートラップ法による体毛のサンプリングとそのDNA分析による個体識別が進められている．一方，イタチ科やネコ科の体毛は，クマ

科とは異なり，きわめて細いために1本の体毛からでも効率的に分析できる手法を工夫すべきである．

また，第8章において紹介されたように，アナグマのにおい物質の成分を化学的に分析し，地理的変異や個体間変異を解明することにより，個体間関係や行動的特徴との関係を調べることが可能となる．におい物質を放出することは食肉類の特徴であり，この化学物質の多様性と食肉類の行動との関連を調べる研究が進めば，その成果をほかの動物種にも適用できるであろう．

## 4　学際的研究を推進する

上述してきたように，食肉類の研究は多岐にわたって発展している．それだけ見ても，生態学，行動学，進化学，遺伝学，分析化学などの学際的研究が必要である．すでにこのような学際的研究は開始されているが，今後さらに交流がさかんになって発展することを期待する．

## 5　海外との共同研究を推進する

本章の第1節では，日本固有種を対象にした新規性のある研究を推進すべきであることを述べた．一方，日本の固有性は海外の動物と比較して初めて明らかになる．日本固有種について，ニホンイタチは大陸に近縁種シベリアイタチを持つ．ニホンテンの近縁種としてクロテンがいる．ニホンアナグマは大陸のアジアアナグマと近縁である．このように，ユーラシア大陸に分布する近縁種との比較研究はきわめて重要である．タヌキ，キツネ，オコジョ，イイズナ，クロテン，ヤマネコ，ヒグマ，ツキノワグマは大陸にも生息するが，日本列島の島集団の特徴と比較することによって初めて，その多様性が見えてくる．そのためには，東アジア，シベリア，ヨーロッパの研究者と交流し，共同研究を推進することが必要であろう．

## 6　世界へ情報発信する

国内での研究であっても，国際共同研究であっても，得られた研究成果を

英文の原著論文として発表することが重要である．論文が英文で書かれていれば，世界中の研究者に内容を理解してもらえる．さらに，研究の最先端を把握するには，本書にも引用されているような原著論文をよく読んで理解する必要がある．

　本書では，若手研究者の今後の研究のためにも，最近の日本の食肉類研究をあらためて見つめ直すことを目的にした．ときにはその分野の研究を総括して，今後の研究の方向性を考えることが重要であろう．2017 年 7 月には，オーストラリアのパースにおいて，第 12 回国際哺乳類学会議（IMC12）が開催された．その際，本書第 8 章の執筆者である金子弥生氏と筆者が企画者となり，イタチ科の多様性に関するシンポジウム "Diversity among Mustelidae: evolution, genetics, socio-ecology inform conservation in Asia and Far East" を開催した．そこでは，日本，ロシア，オーストラリア，米国の研究者がさまざまな分野について 9 つの演題を発表し，活発に議論することができた．本書の第 5 章を担当したアレクセイ　アブラモフ氏，第 6 章を担当した鈴木聡氏もこのシンポジウムの演者として登壇した．IMC は 4 年ごとに開催されるが，その他の国際学会などにおいても，日本の食肉類の研究成果を国際的に発信することが必要である．

　さらに，海外に目を向けると，クマ科やネコ科の研究成果をまとめた書籍は比較的多いが，イタチ科はやはり少ないように思われる．筆者の手元にある最近のイタチ科に関する書籍では，Griffiths（2000）が種々のイタチ科の保全とヒトとの軋轢に関する研究論文をまとめている．Aubry *et al.*（2012）は，イタチ科のテン属（*Martes*）の進化・生態・研究手法と保全に関する研究を紹介している．また，Macdonald *et al.*（2017）は，海外のイタチ科を中心とした生態学や保全学の研究成果を紹介している．日本の食肉類研究についても，原著論文に加え，総説的な英語の書籍を出版しながら情報発信していくことが重要である．

### 引用文献

Aubry, K. B., W. J. Zielinski, M. G. Raphael, G. Proulx and S. W. Buskirk. 2012. Biology and Conservatin of Martens, Sables, and Fishers. Cornell University Press, New York.

Griffiths, H. I. 2000. Mustelids in a Modern World. Backhuys Publishers, Leiden.

Macdonald, D. W., C. Newman and L. A. Harrington. 2017. Biology and Conservation of Musteloids. Oxford University Press, Oxford.

# おわりに

　本書の企画はちょうど1年前（2017年）の春に始まった．日本在来の食肉類は13種であるが，イイズナとオコジョを同一の章にまとめ，計12の章を各専門家に依頼して執筆していただくことになった．その初夏には各執筆者に原稿依頼されたが，当初，筆者は予定どおりに原稿が集まるかどうかたいへん不安であったというのが正直なところである．一方，各章担当の執筆者として，対象の動物について積極的に研究に取り組み，学会などでも活躍されている新進気鋭の研究者にお願いした．その執筆者の間で研究経験の年数はさまざまで，大学院博士課程最終学年の方，博士号を取得したポスドク研究員，大学に着任したばかりの助教，長年食肉類研究に取り組んでいるベテランの方などに執筆をお願いすることになった．そして，いざ原稿の提出期限がきてみると，先の筆者の不安は完全に払拭され，期限どおりに執筆者の皆様から原稿が届いたことに感激した次第である．さらに，編者として各原稿を拝読したが，どの原稿も執筆者の食肉類研究に対する情熱が伝わってくるものばかりで，さらには対象動物への並々ならぬ愛情を感じずにはいられなかった．原稿の論点も明瞭であり，これは各研究者の日々の食肉類研究に対する思い（目的）が明確であることを物語っている．

　終章においても述べたが，日本では，オコジョおよびイイズナの生態学研究がほとんど行われていないのが現状である．そこで，筆者は長年イタチ科について共同研究を行っているロシア科学アカデミー動物学研究所のアレクセイ・アブラモフ氏にオコジョとイイズナの生物学について英語による原稿を依頼したところ快諾していただいた．筆者は，その原稿を和訳するとともに，日本の両種に関するできる限りの情報を補うことで第5章をまとめた．よって，その記述内容や表現にまちがいや不足の点があれば，それはすべて筆者の責任である．

　ここにあらためて，全執筆者に深く御礼申し上げる．

　「はじめに」において，本書は過去10年間の研究の進展も含めて刊行され

たと記した．それでは，今後10年間の食肉類研究はどうなっていくであろうか．本書を読んで自明であるように，執筆者たちは今後も食肉類研究に邁進し，新たな発見を重ねていくであろう．さらに，それに続く若手研究者も研究に参入していくであろう．たいへん楽しみである．願わくは，10年後にその研究の進展を盛り込んで発刊されるであろう新たな『日本の食肉類』をぜひ読んでみたいものである．

増田隆一

# 事項索引

D-loop 領域　205
DNA 分析　291
GIS　235
GPS　101
　　——テレメトリー（法）　35, 200
IUCN　105
nivalis タイプ　113
VHF 発信機　206
vulgaris タイプ　113
Y 染色体遺伝子　248

## ア　行

亜種　119
穴ごもり　181
アルビノ　204
アレンの規則　2
アンブレラ種（傘種）　5, 18
一夫一妻　92
一夫多妻　234
遺伝子プール　14
遺伝的攪乱　143
遺伝的多様性　206
遺伝的浮動　249
遺伝的分化　119
移動パターン　101
胃内容物　166
西表島　251, 256
陰茎骨　4
栄養状態　95
栄養生態　94
エキノコックス症　76
餌場　186
餌マーキング法　126
エッジ効果　168

沿岸定着性　270
オットセイ保護条約　273

## カ　行

疥癬　80
外来種　12, 259
外来生物　90
核型　127
ガスクロマトグラフィー　193
カスケード効果　99
下層植生　95
顔面頭蓋　139
換毛　113, 122
希少種　117, 126
キーストーン種　280
寄生虫　6, 195, 290
季節変化　103
基本的社会単位　188
休息場（所）　36, 99
競合　38, 98
頰骨弓　137
共生関係　6
共存　129
共同行動　187
胸部斑紋　204
漁業被害　282
区域管理　281
空間配置　160
グルーミング　270
系統地理　119, 127
毛皮猟業　273
血縁関係　191, 210
血縁構造　209
結実豊凶　207

けもの道　179
犬歯　4
コアエリア　101
好機主義的雑食性　94
後臼歯　4
航空テレメトリー　35
交雑　29, 30
高次捕食者　280
更新世　12, 139
交通事故（死）　105, 261
行動圏　35, 37, 50, 71, 96, 101, 253, 254,
　258, 260
　　――サイズ　206
交尾　189
　　――排卵（型）　216, 234, 271
肛門腺　7
国際哺乳類学会議　293
国内外来種　12, 38, 159
国内外来生物　90
国内希少野生動植物種　261
子殺し　217
虎耳状斑　250
個体数　26
骨髄内脂肪　203
固有亜種　246, 248
固有種　8

## サ　行

最終氷期　139
再導入　26
再分布　278
在来生態系　13
雑種化　14
雑食性　5
里山　103
産子数　51, 195
ジェネラリスト　154, 181
資源の共有　187
資源分散仮説（RDH）　186
趾行性　3
歯式　137
ジステンパー　192

自動（カメラ）撮影（法）　39, 126, 253
自動追跡　193
社会生態　188
社会的順位　192
社会的性成熟　271
臭腺　7, 137, 193
集中利用域　206
種間関係　98
宿主　6, 290
　　終――　6
種子散布　6, 33, 100, 170, 290
　　――距離　100
　　――者　100, 170
出産間隔　51
授乳　183
種の概念　120
種分化　27, 30
寿命　215
主要組織適合遺伝子複合体（MHC）　121,
　140, 206, 249
狩猟　212
　　――統計　241
種を超えた多型性　121
準絶滅危惧種　148, 235
消化管　4
上種　27
小島嶼　251, 252
情報交換　193
縄文時代　12
食性　5, 45, 94, 213, 255, 260
食物連鎖　252
食欲亢進期　204
知床半島ヒグマ管理計画　61
人為的食物　181
人獣共通感染症　76
人身事故　55
森林　183
巣穴　99, 179
スンダランド　248
生活環　183
性成熟　36, 187, 215
精巣　232

生息環境　33, 34, 38, 95
生息地選択　209
生存率　51
生態系　39
生態的地位（ニッチ）　98, 129, 159
性的二型　3, 44, 113, 118, 137, 203, 234,
　250, 268
生物学的種概念　137
蹠行性　3
絶滅　10, 18
　——危惧　18
　——のおそれのある地域個体群（LP）
　202
前臼歯　4
染色体数　91, 119, 127
相対出現頻度　164

## タ　行

待機宿主　146
体腔内脂肪　203
体脂肪蓄積　187
体重　103
対立遺伝子　121, 140
タメ糞　7, 98, 179, 289
単独性　246, 254
地域住民の価値観　106
着床遅延　37, 117, 126, 161, 215, 234, 271
中間宿主　6, 146
鳥獣保護法　241
腸内細菌　5
地理的遺存種　229
地理的隔離　289
地理的障壁　30
地理的変異　91, 113, 118, 122, 127, 140
追跡調査　101
津軽海峡　139
対馬　257
定住個体　254
テリトリー　71
テレメトリー調査　230
東亜動物探検隊　228
島嶼個体群　246, 248

島嶼ルール　142
頭胴長　113, 137
胴長短足　240
冬眠　212
　——場所　213
独立亜種　119
独立種　119, 129
都市　197
　——化　100
　——ギツネ　82
　——近郊　179
　——動物　290

## ナ　行

内部寄生虫　145
夏毛　113
なわばり（性）　7, 71, 125, 254
におい物質　7, 292
肉球　3
肉食性　5
日周活動（性）　36, 212
日本固有種　8, 289
乳様突起　137
妊娠期間　215, 234
妊娠率　36
農耕地　181
脳頭蓋　137

## ハ　行

繁殖　215
　——期　216
　——パラメーター　217
被害　195
皮下脂肪　203
被食型種子散布　99
尾長　113
尾率　113, 138
フィールドサイン　144
ブナ科堅果　207
冬毛　113
ブラキストン線　8, 11, 139
糞　181

──分析　166
分岐年代　249
分散　51
　──期　97
　──距離　37
　──行動　191, 209
分子系統解析　120
分断化　26
ペア　92
ヘアートラップ（法）　39, 211, 291
ベルクマンの規則　2, 69, 140
ヘルパー　70, 94
放浪個体　254, 261
捕獲　194
　──圧　26
保護色　3
保全　194
　──生物学　291
北海道　267
　──ヒグマ管理計画　61
北方四島　275
哺乳類科学　14
哺乳類相　8
ホームレンジ　71

## マ　行

マイクロサテライト　34
　──遺伝子　249
　──解析　30
　──DNA　205
マイクロチップ　291

マーキング　125
マルコム・アンダーソン　228
密猟　194
ミトコンドリア DNA　7, 11, 115, 119, 127,
　128, 139, 205, 228, 248, 249
群れ　186
　──形成　187
メガファウナ　200
メラノコルチン1受容体遺伝子（Mc1R）
　28
門歯　4

## ヤ　行

夜行性　7, 36
誘引物　58
有害鳥獣駆除　241
有害捕獲頭数　106
予殺捕獲（春グマ駆除）　52

## ラ　行

ラジオテレメトリー法　96, 188, 206
ラジオトラッキング法　253
猟虎膃肭臍猟獲取締法　274
膃肭獣猟獲取締法　283
ラフト　271
琉球列島　251
レッドデータブック　202
レッドリスト　10, 105, 148, 261
裂肉歯　139
ロードキル　105

# 生物名索引

## ア 行

アカギツネ　2, 67, 89
アカネズミ　148
アカネズミ属　31
アジアアナグマ　176
アナグマ属　175
アメリカアナグマ属　193
アメリカテン　27-30
アメリカミンク　13, 135
アライグマ　12, 98
アライグマ科　1
イイズナ　3, 8, 112, 145
イタチアナグマ属　193
イタチ科　1, 4, 135, 267
イタチ属　135
イヌ科　1, 4, 89, 192
イリオモテヤマネコ　8, 246
エキノコックス（多包条虫）　6, 76
エゾオオカミ　11
エゾシカ　31, 46
エゾタヌキ　90
エゾヒグマ　45
エゾヤチネズミ　75, 147
エゾリス　31
オオアシトガリネズミ　31
オオカミ　4, 36
オオヤマネコ　12, 36
オコジョ　3, 8, 112, 122, 137, 142

## カ 行

海生哺乳類　266, 268, 272
カワウソ亜科　267
キエリテン　36

鰭脚亜目　1
鰭脚類　271
キタオットセイ　273
キタキツネ　68
キツネ　6, 8, 36, 67
キテン　156
クズリ　36
クマ科　1, 4
クマネズミ　147
クリ　208
クロテン　8, 23-40
甲虫類　181
コウライキテン　159
コナラ　208

## サ 行

シベリアイタチ　13, 136
シマリス　31
ジャイアントパンダ　3, 5
ジャコウジカ　33, 34
ジャコウネコ科　1
食肉目　1
シロヨメナ　99
スカンク科　1
スクリャビン線虫　145
スステン　156
ゼニガタアザラシ　270

## タ 行

タイシュウイタチ　225
タイリクヤチネズミ　31
タイワンヤマネコ　249
タテガミオオカミ　3
タヌキ　7, 8, 89

チーター　2
チベットギツネ　2
チョウセンイタチ　225
ツキノワグマ　2, 8, 200
ツシマテン　155, 230
ツシマヤマネコ　8, 230, 246
トガリネズミ類　31
ドブネズミ　147
トラ　3, 36

## ナ　行

ニホンアナグマ　7, 99, 175
ニホンイタチ　3, 38, 237
ニホンオオカミ　11
ニホンカワウソ　11
ニホンジカ　94
ニホンテン　8, 23–25, 27–30, 38, 39
ニホンノウサギ　107
ネコ科　1, 4

## ハ　行

ハイエナ科　1
バイカルトガリネズミ　31
ハクビシン　13, 98
ハタネズミ　147
ハツカネズミ　147
ヒグマ　2, 8, 36, 43
ヒゼンダニ　80
ヒョウ　3
フイリマングース　13

フェネックギツネ　2
ブタバナアナグマ属　193
ブナ　208
ベンガルヤマネコ　9, 246, 248
ホッキョクギツネ　2
ホッキョクグマ　2
ホンドギツネ　68
ホンドタヌキ　90
ホンドテン　155

## マ　行

マツテン　27–29
マレーグマ　2
マングース科　1
ミズナラ　208
ミツアナグマ属　193
ミミズ　181
モモンガ　31

## ヤ　行

ヤチネズミ属　31
ヤマアカガエル　143
ヨーロッパアナグマ　175

## ラ　行

ライオン　3
ラッコ　8
レッサーパンダ　5
レッサーパンダ科　1
裂脚亜目　1

## 執筆者一覧 （執筆順）

| | | |
|---|---|---|
| 増 田 隆 一 | （ますだ・りゅういち） | 北海道大学大学院理学研究院 |
| 村 上 隆 広 | （むらかみ・たかひろ） | 斜里町立知床博物館 |
| 増 田 　 泰 | （ますだ・やすし） | 斜里町役場 |
| 浦 口 宏 二 | （うらぐち・こうじ） | 北海道立衛生研究所 |
| 斎 藤 昌 幸 | （さいとう・まさゆき） | 山形大学農学部 |
| 金 子 弥 生 | （かねこ・やよい） | 東京農工大学大学院農学研究院 |
| アレクセイ・<br>アブラモフ | （Abramov, A.） | ロシア科学アカデミー動物学研究所 |
| 鈴 木 　 聡 | （すずき・さとし） | 神奈川県立生命の星・地球博物館 |
| 大河原陽子 | （おおかわら・ようこ） | 琉球大学大学院理工学研究科 |
| 小 池 伸 介 | （こいけ・しんすけ） | 東京農工大学大学院農学研究院 |
| 佐 々 木 　 浩 | （ささき・ひろし） | 筑紫女学園大学現代社会学部 |
| 伊 澤 雅 子 | （いざわ・まさこ） | 琉球大学理学部 |
| 中 西 　 希 | （なかにし・のぞみ） | 琉球大学理学部 |
| 服 部 　 薫 | （はっとり・かおる） | 水産研究・教育機構北海道区水産研究所 |

## 編者略歴

増田隆一（ますだ・りゅういち）

1960 年　岐阜県に生まれる.
1989 年　北海道大学大学院理学研究科博士後期課程動物学専攻修了.
　　　　アメリカ国立がん研究所研究員，北海道大学助手，助教授，准教授を経て，
現　在　北海道大学大学院理学研究院教授（附属ゲノムダイナミクス研究センター長兼任），理学博士.
専　門　動物地理学・分子系統進化学.
主　著　"The LEC Rat"（分担執筆，1991 年，Springer-Verlag），『動物の自然史』（分担執筆，1995 年，北海道大学出版会），『保全遺伝学』（分担執筆，2003 年，東京大学出版会），『動物地理の自然史』（共編著，2005 年，北海道大学出版会），『ヒグマ学入門』（共編著，2006 年，北海道大学出版会），『生物学』（共著，2013 年，医学書院），『哺乳類の生物地理学』（2017 年，東京大学出版会）ほか.

---

日本の食肉類——生態系の頂点に立つ哺乳類

2018 年 8 月 15 日　初　版

［検印廃止］

編　者　増田隆一

発行所　一般財団法人　東京大学出版会

代表者　吉見俊哉

153-0041 東京都目黒区駒場 4-5-29
電話 03-6407-1069　Fax 03-6407-1991
振替 00160-6-59964

印刷所　株式会社三秀舎
製本所　誠製本株式会社

---

© 2018 Ryuichi Masuda *et al.*
ISBN 978-4-13-060237-2　Printed in Japan

JCOPY 〈（社）出版者著作権管理機構　委託出版物〉
本書の無断複写は著作権法上での例外を除き禁じられています．複写される場合は，そのつど事前に，（社）出版者著作権管理機構（電話 03-3513-6969，FAX 03-3513-6979，e-mail : info@jcopy.or.jp）の許諾を得てください．

| | | |
|---|---|---|
| **日本のシカ** 梶光一・飯島勇人[編] | A5 判・272 頁/4600 円 | |
| 増えすぎた個体群の科学と管理 | | |
| **日本のサル** 辻大和・中川尚史[編] | A5 判・336 頁/4800 円 | |
| 哺乳類学としてのニホンザル研究 | | |
| **日本のネズミ** 本川雅治[編] | A5 判・256 頁/4200 円 | |
| 多様性と進化 | | |
| **日本のクマ** 坪田敏男・山﨑晃司[編] | A5 判・376 頁/5800 円 | |
| ヒグマとツキノワグマの生物学 | | |
| **日本の外来哺乳類** 山田文雄・池田透・小倉剛[編] | | |
| 管理戦略と生態系保全 | A5 判・420 頁/6200 円 | |
| **日本の犬** 菊水健史・永澤美保・外池亜紀子・黒井眞器[著] | | |
| 人とともに生きる | A5 判・240 頁/4200 円 | |
| **ウサギ学** 山田文雄[著] | A5 判・296 頁/4500 円 | |
| 隠れることと逃げることの生物学 | | |
| **ニホンカモシカ** 落合啓二[著] | A5 判・290 頁/5300 円 | |
| 行動と生態 | | |
| **ニホンカワウソ** 安藤元一[著] | A5 判・224 頁/4400 円 | |
| 絶滅に学ぶ保全生物学 | | |
| **リスの生態学** 田村典子[著] | A5 判・224 頁/3800 円 | |
| **ネズミの分類学** 金子之史[著] | A5 判・320 頁/5000 円 | |
| 生物地理学の視点 | | |
| **哺乳類の生物地理学** 増田隆一[著] | A5 判・200 頁/3800 円 | |
| **哺乳類の進化** 遠藤秀紀[著] | A5 判・400 頁/5400 円 | |
| **野生動物の行動観察法** 井上英治・中川尚史・南正人[著] | | |
| 実践 日本の哺乳類学 | A5 判・194 頁/3200 円 | |
| **野生動物管理システム** 梶光一・土屋俊幸[編] | | |
| | A5 判・260 頁/4800 円 | |
| **狼の民俗学**[増補版] 菱川晶子[著] | A5 判・448 頁/7800 円 | |
| 人獣交渉史の研究 | | |

ここに表記された価格は本体価格です．ご購入の際には消費税が加算されますのでご了承ください．